U0163127

航天科技图书出版基金资助出版

航天产品可靠性增长
方法与应用

主　编　庄国京
副主编　王卫东　卿寿松

中国宇航出版社
·北京·

图书在版编目（CIP）数据

航天产品可靠性增长方法与应用 / 庄国京主编 . --
北京：中国宇航出版社，2020.5
ISBN 978 - 7 - 5159 - 1783 - 2

Ⅰ.①航… Ⅱ.①庄… Ⅲ.①航空航天工业－工业产
品－可靠性－研究 Ⅳ.①V1

中国版本图书馆 CIP 数据核字（2020）第 066636 号

责任编辑　彭晨光　　　封面设计　宇星文化

出　版
发　行　**中国宇航出版社**

社　址　北京市阜成路 8 号　　邮　编　100830
　　　　（010）60286808　　　（010）68768548
网　址　www.caphbook.com
经　销　新华书店
发行部　（010）60286888　　　（010）68371900
　　　　（010）60286887　　　（010）60286804（传真）
零售店　读者服务部　　　　　（010）68371105
承　印　天津画中画印刷有限公司

版　次　2020 年 5 月第 1 版
　　　　2020 年 5 月第 1 次印刷
规　格　787×1092
开　本　1/16
印　张　19.75　　彩　插　4 面
字　数　481 千字
书　号　ISBN 978 - 7 - 5159 - 1783 - 2
定　价　88.00 元

本书如有印装质量问题，可与发行部联系调换

航天科技图书出版基金简介

航天科技图书出版基金是由中国航天科技集团公司于 2007 年设立的，旨在鼓励航天科技人员著书立说，不断积累和传承航天科技知识，为航天事业提供知识储备和技术支持，繁荣航天科技图书出版工作，促进航天事业又好又快地发展。基金资助项目由航天科技图书出版基金评审委员会审定，由中国宇航出版社出版。

申请出版基金资助的项目包括航天基础理论著作，航天工程技术著作，航天科技工具书，航天型号管理经验与管理思想集萃，世界航天各学科前沿技术发展译著以及有代表性的科研生产、经营管理译著，向社会公众普及航天知识、宣传航天文化的优秀读物等。出版基金每年评审 1～2 次，资助 20～30 项。

欢迎广大作者积极申请航天科技图书出版基金。可以登录中国宇航出版社网站，点击"出版基金"专栏查询详情并下载基金申请表；也可以通过电话、信函索取申报指南和基金申请表。

网址：http：//www.caphbook.com

电话：（010）68767205，68768904

《航天产品可靠性增长方法与应用》
编委会

主　　编　　庄国京

副　主　编　　王卫东　卿寿松

审查委员会　　（按姓氏笔画排序）

王喜奎　任立明　孙　宇　杨　慧　杨世东

范瑞祥　周苏闰　段增斌　谈学军　潘江桥

潘忠文

作者名单　　（按姓氏笔画排序）

王　伟　王　靖　王宗仁　尹玉明　邓楼楼

龙　军　朱　炜　伍招冲　刘高锋　刘继奎

刘普林　李　毅　李文钊　宋汝宁　张　华

张　岩　张　睿　张晓军　陈　童　孟祥涛

赵　婷　钟红军　姜　南　姚文刚　莫亚男

候　早　徐　刚　徐洪武　黄　旭　黄婉如

崔　佳　崔铁铮　韩天龙　蔡健平

序

　　我国航天事业开创 60 多年来，可靠性工作一直作为航天型号任务的生命线，"两弹一星"、载人航天、月球探测三大里程碑成就以及长征五号运载火箭的研制，无不体现可靠性工作的重要性。

　　可靠性是航天产品质量和竞争力的重要保证，是航天产品重要的技术指标，是影响航天产品性能技术指标发挥和保持的内在根本因素，也是提升航天工业水平的关键。可靠性增长作为航天产品可靠性工作的重要一环，是发现可靠性薄弱环节的重要手段，对提升航天产品的可靠性水平具有关键作用。

　　20 世纪 90 年代以来，中国航天科技集团有限公司开展了各级产品的可靠性增长工作，取得了很好的成效。我国自主研制的长征系列运载火箭在可靠性、安全性、成功率和入轨精度等方面都达到了国际先进水平，地球静止轨道通信广播卫星设计寿命达到 15 年，低轨卫星设计寿命在不断提高，这些都体现了可靠性增长工作对航天产品质量提高的贡献。

　　面向未来，中国航天科技集团有限公司提出了"推动航天强国建设、支撑世界一流军队建设、实现建设世界一流航天企业集团"的奋斗目标和"高质量保证成功、高效率完成任务、高效益推动航天强国和国防建设"的发展要求，新形势和新任务对航天产品的可靠性增长工作提出了更高的标准。

　　本书作者长期工作在航天工程研制、建设、生产和管理的一线，在二十多年的可靠性增长工作的基础上，对航天产品可靠性增长工作进行了提炼和总结，系统梳理了可靠性增长的基础理论，总结和固化了成熟的可靠性增长技术方法，按照卫星平台、运载火箭、分系统、单机的顺序，进行了产品可靠性增长典型案例分析。本书具有很强的理论性和实践性，相信能够加强可靠性增长技术在航天系统的应用，为后续航天产品可靠性增长工作的开展提供指导，为从事航天产品设计、研制、生产等工作的人员提供参考。

2020 年 3 月

前　言

　　可靠性增长一直是可靠性工程中非常活跃的研究方向，通过不断地消除产品在设计和制造中的薄弱环节，使产品可靠性逐步提高。可靠性增长技术是保证现代复杂系统投入使用后具有所要求的可靠性的一种有效方法，贯穿于系统寿命周期的各个阶段。在不同的寿命周期阶段，可采用不同的方法及技术来实现可靠性增长。可靠性增长主要是通过试验—分析—改进—再试验的循环过程，实现解决设计缺陷、提高产品可靠性的目的。

　　可靠性增长于 20 世纪 50 年代率先在美国开展，该技术的应用大幅提升了美军装备的可靠性，产生了巨大的效益。我国航天系统在 20 世纪 70 年代末期开展了可靠性增长技术的研究。目前，航天产品面临批量化生产、高密度发射、多模式应用的需求，型号任务愈加繁重，研制周期紧，但寿命与可靠性要求不断提升。中国航天科技集团有限公司（以下简称集团公司）开展了大量的型号产品可靠性增长工作，积累了丰富的工作经验，产品可靠性稳步增长；但同时也暴露出"增长内涵不明确、工作范畴不清晰、工作流程不清楚、效果评价不统一"的问题。本书在总结 20 世纪 90 年代以来，集团公司开展各级产品可靠性增长工作的基础上，系统梳理了可靠性增长基础理论和技术方法，并列举了典型案例，对已取得的工作经验和成果进行提炼和固化，为加强技术共享、推动航天产品可靠性增长工作的规范开展、完善航天产品可靠性增长理论体系、展望未来航天产品可靠性增长技术发展方向提供借鉴和参考。

　　本书除前言和参考文献外，共分三篇 13 章。第一篇为基础篇，主要介绍可靠性及可靠性增长的基本概念和理论，包括可靠性增长概述、航天产品可靠性增长内涵 2 章；第二篇为方法篇，介绍航天产品开展可靠性增长工作的技术流程和方法，包括航天产品可靠性增长技术流程与管理、可靠性薄弱环节分析方法、可靠性薄弱环节改进方法、可靠性增长验证、可靠性评估 5 章；第三篇为案例篇，介绍了典型产品可靠性增长工作的开展情况，为后续产品开展可靠性增长工作提供指导，按卫星平台、运载火箭、运载火箭发动机、卫星电源分系统、卫星单机产品、运载火箭单机产品 6 章分别介绍。

本书的编写由航天多家单位共同参与，内容系统、全面，环环相扣，既有丰富的技术理论，又有详细的实践案例，具有如下特点：

1）理论丰富。本书是在借鉴国外相关经验、总结国内相关工作成果的基础上开展的技术理论升华，技术理论方法适用于航天产品可靠性增长工作开展实际，方法科学、思路清晰、内容明确。

2）实践性强。本书重点面向从事航天产品设计、研制、生产等相关人员，书中对技术和方法的总结、描述的相关实践案例，均在航天产品生产过程中得到了充分的验证。

3）指导性强。本书相关内容在一定时期内可以指导读者开展产品可靠性增长工作，能够确保理论方法"从实践中来，到实践中去"。

4）覆盖面广。本书总结的可靠性增长方法，可以应用于航天主要专业领域以及各层次航天产品，覆盖可靠性增长全过程，能够指导各类产品可靠性增长工作的开展。

本书由庄国京担任主编，王卫东、卿寿松担任副主编，中国航天标准化与产品保证研究院朱炜、王伟、宋汝宁统稿，一院、五院、六院、七院、八院、九院、标准化院相关作者承担具体编写工作。

本书编写过程中，得到了遇今、顾敏、林荣、宋政吉等专家的指导，李宁、聂涛、崔荣梓参与了本书的策划和编写的协调工作，在此一并表示感谢。

本书可供型号各类航天产品的设计人员、可靠性工程专业技术人员等学习和参考。与型号可靠性工作有关的各级管理人员，如型号质量师系统和可靠性工作系统的有关人员可参考使用。

由于作者水平有限，错误之处在所难免，诚望读者批评指正。

编　者

2020 年 1 月

缩略语

AIT	总装集成与测试	assembly，integration and test
AMSAA	美国陆军装备系统分析中心	army materiel system analysis activity
APM	AMSAA 预测模型	AMSAA projection model
ASIC	专用集成电路	application specific integrated circuit
BDR	蓄电池放电调节器	battery discharge regulator
BEA	蓄电池误差放大器	battery error amplifier
CMSR	综合使用 MML 和 SR 法的改进方法	combined MML & SR method
CAD	计算机辅助设计	computer aided design
CAE	计算机辅助工程	computer aided engineering
CAM	计算机辅助制造	computer aided manufacture
CAPP	计算机辅助工艺计划	computer aided process planning
CAX	计算机辅助技术，是 CAD、CAM、CAE、CAPP 等各项技术之综合叫法，因为所有缩写都是以 CA 开头，X 表示所有	
CCCG	共因失效部件组	common cause failure component group
CFTA	计算机故障树分析法	computer fault tree analysis

CLCC	带引脚的陶瓷芯片载体，表面贴装型封装之一	ceramic leaded chip carrier
DOD	放电深度	depth of discharge
DPA	破坏性物理分析	destructive physical analysis
ECSS	欧洲空间标准化合作组织	european corporation for space standardization
EMC	电磁兼容性	electromagnetic compatibility
EMI	电磁干扰	electromagnetic interference
FDIR	故障诊断、隔离和恢复	fault diagnosis, isolation and recovery
FIFO	先进先出队列	first input first output
FMEA	故障模式与影响分析	failure modes and effects analysis
FMECA	故障模式、影响及危害性分析	failure modes, effects and criticality analysis
FMMEA	故障模式、机理及影响分析	failure modes, mechanism and effect analysis
FRACAS	故障报告、分析和纠正措施系统	failure reporting, analysis and corrective action system
FTA	故障树分析	fault tree analysis
GEO	地球静止轨道	geostationary earth orbit
GTO	地球同步转移轨道	geosynchronous transfer orbit
IEC	国际电子技术委员会	international electrotechnical commission
ITO	掺锡氧化铟	indium tin oxide
LCL	闩锁限流器	latch current limiter
LEO	低地球轨道	low earth orbit

LM	一种可靠性评估方法	lindstron - maddens
MEA	主误差放大器	main error amplifier
MML	修正极大似然估计法	modified maximum likelihood
MTBF	平均故障间隔时间	mean time between failures
NCA	镍钴铝三元材料	$LiNi_{0.8}Co_{0.15}Al_{0.05}O_2$
NHPP	非齐次泊松过程	non - homogeneous poisson process
OSR	光学太阳反射镜	optical surface reflector
PRA	概率风险评估	probabilistic risk assessment
PVDF	聚偏二氯乙烯	polyvinylidene di - fluoride
QPQ	淬火--抛光—淬火，即盐浴复合处理技术	quench — polish — quench
RAW	风险增加当量	risk achievement worth
RBD	可靠性框图	reliability block diagrams
RDM	辐射设计裕量	radiation design margin
RRW	风险降低当量	risk reduction worth
SCA	潜在电路分析	sneak circuit analysis
SEB	单粒子烧毁	single event burnout
SEFI	单粒子功能中断	single event functional interrupt
SEGR	单粒子栅击穿	single event gate rupture
SEL	单粒子锁定	single event latch - up
SESD	空间静电放电	space electrostatic discharge
SET	单粒子瞬时干扰	single event transient
SEU	单粒子翻转	single event upset
SGS	结构接地系统	structural grounding system
SLD	超辐射发光二极管	super luminesent diode

SLTU	信号线路终止单元	signal line termination unit
SOI	新型硅基集成电路材料	silicon – on – insulator
SPG	单点接地点	single – point grounding
SR	逐次压缩法	sequential reduction
SSM	二次表面镜	second surface mirror
TAAF	试验—分析—改进	test，analyze and fix
TMR	三重模块冗余	triple modular redundant
WCA	最坏情况分析	worst case analysis
WCCA	最坏情况电路分析	worst case circuit analysis

目　录

第一篇　基础篇

第二篇　方法篇

第三篇　案例篇

第一篇　基础篇

第1章 可靠性增长概述

可靠性技术从 20 世纪 50 年代起步以来，经过不断的发展，目前已成为面向全寿命、全过程、全特性的一门综合工程技术学科，随着可靠性技术的发展，产品的质量得到很大的提升。可靠性增长作为可靠性技术中的一个关键环节，其发展和推广应用为各类产品的可靠性提升做出了重要的贡献。

我国航天工业的可靠性工作开始于 20 世纪 60 年代，自 20 世纪 80 年代中期，随着运载火箭和应用卫星研制工作的开展，可靠性工程开始进入全面发展阶段，GJB 450—1988《装备研制与生产的可靠性通用大纲》（后修订为 GJB 450A—2004《装备可靠性工作通用要求》）和 QJ 1408《航天器和导弹武器系统可靠性大纲》（后修订为 QJ 1408A—1998《航天产品可靠性保证要求》）等标准的发布推动了航天可靠性工作的开展，并逐步应用可靠性预计、3F〔故障模式与影响分析（FMEA），故障树分析（FTA），故障报告、分析和纠正措施系统（FRACAS）〕、可靠性增长等以可靠性为中心的产品保证技术。可靠性技术的发展和提升有力保障了航天型号任务的连续成功，为我国航天技术的发展做出了贡献。

1.1 可靠性及可靠性增长基本概念

1.1.1 可靠性基本概念

（1）可靠性

产品在规定条件下和规定时间内，完成规定功能的能力（GJB 451A—2005《可靠性维修性保障性术语》）。

（2）耐久性

产品在规定的使用、储存与维修条件下，达到极限状态之前，完成规定功能的能力，一般用寿命度量。极限状态是指由于耗损（如疲劳、磨损、腐蚀、变质等）使产品从技术上或经济上考虑，都不宜再继续使用而必须大修或报废的状态（GJB 451A—2005《可靠性维修性保障性术语》）。

（3）可靠性设计

可靠性设计是应用可靠性理论、技术和设计参数的统计数据，在给定的可靠性指标下，对零件、部件、设备或系统进行的设计。

（4）可靠性评估

利用产品研制、试验、生产、使用等过程中收集到的数据和信息来估算和评价产品的可靠性。

1.1.2 可靠性增长基本概念

（1）可靠性增长

以产品的可靠度量随时间逐步提高为特征的一种过程（GB/T 15174—2017《可靠性增长大纲》）。

通过逐步改正产品设计和制造中的缺陷，不断提高产品可靠性的过程（GJB 451A—2005《可靠性维修性保障性术语》）。

通过不断地消除产品在设计和制造中的薄弱环节，使产品可靠性随时间而逐步提高（GJB/Z 77—1995《可靠性增长管理手册》）。

（2）可靠性增长管理

通过拟定可靠性增长目标，制定可靠性增长计划和对产品可靠性增长过程进行跟踪与控制，把有关试验和可靠性试验均纳入"试验、分析、改进"过程的综合管理之下，以经济有效地实现预定的可靠性目标（GJB 451A—2005《可靠性维修性保障性术语》）。

（3）可靠性改进

通过排除系统性失效的原因和（或）降低其他失效发生的概率，使产品的可靠性得到提高的过程（GB/T 15174—2017《可靠性增长大纲》）。

（4）薄弱环节失效

当施加的应力在产品规定能力之内时，由于产品本身的薄弱环节而引起的失效（GB/T 15174—2017《可靠性增长大纲》）。

（5）系统性薄弱环节

只有通过更改设计、制造过程、操作方法、文件或其他有关因素，或者用已证明的可靠性更高的元器件替代低于标准的元器件，才能排除或减小其影响的薄弱环节（GB/T 15174—2017《可靠性增长大纲》）。

1.1.3　可靠性参数体系

（1）基本可靠性

产品在规定的条件下、规定的时间内，无故障工作的能力。确定基本可靠性值时，应统计产品的所有寿命单位和所有的关联故障。

（2）任务可靠性

产品在规定的任务剖面内完成规定功能的能力。

（3）固有可靠性

设计和制造赋予产品的、并在设计输入的使用和保障条件下所具有的可靠性。

（4）使用可靠性

产品在实际的环境中使用时所呈现的可靠性，它反映了产品设计、制造、使用、维修、环境等因素的综合影响。

（5）可靠性合同参数

合同值：在合同中表达的订购方可靠性要求，并且是承制方在研制和生产过程中可以控制的参数的度量值称为合同值。

规定值：用户期望装备达到的合同指标。

最低可接受值：要求装备应达到的合同指标，是装备定型考核或验证的依据。

对于航天产品研制方来说，在产品研制初期应达到可靠性门限值（完成作战使用任务所应达到的最低使用指标）要求，并随着可靠性增长工作的开展使产品可靠性值达到目标值（用户期望装备达到的使用指标）。

可靠性参数及指标关系图如图 1 - 1 所示。

各指标之间的具体关系如下：

1）目标值＞门限值，可依据相似产品情况、预期的增长率和最低要求权衡确定。

2）规定值≥目标值，最低可接受值≥门限值。

3）设计值＝规定值 * 安全系数，因此设计值≥规定值。

4）预计值≥设计值，此时才满足设计要求；验证值≥最低可接受值，此时才满足首飞要求。

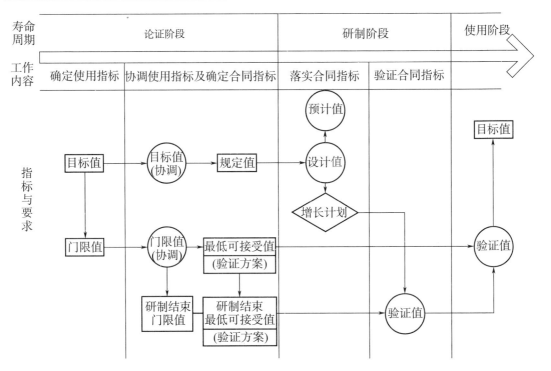

图 1-1　可靠性参数及指标关系图

1.2　可靠性增长技术的发展

　　随着可靠性工程的快速发展，可靠性增长技术越来越成熟。研制阶段的可靠性增长技术一直是可靠性工程中非常活跃的研究方向，通过"试验—分析—改进—再试验"的循环过程，可以有效地排除缺陷和故障隐患，在保证和提高产品可靠性方面发挥重要作用。国内外对于可靠性增长技术的研究从未间断。国外主要从理论和方法层面对系统可靠性进行研究。理论层面，IEC 61014 和IEC 61164 标准中介绍了可靠性增长的大纲编制细则，以及适用于单一系统的增长评估方法；《美国国防部指导满足可靠性的可用性和可维护性实施细则》详细阐述了可靠性增长相关的分析方法；随后在一份报告中指出，由于在设计阶段缺乏对系统的连续性设计改进，造成系统初始平均寿命以及系统可靠性的增长变化不明显，并着重指出了采用实验室环境模拟的方法来研究系统可靠性的增长问题；同年，提出将可靠性增长技术作为系统设计以及研制阶段的重点内容。方法层面，研究过程中出现了许多经典的模型，其中贝叶斯（Bayes）模型方法主要应用于小子样，能够充分地利用事前的产品全寿命周期的各种试验信息，加快产品的评估和定型，这在一定程度上缩短了产品的研制周期，进而保证了产品的技术优势和竞争力。为此，美军在 1984 年提出，对昂贵的武器系统进行破坏性试验时，必须采用序贯分析方法和 Bayes 模型方法，并应用 Bayes 模型对潘兴 II 导弹进行了可靠性评估，取得了很好的评估效果和经济效益。

1. 2. 1　国外可靠性增长技术发展

早在 20 世纪 50 年代，美国就已经开始进行可靠性增长技术的研究。1956 年，H. K. 韦斯（H. K. Weiss）在 *Operations Research* 上发表的学术论文《具有 Poisson 型失效模式的复杂系统中的可靠性增长估计》中，提出了第一个可靠性增长模型。20 世纪 60 - 70 年代，J. T. Duane，L. H. Grow 等学者提出了杜安（Duane）模型，美国陆军装备系统分析中心（AMSAA）提出了 AMSAA 模型，成为可靠性增长技术发展史上重要的里程碑。1969 年 3 月，美国国防部颁发军用标准 MIL - STD - 785A《系统、设备研制与生产的可靠性大纲》，首次将可靠性增长作为可靠性工作中必须进行的一项内容。1972 年，Z. Jelinski 与 P. B. Moranda 在《软件可靠性研究》论文中提出了第一个实用的软件可靠性增长模型。

1975 年，美国海军开始非正式地要求在新研项目以及在研项目遇到问题时采用试验—分析—改进（TAAF）方法。1977 年 3 月，美国海军航空系统部颁发军用标准 MIL - STD—2068《可靠性研制试验》，以便在海军的合同中贯彻 TAAF 这一新的要求。该标准中，采用移动平均值法来处理试验数据。该标准于 1987 年 7 月 15 日废止使用。1978 年 2 月，美国海军电子系统部颁发军用标准 MIL - STD - 1635《可靠性增长试验》，采纳了 Duane 的 TAAF 模型，要求："在试验前进行可靠性预计，预计值应等于或大于可靠性指标；试验循环应模拟任务和环境剖面；试验样品至少 2 个；所需的试验时间应通过斜率在 0. 3～0. 6 之间的双对数坐标图来估计。"并指出："如果产品在提交前全部达到要求的可靠性指标，那么，成功的可靠性增长试验可以代替可靠性鉴定试验。"该标准于 1986 年 10 月 17 日废止使用。

1980 年 7 月，美国国防部颁发 DoDD 5000. 40 指令《可靠性和维修性》。1980 年 9 月，颁发军用标准 MIL - STD - 785B《系统、设备研制与生产的可靠性大纲》。这两个文件将 TAAF 作为国防部的要求并制度化，不过都没有提供方法指南。MIL - STD - 785B 要求"应将各阶段预计的可靠性增长看成是具有相应目标值和门限值的一系列中间决策点"，TAAF 应该"按照一系列试验阶段进行，每个试验阶段之后，应继续设计改进阶段"，而且"为了纠正在每个试验阶段中发现的设计缺陷，应该安排时间和资源"。1981 年 2 月，美国国防部颁发军用手册 MIL－HDBK－189《可靠性增长管理》，为订购方和承制方提供了可靠性增长管理的程序，指出可靠性增长管理是系统工程过程的一个组成部分，建议使用 Duane 模型进行可靠性增长试验计划的制定，使用 AMSAA 模型或者 Duane 模型对可靠性增长情况进行评估，并介绍了 8 个离散型增长模型和 9 个连续型增长模型。1984 年 10 月，美国国防部颁发军用手册 MIL－HDBK－338B《电子产品可靠性设计手册》，对可靠性增长问题进行了全面系统的阐述。1986 年 10 月，美国国防部颁发军用标准 MIL－STD－781D《工程研制、鉴定和生产可靠性试验》，这是一个仅包括定义、一般要求和具体任务概述的纲领性文件，对可靠性增长试验和环境应力筛选试验提出了明确要求。1987 年 7 月，美国国防部颁发军用手册 MIL－HDBK－781《工程研制、鉴定和生产可靠性试验方法、方案和环境》，与 MIL－STD－781D 配套使用，提供了各种试验方法、试验方案和环境剖面。采纳 Duane 模型和 AMSAA 模型作为可靠性研制与增长试验的评估方法。

　　1989 年 10 月，国际电子技术委员会（IEC）颁发国际标准 IEC 61014《可靠性增长大纲》，规定了编制可靠性增长大纲的要求和导则，阐明了可靠性增长的概念，以及可靠性增长管理、计划、试验（实验室试验和现场试验）、失效分析和改进技术。1995 年 6 月又颁发了国际标准 IEC 61164《可靠性增长——统计试验与评估方法》，给出了基于单台产品失效数据进行可靠性增长评估的 AMSAA 模型和数值计算方法，包括产品可靠性的增长估计、置信区间估计以及拟合优度检验；2002 年 10 月进行了修订，在保留 AMSAA 模型的基础上，增加了用于可靠性增长计划的 Krasich 模型和 Bayes 模型、用于可靠性增长评估的 IBM/Rosner 模型等。

　　2005 年美国国防部制定《实现可靠性、可用性和维修性指南》，详细介绍了有关可靠性增长的相关解析方法。2007 年美国陆军军部在《武器系统可靠性》中强调将可靠性设计和可靠性增长相结合。2008 年美国国防科学委员会在《研制试验和评估报告》中指出，由于系统可靠性、可用性、维修性在设计阶段缺少连续的设计改进，使得系统初始平均故障间隔时间（MTBF）和可靠性增长潜力较低，可通过模拟实际运行环境有效地提高系统可靠性。同年，美国国防部在《可靠性、可用性和维修性政策》中将可靠性增长技术作为设计和研制阶段的主要内容。

1.2.2　国内可靠性增长技术发展

可靠性增长技术的迅速发展，引起了国内外工程界和从事可靠性研究的科技人员的广泛关注。我国的可靠性研究工作起步较晚，1963 年钱学森提出了要研究可靠性，之后又分别于 1975 年、1977 年和 1981 年先后提出了"变动统计学""小子样统计推断"和"系统可靠性综合"三个重要的研究方向，可靠性增长技术包含在其中。这些研究方向有力地推动了国内可靠性增长技术的研究和实践。从此，我国逐渐重视可靠性增长技术的理论研究与实际应用，对电子产品和元器件开展了可靠性增长方面的研究与试验，并参考国外标准，结合国内试验工作，制定了相应标准。

20 世纪 70 年代末期，我国学者开始引入 Duane 模型和 AMSAA 模型，航天系统率先开展了可靠性增长技术的研究。1987 年，北京强度环境研究所的周源泉在 AMSAA 模型的基础上，提出更具普遍意义的 AMSAA - BISE 模型，解决了多台同型产品同步纠正的可靠性增长分析的问题，并将试验简化为多台同型产品"同步投试、同步纠正、同步截尾"；后于 1992 年、1997 年出版了两本专著《可靠性增长》《质量与可靠性增长与评定方法》，全面总结阐述了可靠性增长试验的相关理论和方法。

1992 年 5 月，航空航天工业部颁发航空工业标准 HB/Z 214《航空产品可靠性增长》，为航空武器装备开展可靠性增长试验提供了指导。为了解决现役装备的设计缺陷，提高装备的可靠性水平，20 世纪 80 年代后期至 2000 年期间，空军从航空装备中选取了 20 余种型号的关键产品，进行可靠性增长工作，取得了可喜的成绩。到 20 世纪 90 年代中期，13 项电子产品可靠性水平平均增长幅度达 12.5 倍，通信、导航产品的平均故障间隔时间达 300～500 h，敌我识别、雷达告警产品的平均故障间隔时间达 130～300 h，火控雷达、电子对抗系统的平均故障间隔时间达 35～50 h。

产品的可靠性是设计和生产决定的，受薄弱环节影响，其可靠性验证是通过试验和飞行进行的。可靠性增长是一个"试验—改进—再试验"的过程，首先应对产品的可靠性要求进行分析，针对指标要求，分析差距、确定薄弱环节；然后是对薄弱环节的改进，以及对增长效果的验证评估；薄弱环节的确定存在一定的风险，需要在一定的技术分析的基础上准确定位；薄弱环节的改进应明确工作流程和方法，通过试验验证保证增长的效果。1988 年，国防科工委颁发国家军用标准 GJB 450—1988《装备研制与生产的可靠性通用大纲》，该标准是可靠性专业标准体系中的顶层标准，规定了军用系统和产品在研制与生产阶段实施可靠性监督与控制、设计与分析、试验与评价的通用要求和工作项目，其中工作项目①对可靠性增长试验规定了专门要求。1992 年 7 月，国防科工委颁发国军标 GJB 1407—1992《可靠性增长试验》，规定了可靠性增长试验的要求和方法，其中正文部分主要参照美国军用标准 MIL‐STD‐1635；附录部分主要参照美国军用手册 MIL‐HDBK‐781，提供了可靠性增长试验的 Duane 图分析法和 AMSAA 统计分析法的方法和程序。1993 年，国防科工委颁发［1993］计基字第 231 号文《武器装备可靠性与维修性管理规定》，明确规定"应当建立故障报告、分析和纠正措施系统，充分有效地利用信息来评价和改进设计，实现可靠性与维修性持续增长""成功的可靠性增长试验可以代替可靠性鉴定试验"；1994 年 8 月，国家技术监督局颁发国家标准 GB/T 15174《可靠性增长大纲》，等效采用国际标准 IEC 61014。1995 年 10 月，国防科工委参考美国军用手册 MIL‐HDBK‐189，颁发了国家军用标准 GJB/Z 77《可靠性增长管理手册》，GJB/Z 77 中也给出了可靠性增长和可靠性增长试验的定义。

2000 年以后，可靠性增长技术在工程需求的推动下得到快速发展。近年来，我国学者在可靠性增长技术应用研究方面做了大量的工作，并取得了丰硕的成果。目前，在可靠性增长机理研究方面，大多数学者是针对特定的单一种类产品，通过可靠性增长试验进行产品可靠性增长分析，以及利用可靠性增长模型来反映产品的可靠性增长规律，如斯特林制冷机的可靠性增长试验、运载火箭发动机可靠性增长试验等；同时，结合各自领域的实际问题提出了单机和系统级试验相结合、初样和试样阶段试验相结合、可靠性增长试验和预鉴定试验相结合的可靠性增长试验方法、加速可靠性增长试验评估方法等。

另一方面，有部分学者从产品生产制造系统与产品全生命周期的角度，对硬件产品可靠性增长机理进行了一定的研究。如以某型无人机系统为研究对象，提出的小批量生产阶段的可靠性增长方案，通过设计改进、工艺改进与过程质量控制等手段进行可靠性增长的措施，以及适用于产品全生命周期过程的广义可靠性增长方法。

---

① 302 可靠性增长试验。

1.2.3　可靠性增长相关模型

可靠性增长过程中，产品的可靠性是在不断变动的。产品的可靠性增长模型反映了产品可靠性在变动中的增长规律。利用可靠性增长模型可以及时地评定产品在变动中的任一时刻的可靠性状态。可靠性增长模型分为离散型增长模型和连续型增长模型两大类，离散型增长模型适用于成败型产品或不可修复的寿命型产品，连续型增长模型适用于连续工作的可修复的产品。常用的可靠性增长模型包括 Duane 模型和 AMSAA 模型。

（1）Duane 模型

1962 年，美国通用电气公司的工程师 J. T. Duane 分析了两种液压装置及三种飞机发动机的试验数据，发现只要不断地对产品进行改进，累积失效率与累积试验时间在双对数坐标纸上是一条直线。1964 年，他提出了具有广泛应用价值的 Duane 模型。Duane 模型是可靠性增长技术发展中第一个重要的里程碑。美国用了 10 多年的时间对大量可修复电子产品的数据进行分析后认为基本符合如下规律

$$\lambda(t) = a(1-m)t^{-m}, a > 0, 0 < m < 1$$

式中　$\lambda(t)$ —— t 时刻系统故障率；

a ——Duane 模型尺寸参数，代表系统初始可靠性水平；

m ——系统可靠性增长的速率。

Duane 模型给出了采取即时纠正方式的可靠性增长试验的定量评估方法，如图 1-2 所示。图中 $M(t)$ 为产品累积的平均故障间隔时间；$\overline{M}(t)$ 为产品瞬时的平均故障间隔时间。Duane 模型通常是采用图解的方法分析可靠性增长数据，Duane 模型可靠性增长曲线既反映出可靠性参数的基本变化规律，又能得到可靠性参数的估计值。

（2）AMSAA 模型

1972 年，美国陆军装备系统分析中心 L. H. Crow 给出了 Duane 模型的概率解释，基于 NHPP 提出了可靠性增长的 AMSAA 模型，也可称为 Crow 模型。在 Duane 模型的基础上，Crow 给出了模型参数的极大似然估计与无偏估计、产品平均故障间隔时间的区间估计、模型拟合优度检验方法、分组数据的分析方法及丢失数据时的处理方法，系统地解决了 AMSAA 模型的统计推断问题。AMSAA 模型是可靠性增长技术发展中第二个重要的里程碑。

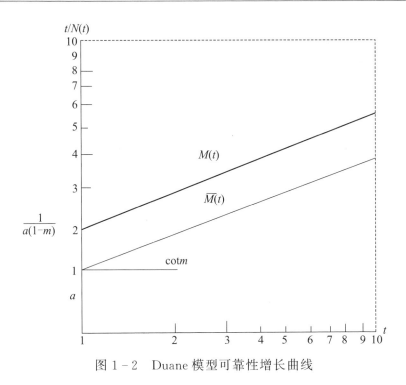

图 1-2　Duane 模型可靠性增长曲线

AMSAA 模型假设：在满足及时纠正的条件下，若在系统研制周期 $(0，t]$ 内的系统失效次数 $N(t)$ 符合均值函数 $E[N(t)]=v(t)=at^b$ ，同时满足瞬时强度的非齐次泊松分布过程，则

$$\lambda(t) = \mathrm{d}E[N(t)]/\mathrm{d}t = a \cdot bt^{b-1}$$

式中　$\lambda(t)$ —— t 时刻系统故障率；

　　　a ——模型尺寸参数，代表系统初始故障率；

　　　b ——模型形状参数，表示系统可靠性增长情况。

关于参数 b 的取值范围对系统可靠性趋势的影响见表 1-1。

表 1-1　参数 b 的取值范围与系统可靠性趋势的关系

参数 b 的取值范围	系统可靠性趋势
$0 < b < 1$	系统可靠性呈增长趋势
$b > 1$	系统可靠性呈下降趋势
$b = 1$	服从指数分布，故障率为一固定常量

AMSAA 模型在可靠性跟踪及评估方面较为突出，并且在进行平均故障间隔时间的点估计时更精确，但 AMSAA 模型存在以下不足：当系统在 $t=0$ 时，系统的瞬时失效强度将趋于无穷大，即单位时间内系统可靠度为 0；同时当系

统在 $t \to \infty$ 时，系统的瞬时失效强度趋于零，即单位时间内系统可靠度为无穷大，这与真实的情况并不相符。在应用性方面，AMSAA 模型正面临挑战。在解决某些具有局限性的工程问题时，若采用 AMSAA 模型来进行可靠性的增长评估，其困难程度加大。在实际应用过程中，当 AMSAA 模型的评估结果达不到理想效果时，就需要依靠其他的方法对可靠性进行分析，此时可以把 AMSAA 模型当作可靠性分析的一种辅助手段。

（3）其他模型

①AMSAA - BISE 模型

AMSAA 模型可系统解决单台系统 Weibull 过程可靠性增长的估计与检验问题，但处理多台系统可靠性增长的评估并不完善。当任一台系统发生系统性失效时，就必须对投试的 $k(k > 1)$ 台系统同时做设计纠正，因此，在研制时期的任意时刻，k 台系统基本上具有相同的结构，都可以用具有相同均值的 Weibull 过程描述其失效规律。这样，使综合利用 k 台系统的失效数据来分析系统的可靠性增长成为可能。

Crow 在 1972 年就提出多台系统同步可靠性增长问题。他关于多台同步增长时间截尾的定义是正确的，但定义中要求每台系统都做失效截尾，这在工程中是很难实现的。周源泉和翁朝曦解决了 AMSAA 模型对于多台系统可靠性同步增长评估的缺陷，提出更具普遍意义的 AMSAA - BISE 模型。

多台同步增长失效截尾的定义：k 台同型系统同步投试、同步纠正，当 k 台系统总失效次数达到 n 次时，则所有产品同时停止试验。即同步投试、同步纠正、同步截尾。

多台同步增长时间截尾的定义：k 台同型系统同步投试、同步纠正、同步试验，到 T 时刻停止试验，T 不是任一台的失效时间，各台失效数之和 $n \geqslant 1$。

AMSAA - BISE 模型假设，同步投试、同步纠正、同步截尾的 k 台同型产品在时间区间 $(0, t)$ 上的失效次数 $N_i(t)(i = 1, 2, \cdots, k)$ 相互独立地服从均值函数为 at^b 的幂律过程。

②STD - Gompertz 模型

产品的可靠性增长可能会有这么两种规律：研制初期增长较慢，随后速度逐渐加快，而达到某一点后，增长速度又开始减慢；或者研制初期增长较快，随后速度减慢。1968 年，E. P. Virene 使用 Gompertz 曲线来描述上述可靠性增长的规律，并取得较好效果，称为 STD - Gompertz 模型。它有着相当广泛的应用，既适用于成败型试验信息，也适用于寿命型试验信息。

STD – Gompertz 模型如下

$$R(t) = ab^{c^t}$$

式中　a，b，c——模型参数，$0 < a < 1$，$0 < b < 1$，$0 < c < 1$。

a，b，c 的工程物理意义：a 是产品可靠性增长的上限，有 $\lim\limits_{t \to \infty} R(t) = a$；$ab$ 是产品初始可靠性水平，有 $\lim\limits_{t \to 0} R(t) = ab$；$b$ 是初始可靠性与上限可靠性之比，反映了增长的裕度，有 $\lim\limits_{t \to 0} R(t) / \lim\limits_{t \to \infty} R(t) = b$；参数 c 反映增长速度，c 值越小，增长速度越快，反之，增长越慢。

③MOD – Gompertz 模型

STD – Gompertz 模型虽然能较好地拟合 S 形状的增长数据，但其描述精度较差，甚至出现不合理的评估结果。1994 年，D. Keceioglu 和 Jiang Siyuan 等提出一个改进的 Gompertz 模型，称之为 MOD – Gompertz 模型，可以精确评估具有 S 形状增长趋势的数据。

MOD – Gompertz 模型表达式为

$$R(t) = d + ab^{c^t} \quad (t > 0)$$

其中 $0 < a < 1$，$0 < b < 1$，$0 < c < 1$，$0 < d < 1$。

d 为位移参数，表示数值轴上一段位移；$d + a$ 表示可靠性增长的上限，有 $\lim\limits_{t \to \infty} R(t) = d + a$；$d + ab$ 是产品的初始可靠性水平，有 $\lim\limits_{t \to 0} R(t) = d + ab$；参数 c 反映了增长速度，c 值越小，增长速度越快。

④含延缓纠正的可靠性增长预测模型

研制阶段的可靠性增长分析应归属于事前分析，具有明显的应用价值。1983 年，L. H. Grow 提出了带延缓修正的 AMSAA 预测模型 （AMSAA projection model，APM）

$$E[\lambda(t)] = \lambda_A + \sum_{i=1}^{m} (1 - d_i)\lambda_i + \bar{d}h(T)$$

式中　λ_A——A 类故障引起的故障率；

　　　d_i——第 i 种 B 类故障模式的纠正有效性系数；

　　　λ_i——第 i 种 B 类故障模式引起的故障率；

　　　$h(T)$——新的 B 类故障在 T 时刻出现的强度；

　　　$\bar{d}$——纠正有效性系数平均值。

该模型将系统故障分为两种类型：A 类故障和 B 类故障。对 B 类故障在试验阶段结束后采取集中纠正，引入纠正有效性系数，预测系统将达到的可靠性水平。由于引入纠正有效性系数，人为主观性增加，使得该模型的求解结果不确定性增大。另外该模型只能用于单阶段预测，不能对可靠性增长的全过程预测。陈胜军探讨了机器人系统可靠性增长的预测问题；梅文华利用可靠性增长回归曲线的外推来预测系统未来故障事件，指出了预测精度的不确定性问题。刘飞、王中伟等借鉴 Mazzuchi - Soyer 模型，利用次序 Dirichlet 先验分布建立了指数型系统可靠性增长模型。闫志强、蒋英杰利用 Dirichlet 分布作为先验分布，建立了多阶段含延缓纠正的可靠性增长预测模型。

⑤Lloyd - Lipow 模型

可靠性增长试验中，失效有三种纠正方式。对于采取延缓纠正方式的增长试验，其可靠性增长曲线呈跳跃式增长，不能合理地拟合其增长过程。Lloyd 和 Lipow 于 1962 年提出 Lloyd - Lipow 模型，假定研制试验分为 m 个阶段，各个阶段的试验结果相互独立，每一个阶段的试验信息都可以用来改进产品，然后再做下一阶段的试验。第 i 阶段的两项数据为 $(S_i, n_i)(i = 1, 2, \cdots, m)$，即试验 n_i 个产品，其中成功 S_i 个，该阶段的产品可靠性为 R_i。

Lloyd - Lipow 模型可以表示为

$$R_i = R_\infty - a/i \quad (i = 1, 2, \cdots, m)$$

式中　R_∞ ——系统可靠性增长的极限值，有 $\lim\limits_{i \to \infty} R_i = R_\infty$；

　　　a ——增长率，$a > 0$。

⑥加速可靠性增长试验模型

伴随社会经济和科学技术的发展，产品更新换代的周期在缩短，缩短试验时间已经势在必行。1995 年，A. A. Feinberg 将加速试验与可靠性增长试验相结合，研究了在恒定应力和步进应力下的加速可靠性增长问题。2007 年，Krasich 在振动、高温保持、温度冲击和湿度四种加速应力下，将产品的故障数据转换为正常应力下的寿命数据，进而利用 AMSAA 模型进行可靠性增长分析

$$R(t_0) = R_U(t_0) \cdot \prod_i Re\_i(t_0) \prod_j Ro\_i(t_0)$$

式中　$Re\_i(t_0)$ ——关于环境应力的系统可靠度；

　　　$Ro\_i(t_0)$ ——关于工作应力的系统可靠度；

　　　$R_U(t_0)$ ——多种应力的叠加效应。

该模型可称之为加速可靠性增长试验及统计分析的范例，国内周源泉、朱新伟曾在 2000—2003 年间，系列地发表了"论加速可靠性增长试验"的论文，

探讨了加速可靠性增长的相关理论和方法问题。黄宝胜、于丹等研究了 Arrehnius 加速可靠性增长分析方法，给出了不同应力下设备可靠度的置信下限。

可靠性增长相关标准中规定的可靠性增长模型见表 1-2。

表 1-2　可靠性增长相关标准中规定的可靠性增长模型

序号	编号	标准名称	编制者	使用模型
1	MIL-STD-1635	《可靠性增长试验》	美军标	Duane
2	MIL-HDBK-189	《可靠性增长管理》	美军标	AMSAA 等
3	MIL-HDBK-338B	《电子产品可靠性设计手册》	美军标	Duane、AMSAA 等
4	MIL-STD-781D	《工程研制、鉴定和生产可靠性试验》	美军标	Duane、AMSAA
5	MIL-HDBK-781	《工程研制、鉴定和生产可靠性试验方法、方案和环境》	美军标	Duane、AMSAA
6	IEC 61014	《可靠性增长大纲》	IEC 国际标准	
7	IEC 61164	《可靠性增长——统计试验与评估方法》	IEC 国际标准	AMSAA、AMSAA 预测模型
8	GJB 450—1988	《装备研制与生产的可靠性通用大纲》	国军标	提出可靠性增长试验要求
9	HB/Z 214	《航空产品可靠性增长》	航空工业标准	Duane、AMSAA
10	GJB 1407—1992	《可靠性增长试验》	国军标	Duane、AMSAA
11	GB/T 15174	《可靠性增长大纲》	国标	AMSAA 预测模型
12	GJB/Z 77-95	《可靠性增长管理手册》	国军标	Duane、AMSAA 等
13	QJ 3127—2000	《航天产品可靠性增长试验指南》	航天行业标准	

1.2.4　可靠性增长相关标准

（1）MIL-STD-781D《工程研制、鉴定和生产可靠性试验》和 MIL-HDBK-781《工程研制、鉴定和生产可靠性试验方法、方案和环境》

1975 年 5 月，美国联合后勤司令部电子系统可靠性专题研究组提出了一项重大的三军研究和发展计划，该计划取得的最佳成果是制订了美国军标 MIL-STD-781D 和军用手册 MIL-HDBK-781。该成果统一了国防部和工业界的专家们的可靠性技术处理方法，并为可靠性专业人员提供了一个新的、更为有效的工具。这两个文件为可靠性组织提供了强有力的可靠性试验手段，从而大大降低了工作的难度。

　　MIL – HDBK – 781 中包括试验方法、试验计划以及 MIL – STD – 781D 的试验大纲中要用到的各种综合环境试验剖面。手册的第 4 章描述了 MIL – STD – 781D 的任务项 200、300 和 400 中规定的可靠性试验大纲中要用的试验方法和试验方案。提供的试验方法用于评估可靠性研制/增长试验期间和环境应力筛选期间得到的数据；提供的试验方案包括平均故障间隔时间保证试验、定时和序贯可靠性验证和评估试验以及全数设备试验的试验方案。

　　手册中介绍了监测可靠性增长的两种方法。第一种方法是 Duane 模型，这是一种不用统计技术的图形表示法，即用图形显示跟踪可靠性参数的变化，可得到可靠性参数的估计值。第二种方法是陆军装备系统分析中心提出的 AMSAA 模型。该方法是基于相邻两次失效之间的时间可以模型化为某一不均匀的泊松过程的强度函数这一假设。此强度函数可表达为累积试验时间的某次幂的倍数。该模型是分析性的，能够根据平均故障间隔时间或失效率（P）的现有的和未来的试验数据计算出允许的置信区间；此外这一模型也可用于连续的（时间）或不连续的可靠性系统，以及单一或多个系统；还可用于定时截尾或失效截尾试验。

　　(2) GJB/Z 77 – 95《可靠性增长管理手册》

　　1995 年 10 月，国防科工委参考美国军用手册 MIL – HDBK – 189，颁发了国家军用标准 GJB/Z 77 – 95《可靠性增长管理手册》。该手册提供了军用产品在研制与生产中，进行可靠性增长管理的方法和要求；附录 A 中，阐述了如何应用 AMSAA 模型进行多台同型产品的可靠性增长，给出了趋势检验、参数估计和拟合优度检验的方法，并提供了一个实例；附录 C 中列举了很多可靠性增长模型。

　　(3) GJB 1407—1992《可靠性增长试验》和 QJ 3127—2000《航天产品可靠性增长试验指南》

　　航天产品开展可靠性增长试验的依据主要有 GJB 1407—1992《可靠性增长试验》和 QJ 3127—2000《航天产品可靠性增长试验指南》。其中 GJB 1407—1992 是可靠性增长试验的基础标准，主要采用 Duane 模型及 AMSAA 模型进行试验设计和数据分析，Duane 模型及 AMSAA 模型要求试验时间较长，统计分析主要基于大量故障样本，适用于各类军用电子系统或设备的工程研制阶段。由于航天产品具有高可靠、高价值、小批量等特点，试验时间和试验样本量受限，试验故障较少，GJB 1407—1992 在航天领域应用不多。

　　QJ 3127—2000 在 GJB 1407—1992 的基础上，增加了无增长模型的预鉴定试验方案，也称为指数分布的定时截尾试验方案，这种试验方案借鉴了可靠性鉴定试验的思想，试验时间较短，在航天领域应用广泛。自从 QJ 3127—2000 颁布以来，可靠性试验技术快速发展，对试验管理也提出了更高的要求，该标准规定了航天产品可靠性增长试验的一般原则和技术要求，并提供了可采用的工程方法及应用示例。该标准在产品状态控制、试验方案、故障处理、试验管理等方面提出了通用性要求，应用时需要针对产品特点进行裁剪，根据实际应用情况明确技术和管理要求，确保试验的可操作性和有效性。

第 2 章　航天产品可靠性增长内涵

随着我国国民经济的快速发展，对航天产品的应用需求逐步提升；同时，为建立创新型国家，载人航天、嫦娥工程、深空探测等重大科技项目加速推进。航天产品的研制任务日益繁重，多型号、多任务并举和小批量生产、高密度出厂发射的特点越发凸显，高质量保成功的要求越来越高，借助可靠性增长的手段持续提升航天产品可靠性水平的需求越来越迫切。

2.1　航天产品可靠性增长的概念

一般产品或系统的可靠性增长是在新品研制阶段按照"试验—暴露故障—纠正—再试验"的循环过程逐步实现的。但是航天产品在小批试生产阶段、批产品正式投产阶段、产品装配调试阶段或现场安装试运行阶段、用户使用阶段，也伴随有"暴露故障—纠正和改进"的过程，所采取的纠正和改进措施同样可以实现可靠性增长。可以认为，航天产品的可靠性增长过程应该从研制阶段扩展并贯穿到全寿命周期。

研究航天产品全寿命周期的可靠性增长，有益于排除薄弱环节和故障隐患，能够从根本上提高和保证产品的可靠性，符合系统工程的思想。因此，航天产品可靠性增长是指从产品全寿命周期暴露的问题和使用需求入手，分析确定可靠性薄弱环节，并通过有效手段逐步消除产品设计和制造中的缺陷，不断提高产品可靠性并对其进行验证评价的过程。

2.2　航天产品可靠性增长与一般产品可靠性增长的区别

航天产品的特点和任务要求决定了其不能像其他产品一样开展大量的有目标的可靠性增长试验，航天产品的可靠性增长主要体现在薄弱环节、改进和可靠性增长验证的过程，其与一般产品可靠性增长的区别体现在以下几个方面。

1）对象不同。一般产品可靠性增长针对新研产品开展，航天产品可靠性增长一般针对较为成熟的通用产品开展，可纠正的系统类故障（B 类故障）

少，因此薄弱环节的分析和定位极为重要，以明确对产品可靠性影响最大的故障模式、故障部位和原因。

2）薄弱环节改进的方式不同。一般可靠性增长的薄弱环节改进可采用即时纠正、延缓纠正和含延缓纠正三种方式；航天产品可靠性增长的薄弱环节改进类似于延缓纠正，是一项复杂的系统工程，在研制阶段暴露出的薄弱环节在鉴定定型前必须完成原因分析和改进验证，在鉴定定型后一般不再进行大规模改动。残余的薄弱环节经一定时期的发射、飞行暴露后，可通过归零或相关专项，实现可靠性的持续提升。

3）可靠性增长验证模式不同。一般产品可靠性增长可采用 Duane 模型或 AMSAA 模型等，制定增长计划和大样本的抽样试验，逐步验证增长目标；而航天产品可靠性增长一般针对高可靠无失效产品开展，Duane 模型和 AMSAA 模型不适用。在无增长模型情况下，航天产品可靠性增长要求对薄弱环节改进措施进行验证，分析改进措施对主要故障模式的影响，用可靠性评估模型代替可靠性增长模型，在可纳入可靠性增长工作的试验和数据基础上，评估产品可靠性能否达到指标要求，必要时补充可靠性验证试验，并根据试验数据更新评估结果。

4）可靠性增长的侧重点不同。一般产品可靠性增长允许产品在研制前期存在一定的设计缺陷和薄弱环节，通过可靠性增长过程实现产品设计的完善和薄弱环节的改进；而航天产品由于保成功的任务需求和小子样高成本的特点，必须通过前期大量的预研、论证和方案研究工作，确保产品在工程研制阶段已经具备极高的可靠性，可以说航天产品可靠性是真正设计出来的。因而，航天产品研制阶段可靠性增长的侧重点是对产品可靠性设计措施的验证，达到使用任务的最低要求；型号应用阶段的可靠性增长的目的则是充分利用使用信息，综合验证产品可靠性是否达到目标值，并进一步对接用户需求，为装备的改进升级提供决策支撑。

2.3　航天产品可靠性增长两种情况

航天产品可靠性增长可分为两种情况。

1）在轨或飞行阶段暴露出薄弱环节，对薄弱环节进行分析、改进和验证（如图 2-1 所示）。这种情况下产品可靠性评估结果随失效的发生而下降，可以采用传统的 FMEA、FTA 等方式分析失效模式及失效原因，明确产品的改进措施，并对有效性进行验证。在经过一系列分析和再改进、再试验后，产品固有可靠性水平及可靠性评估结果得到稳步提升，这相当于是产品研制过程的再延续。

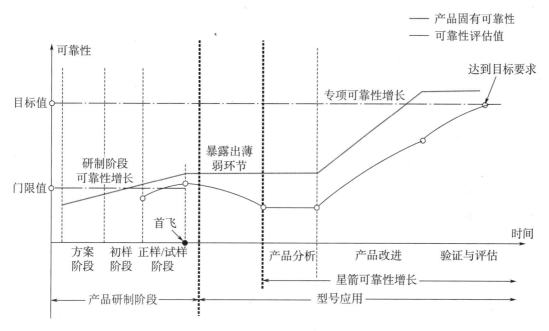

图 2-1　航天产品可靠性增长——在轨或飞行阶段暴露出薄弱环节

2）在轨或飞行阶段未暴露薄弱环节，但产品可靠性评估值未达到规定值，通过分析定位产品薄弱环节，进行针对性的改进和验证（如图 2-2 所示）。对于未能暴露薄弱环节的产品，其可靠性评估结果随发射数量和飞行时间的累积而逐步提升，但产品固有可靠性水平并未改变，随着产品任务要求的改变或可靠性指标要求的提升，其可靠性可能并未达标。此时，就必须通过仿真分析、高加速寿命试验等方式，加严产品的环境应力条件，分析或暴露出产品的薄弱环节，提出针对性的改进措施并进行验证。

无论以上何种情况，都可以基于传统的统计分析方法，但同时还需要深入了解产品研制的过程，充分挖掘不同产品研制过程的有用信息。例如，固体润滑机电产品和部分电子产品研制过程中会开展加速寿命试验，可以采用加速寿命试验的方式使其暴露薄弱环节，从而进行薄弱环节分析和可靠性评估；对于某些难以开展加速寿命试验的产品，可以从失效机理上追溯其退化过程，一般情况下，随着使用时间的延长，表征产品特性的性能特征参数将出现退化的情况。性能退化现象是自然而又大量存在的，如陀螺的精度、太阳能电池的输出功率、蓄电池的放电终止电压等，产品的失效机理可以在退化过程中跟踪，可以基于性能退化数据开展薄弱环节分析、改进和验证。

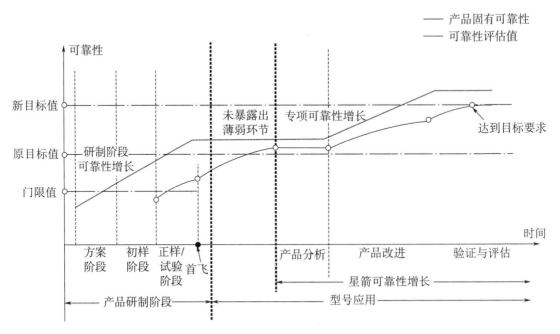

图 2-2　航天产品可靠性增长——未暴露出薄弱环节

第二篇　方法篇

第3章 航天产品可靠性增长技术流程与管理

3.1 可靠性增长技术流程

航天产品可靠性增长技术流程可分为四步：可靠性薄弱环节分析、可靠性薄弱环节改进、可靠性增长验证、可靠性评估，并随着工程应用中发现的薄弱环节开展持续的可靠性增长，如图3-1所示。

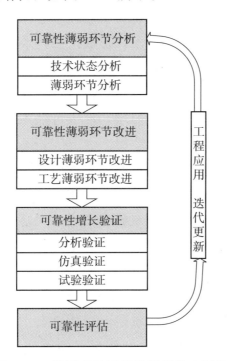

图3-1 航天产品可靠性增长技术流程

3.1.1 可靠性薄弱环节分析

可靠性薄弱环节分析主要是在航天产品技术状态分析的基础上对可能引起产品可靠性问题的具体环节进行分析，确认后续需要改进设计的环节。

（1）技术状态分析

产品技术状态分析的目的是分析产品的设计、工艺和应用情况以及技术要求，梳理产品技术资料，明确产品目前技术状态与指标要求的差距。

根据航天产品可靠性设计要求对产品的可靠性设计进行复核，包括冗余设计、降额设计、热设计、力学设计、抗辐照设计、电磁兼容性设计等，对可靠性预计进行复算，分析产品设计能否满足指标要求。

产品工艺情况分析，主要包括核查工艺及工艺控制措施、确保无禁限用工艺等，分析生产制造水平能否实现设计目标。工艺要求和禁限用工艺等应该根据产品特点和用户使用要求及相关规定，列出详细清单。

产品应用情况分析，主要应对产品的工作条件、故障情况、参数演变等进行梳理，与设计要求进行对比分析。

产品技术要求分析，主要应分析和梳理技术总体及产品规范对寿命和可靠性、工作条件、工作能力提出的要求，形成产品技术要求包络。

其中，重点应明确产品可靠性指标要求。既应实现产品可靠性水平的提升，又应在经济、技术能力范围内可达；技术总体应从总体角度规范地提出产品工作条件、任务时间和功能性能要求，形成可供各方参考的产品技术指标。

（2）薄弱环节分析

薄弱环节分析的目的是从产品现有的多种信息源中分析识别出最可能造成系统失效的故障源，主要考虑研制、生产、使用中的可靠性问题，通过可靠性相关分析手段确定的可靠性问题，试验中发现的问题，通过外部经验确定的问题4类信息。通过梳理总结，依照信息源的重要程度，薄弱环节分析应依次从以下内容开展：

1）直接信息，产品研制、地面试验或飞行中出现过的故障源；

2）"质量问题归零信息"和"举一反三信息"；

3）设计原因，根据产品设计，利用可靠性预计、FMEA、FTA等手段识别出的可能造成严重后果的故障源；

4）生产加工原因，在产品生产加工过程中，受工艺条件影响而可能出现的故障源；

5）环境原因，在产品技术状态没有发生明显改变的情况下，由于任务剖面的显著变化而可能导致的故障源，或通过加速应力激发的故障源；

6）认知原因，由于对应力条件、功能性能需求、任务时间等认识有误，导致产品虽然满足技术指标要求，但是无法满足实际飞行需求，应极力避免任务剖面识别失误和技术指标要求错误的情况发生。

3.1.2 可靠性薄弱环节改进

航天产品可靠性薄弱环节改进指通过设计和工艺手段减弱或消除薄弱环节对产品可靠性的不利影响。

薄弱环节改进必须与薄弱环节分析结果相对应，并优先针对故障模式清晰、定位明确、原因清楚的薄弱环节展开，并且在薄弱环节改进前，应初步分析改进对产品可靠性的影响。

薄弱环节改进方式主要包括设计改进和工艺改进。开展薄弱环节改进影响分析，保证薄弱环节改进与可靠性增长的目标正相关，即保证可靠性增长率为正值；应开展薄弱环节改进有效性验证，验证方法包括分析、仿真和试验验证，这类工作可纳入后续可靠性增长验证工作范畴。

3.1.3 可靠性增长验证

结合航天产品可靠性增长工作开展实际，可靠性增长验证主要分为三种方式，包括分析验证、仿真验证和试验验证。其中，相关文献和工程实践均表明，试验验证是验证薄弱环节改进有效性和产品可靠性的最主要的方式。

各验证方式有其优缺点，具体地说：

1）分析验证手段最经济便捷，但是风险较大，分析验证方法应具有理论支持，尽量采用成熟的物理模型；

2）仿真验证可以节省一定的时间和经费，但是对模型、软件、参数数据等要求较高，而且仿真验证必须与试验验证相结合，形成闭环验证，否则存在较大风险；

3）试验验证最为真实可靠，但是对经费和时间要求高，对产品任务剖面的确定、试验设备、操作人员等都有严格的规定，不当的试验方案不但不能验证改进措施的有效性，反而会造成资源浪费。

3.1.4 可靠性评估

可靠性评估在航天产品可靠性增长中起着重要作用，初始可靠性的评估、增长目标的验证、增长效果的评价都需要规范合理的评估方法支持。

可靠性评估是增长效果评价的一种手段，从产品的可靠性薄弱环节入手，通过薄弱环节分析确定产品适用的可靠性评估模型，并根据可靠性验证情况采集相应的试验数据，对产品的可靠性进行评估。

3.2　航天产品可靠性增长管理

我国航天事业已经走过了 60 多年的历程，取得了辉煌的成就，但同时也经历了诸多惨痛的教训。1996 年 2 月 15 日，我国新研制的长征三号乙运载火箭在西昌卫星发射中心点火起飞约 2 s，飞行姿态出现异常，随后发生剧烈爆炸。同年 8 月 18 日，长征三号运载火箭在西昌卫星发射中心发射的中星七号通信卫星未能进入预定轨道，连续失利使长征运载火箭在国际航天界的良好信誉受到影响，多个卫星发射服务合同被迫终止或撤销，中国航天对外发射服务受到巨大冲击。为扭转航天面临的"失败不起，没有退路，只能成功"的局面，开展了专门的可靠性增长工作，并且经过多年可靠性增长工作的开展，航天产品的可靠性水平得到了极大的提升。

航天产品可靠性增长管理是为消除航天产品暴露的薄弱环节，而持续开展的"分析—改进—验证—评估—应用"全流程工作。航天产品可靠性增长是在可靠性设计完成基础上的再设计过程。航天产品可靠性增长过程与航天型号任务紧密结合，贯彻"边改进、边验证、边应用"的工作方针，确保增长的成果在型号上直接应用。因此，航天产品可靠性增长管理有如下特点。

3.2.1　航天产品可靠性增长是一项系统工程

航天产品的可靠性工作要经历一个"V"字型的完整过程，一般来讲经过一个完整的"V"字型过程所形成的产品可靠性往往不能令人满意，可靠性增长就是在可靠性设计、验证、应用的基础上，对产品开展第二个甚至多个"V"字型过程，从而形成航天产品可靠性增长"W"模型，如图 3 - 2 所示。航天产品通过这一模型的反复迭代与深化完善，可满足其高可靠性要求。航天产品的可靠性增长以系统可靠性需求为牵引，层层分解，梳理系统、分系统、单机各层次可靠性薄弱环节，并根据薄弱环节开展相应的可靠性设计改进及验证，进而实现系统层次的可靠性要求。

航天产品的可靠性增长工作正是航天产品研制与可靠性不断提升的"W"模型的第二个"V"字型过程，进一步提高航天器产品的"固有可靠性"，完善产品质量。"W"模型有效解决了航天产品特殊性与极小子样研制导致的主要问题，从而实现了航天产品极小子样情况下的可靠性增长。

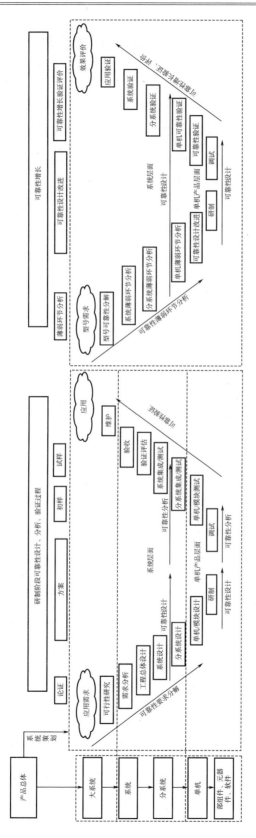

图 3 - 2　航天产品可靠性增长过程

3.2.2　航天产品可靠性增长以型号为基础开展

航天产品可靠性增长需求的提出，往往伴随着型号研制过程中发生的问题或产生的需求，针对当前和后续型号研制对产品的可靠性要求，梳理不能满足需求的薄弱环节，进而开展有针对性的设计改进，保证产品的可靠性增长能够满足型号的可靠性要求。可靠性增长需求的提出以及可靠性薄弱环节分析来源于型号的论证阶段，可靠性增长设计改进与型号研制阶段同步进行，可靠性增长效果的验证评价则贯穿于型号的研制阶段和应用阶段。

可靠性增长工作开展的主体是型号设计师，型号设计师联合可靠性专业工程师将型号的研制需求和产品可靠性结合在一起，实现设计改进与可靠性要求的有机结合，可靠性增长工作被纳入研制生产流程，以确保可靠性增长工作有效开展、落到实处。

可靠性增长效果也是通过型号应用来进行验证的，航天产品可靠性增长的提出主要是面对型号应用中存在的问题，产品改进完成后，直接在型号任务中进行应用，型号任务成功与否是对航天产品可靠性增长效果最直接的验证。在型号应用验证成功的基础上，固化航天产品可靠性增长后的技术状态，并将新状态的产品或可靠性增长过程中产生的新技术、新方法推广应用于其他型号或其他领域。

3.2.3　航天产品可靠性增长以项目的形式开展管理

航天产品的可靠性增长过程实行项目管理。开题阶段，开展产品薄弱环节梳理以及可靠性指标复核；项目研制阶段，为保证可靠性增长工作"可操作、可监控、可评估"的质量控制要求，统一评价标准和方法，制定相应的管理办法、工作规范等管理和技术要求，设置过程控制节点，开展项目中期检查，在重要节点，邀请型号两总（总指挥、总设计师）参与指导和把关；项目验收阶段，严格把关，确保产品可靠性增长效果落到实处；在项目取得研究成果后，及时宣传、推广，做到研究成果及时应用于型号、服务于型号，确保工程取得实效；根据型号应用情况，不断改进项目研究工作，实现项目研究和型号研制的良性互动。航天产品可靠性增长项目的开展解决了一大批型号中发生的可靠性问题，为确保航天型号任务的成功提供了有力保障。

3.2.4 航天产品可靠性增长需开展可靠性评价

可靠性评价是检验航天产品可靠性增长效果的有效手段，为保证评价方法的有效性和评价工作的效果，针对不同产品的特点，提出有针对性的可靠性评价模型和方法，并形成相应的评价规范，保证同类产品应用相同的模型和方法开展可靠性评价，使评价结果具有横向可比性；在可靠性增长项目开展过程中，由第三方单位对可靠性增长效果进行评价，保证了评价结果的客观公正；另外，针对可靠性增长工作承研人员开展相关可靠性专业技术培训，提升相关人员专业能力，保证后续产品研制中可靠性工作的开展。可靠性增长评价的过程，也是航天产品可靠性增长理论升华的过程，通过可靠性增长工作的开展，形成航天产品可靠性增长技术理论和方法，指导后续可靠性增长工作的开展。

第 4 章　可靠性薄弱环节分析方法

可靠性增长的技术流程表明，通过对航天产品可靠性薄弱环节的设计改进可使产品达到可靠性提升的直接效果，薄弱环节分析为可靠性设计改进提供明确的方向。在航天产品的可靠性增长过程中，可靠性薄弱环节分析是其中的关键环节。

航天产品可靠性薄弱环节分析的途径主要包括：

1）研制/生产/使用中的可靠性问题，包括产品飞行及在轨使用中暴露的可靠性问题、生产制造过程中发现的产品可靠性设计问题、任务要求发生变化可能导致的可靠性问题、软件健壮性不足引发的可靠性问题等。

2）通过可靠性相关分析手段确定的可靠性问题，即通过产品的各项可靠性分析找出潜在故障，如通过可靠性预计、FMEA、FTA、故障统计分析等手段发现的产品可靠性设计余量不足、单点故障等可靠性问题。

3）通过对产品开展各项试验，如强化试验、性能拉偏试验、加速试验等，并对试验结果（包括性能参数衰减）进行分析以找出产品的可靠性薄弱环节和隐患，试验不限于各种可靠性试验，还包括性能、环境试验等。

4）来自本产品之外的外部经验，其检测出来的故障适用于本产品，包括科技文献、同类产品的故障信息与技术报告、新的设计规范及设计禁忌、上一代产品的故障信息、"质量问题归零信息"和"举一反三信息"等提供的经验。

4.1　通用可靠性薄弱环节分析方法

4.1.1　可靠性预计

可靠性预计是为了估计产品在工作条件下的可靠性而进行的工作，根据组成系统的元件、组件、分系统的可靠性来推测系统的可靠性，是一个从小到大、由下向上的综合过程。可靠性预计工作可以估计产品的基本可靠性和任务可靠性，评价设计方案是否满足规定的可靠性定量要求，并从中发现设计的薄弱环节，为改进设计提供依据，工程常用的可靠性预计方法包括：

1）元器件计数法，根据元器件的种类及质量等级，查相应的标准，得到各元器件的失效率数据，按产品中元器件数量将失效率相加得到产品的失效率，主要用于电子类单机产品的基本可靠性预计。

2）元器件应力法，根据元器件的种类、质量水平、工作应力及环境应力等因素，查相应的标准，得到各元器件失效率数据，按产品中元器件数量将失效率相加得到产品的失效率，主要用于电子类单机产品的基本可靠性预计。

3）故障率预计法，根据产品原理图，建立其可靠性模型，输入各单元的故障率数据进行计算，适用于机械、电子、机电类产品，但要求组成产品的所有单元均有故障率数据，用于基本或任务可靠性预计。

4）相似产品法，将研制的新产品与其可靠性已知的相似产品进行比较，适用于机械、电子、机电类产品，但要求具有相似产品的可靠性数据，用于基本或任务可靠性预计。

5）性能参数预计法，根据同类产品的大量统计数据，建立产品可靠性与其性能参数的数学关系。将新产品的有关性能参数代入，预计新产品的可靠性，适用于比较复杂的机械、电子、机电系统或分系统，用于基本或任务可靠性预计。

4.1.2 可靠性建模

可靠性模型是为分配、预计、分析或估算产品的可靠性所建立的模型。对于复杂产品的一个或一个以上的功能模式，用方框表示各组成部分的故障或它们的组合如何导致产品故障的逻辑图叫作可靠性框图。航天产品典型的可靠性模型包括串联模型、并联模型、表决模型、冷备模型等，通过航天产品可靠性模型识别航天产品可靠性薄弱环节，为可靠性设计改进提供依据。

串联模型是指组成产品的所有单元中任一单元发生故障都会导致整个产品故障的模型；并联模型是指组成产品的所有单元同时工作，只要有一个单元不故障，产品就不会发生故障；表决模型是指组成产品的所有单元同时工作，但至少有 k 个单元正常工作，产品才能正常工作；冷备模型是指组成产品的所有单元中，只有一个单元在工作，当工作单元故障后，通过转换装置转接到另一单元正常工作。各类模型示意图如图 4-1～图 4-4 所示。

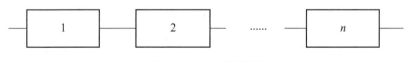

图 4-1 串联模型

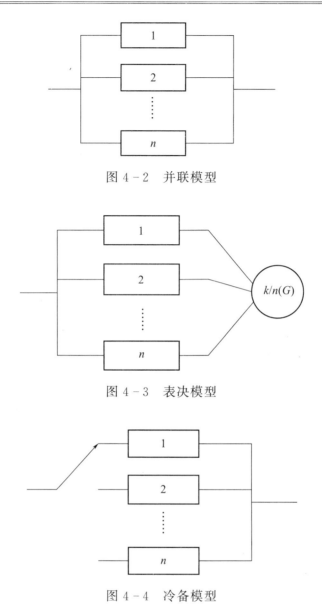

图 4 - 2　并联模型

图 4 - 3　表决模型

图 4 - 4　冷备模型

4.1.3　任务剖面分析

　　分析航天产品在执行任务期间的所有事件、环境条件、使用工况等，为航天产品在执行任务期间可能面临的可靠性问题或可能存在的可靠性薄弱环节分析提供支撑。

　　任务剖面分析涵盖航天产品整个寿命周期的任务要求和时序历程。任务阶段包括研制阶段、发射阶段、在轨阶段；环境条件包括研制阶段的生产、试验、运输，发射阶段的安装环境条件和发射环境条件，在轨阶段的力、热、磁、辐射等环境条件。表 4 - 1 为航天产品全寿命周期内的环境。

表 4 - 1　航天产品全寿命周期内的环境

任务阶段	卫星环境条件	运载火箭环境条件
研制阶段	整星生产过程试验 整星吊装、运输、储存环境条件	生产过程试验 吊装、运输(铁路,海运)、储存环境条件
发射阶段	塔架安装阶段环境条件 发射入轨阶段环境条件	发射准备阶段环境条件 发射入轨阶段环境条件
在轨阶段	在轨不同工作模式下的力学环境条件 在轨不同工作模式下的热环境条件 在轨不同工作模式下的磁环境条件 在轨不同轨道模式下的辐射环境条件	——

4.1.4　FMEA

通过系统分析和归纳，识别出产品设计或应用过程中所有可能的故障模式，分析故障模式的影响及原因，找出潜在的可靠性薄弱环节。

FMEA 是一种自下而上（由部组件到系统）的因果关系的定性分析方法，它是一种重要的预防故障发生的方法，为设计师开展产品故障模式分析提供了一种规范化、标准化、系统化的有效分析工具。一般采用团队工作模式，随产品状态变化不断迭代。

（1）故障模式、故障影响、严酷度、危害性的定义

故障模式是指产品故障的一种表现形式，如断裂、接触不良、泄漏、腐蚀等。

故障影响是指每种故障模式对产品使用、功能或状态所导致的后果。可分为三个层次：局部影响是指该故障模式对当前所分析层次产品的影响；高一层次影响是指对当前所分析层次高一层的产品的影响；最终影响是指对最高层次产品产生的影响。

严酷度是指某故障模式所产生后果的严重程度。可分为四类：Ⅰ类故障（灾难的）是一种会引起人员死亡或不可恢复的能力丧失，导致系统失效或工程系统损坏的故障；Ⅱ类故障（严重的）是指会引起人员伤害或职业病，导致系统任务严重降级的故障；Ⅲ类故障（一般的）是指引起人员轻度伤害、任务一般降级的故障；Ⅳ类故障（轻微的）是指轻于Ⅲ类故障的故障。

危害性是指对某种故障模式的后果及其发生概率的综合度量。

（2）FMEA 表格

FMEA 结果通常以表格的形式体现，典型的 FMEA 表格见表 4 - 2。可根据需要对其进行增补。

表 4 - 2　典型 FMEA 表格

代码	产品或功能标志	功能	故障模式	故障原因	任务阶段与工作方式	故障影响			故障检测方法	补偿措施	严酷度类别	备注
						局部影响	高一层次影响	最终影响				

4.1.5　单点故障识别

单点故障是指会引起系统故障、而且没有冗余或替代的操作程序作为补救的产品故障。航天产品单点故障模式数量多，给任务成功埋下诸多隐患。通过开展单点故障识别，有效识别出影响航天产品可靠性的 I 类单点故障模式和重要的 II 类单点故障模式，作为可靠性薄弱环节进行重点分析，为航天产品可靠性设计改进和可靠性增长工作的开展提供依据和支撑。

4.1.6　FTA

FTA 是通过对可能造成产品故障的硬件、软件、环境、人为因素进行分析，画出故障树，从而确定产品故障原因的各种可能组合方式和其发生概率的一种分析技术。通过演绎法逐级分析，找出导致某种故障事件（顶事件）的各种可能故障原因或原因组合，识别设计中的可靠性薄弱环节和关键项目。

故障树的建造是 FTA 的关键，因为故障树的完善程度将直接影响定性分析和定量计算的准确性。以演绎法为例，建造故障树时，先写出顶事件（即系统不希望发生的故障事件）表示符号作为第一行；在其下面并列写出导致顶事件发生的直接原因，包括软硬件、人及环境因素等，作为第二行，把它们用相应的符号表示出来，并用适合的逻辑门与顶事件相连；再将导致第二行故障事件（称中间事件）发生的直接原因作为第三行，用适合的逻辑门与中间事件相连；按这个线索逐步深入，一直追溯到引起系统发生故障的全部原因，即不需要继续分析的位置（称为底事件）；这样就形成一棵故障树（顶事件为根，中间事件为枝，底事件为叶）。

故障树的定性定量分析对找出系统或产品的薄弱环节至关重要，定性分析是寻找导致顶事件发生的原因和原因组合，即找出全部最小割集。最小割集是指一些底事件的集合，它们都发生时顶事件必然发生，如有一个事件不发生则顶事件不发生。最小割集中底事件的数量称为阶数。一般阶数越低的最小割集越重要，在低阶最小割集中出现的底事件比高阶中的重要，在不同最小割集中出现次数越多的底事件越重要，这三个原则是开展薄弱环节分析时考虑的关键。

故障树的定量分析，就是根据底事件的发生概率按故障树的逻辑门关系，计算出顶事件的发生概率，以判断是否满足规定的可靠性和安全性要求，定量分析的另一个重要任务是计算底事件的重要度，从而确定改进的重点。

4.1.7　最坏情况分析（WCA）

最坏情况分析方法是一种按照不常发生的最坏使用条件的组合为基础，进行确保系统可靠性要求的分析方法。最坏情况分析是可靠性工作中的一项重要内容（GJB 450A、QJ 1408A、QJ 2172A 均已提出明确要求）。最坏情况分析方法通过对影响系统性能的设计参数和各种内、外影响因素处于最坏情况或最坏组合情况的状态进行分析，确定产品设计能否满足可靠性要求的一种方法，是识别航天产品可靠性薄弱环节的一种重要手段。

目前在航天产品可靠性分析中开展比较多的是最坏情况电路分析（WCCA），其目的是识别影响电路性能及元器件应力的主要原因，发现设计与制造可靠性薄弱环节，对电路是否发生漂移故障进行预测，指出改进的方向，提高电路的固有可靠性。

最坏情况电路分析主要包括两方面内容：一是评价电路的性能及其漂移，选用合适的分析方法，评价电路在最坏情况下的性能及其漂移；二是评价元器件的性能，分析在最坏情况下电路中元器件是否存在过应力的情况，为正确选用元器件、降额使用与设计提供依据。

电路仿真分析首先要根据任务的重要性、可靠性、安全性要求，选择关键电路进行最坏情况电路分析。包括：

1）影响产品安全性的电路；

2）影响任务可靠性的电路；

3）昂贵的电路；

4）需要特殊保护的电路。

电路分割可根据所分析电路的大小及规模而裁剪。一般较为复杂的电路进行最坏情况电路分析时，首先将电路原理图转换成多个功能模块组成的功能框图，再将功能分割成更小的子块。选合适的点，将组成各功能块/子块的电路分割开来，以方便进行分析。

最坏情况电路分析可获得以下数据：

1）电路的性能指标、环境条件要求；

2）电路原理图、方块图及接口/连接线路图；

3）工作原理；

4）元器件清单、降额要求及参数值（如标称值、偏差、最坏情况极限、统计分布及分布参数）；

5）电路接口参数；

6）影响最坏情况电路分析的有关分析（如热设计分析、电磁兼容性分析、抗辐射分析等）结果；

7）输入条件等。

最坏情况电路分析的流程如图 4-5 所示。

4.1.8　潜在电路分析（SCA）

潜在电路分析是指识别航天产品中引起非设计期望的功能或抑制所期望功能的潜在状态，根据潜在状态危害度分析结果，采取相应的可靠性设计改进措施。潜在电路分析是针对电能信号传播为表征信息的所有潜在状态的分析方法。潜在状态主要有四种表现形式，包括潜在路径、潜在时序、潜在指示、潜在标志。潜在路径是指数据流、能量流或者逻辑信号流所流经的非期望路径；潜在时序是指数据、能量或者逻辑信号以非期望或矛盾的时间顺序、或在非期望的时刻、或延续一个非期望的时间段发生，从而使系统出现异常状态；潜在指示是指系统运行状态的模糊或错误的指示，可能误导系统或操作人员做出非期望的反应；潜在标志是指系统功能（如控制、显示）的错误或不确切的标志，潜在标志可能会误导操作人员。

潜在电路分析方法主要包括两种：一种是基于网络树生成和拓扑模式识别的分析方法，一种是基于功能节点识别和路径追踪的分析方法。基于网络树生成和拓扑模式识别的分析方法是：首先对系统进行适当的划分以及结构上的简化，生成网络树；其次识别网络树中的拓扑模式；最后结合线索表对网络树进

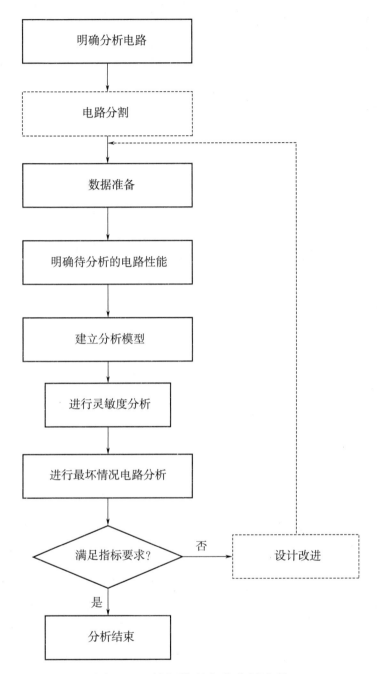

图 4-5　最坏情况电路分析流程

行分析，识别出系统中存在的潜在状态。基于功能节点识别和路径追踪的分析方法是：首先对复杂系统进行划分和简化；其次识别出系统中的功能节点，追踪出功能路径；最后结合线索表进行路径分析，识别出系统中存在的潜在状态。

潜在电路分析流程如图 4 - 6 所示。

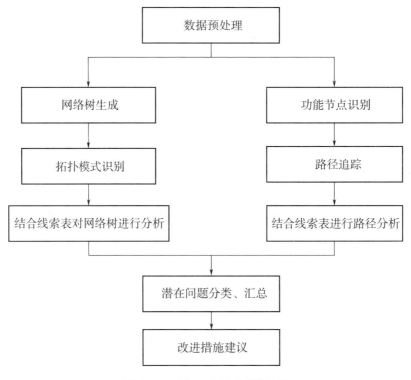

图 4 - 6　潜在电路分析流程

4.2　系统级产品可靠性薄弱环节分析方法

航天系统级产品包括卫星平台、运载火箭以及配套的分系统,对于系统级产品的可靠性薄弱环节分析,应重点从以下两个方面考虑:一是通过系统单点故障分析、系统共因故障分析、系统故障容限能力分析等分析方法,将系统级故障模式、故障原因分析透彻;二是通过系统级测试性验证分析、系统级测试覆盖性验证分析、飞行/在轨数据趋势分析等分析方法,将系统级故障隐患分析透彻。建立薄弱环节清单,开展可靠性增长工作。

4.2.1　单点故障识别

单点故障的识别与控制一直是航天产品风险分析与控制的焦点。由于航天系统设计复杂,涉及的产品数量大、类型多,全面识别单点故障模式的难度较大。

目前单点故障识别主要通过 FMEA 进行,其方法已经较为成熟。为了更全面地识别单点故障模式，可以采用 FMEA 和 FTA 相结合的方法，即 FMEA 自下而上分析归纳与 FTA 自上而下逐级分解相结合，形成互补。典型的分析流程如图 4 - 7 所示。其过程描述如下。

1）在方案论证阶段和方案初步设计阶段，开展系统级的功能分析和功能 FMEA。通过功能分析，将系统的功能定义传递到分系统和单机；通过功能 FMEA，对系统、分系统的方案进行权衡，指导冗余设计，并将系统的故障影响、故障严酷度传递到分系统和单机。

2）在初样设计阶段，分级开展硬件 FMEA，将故障模式从单机到分系统、系统层层迭代，全面识别系统的 I、II 类单点故障模式，并通过冗余有效性分析，进一步识别冗余系统潜在的单点。

3）在方案设计阶段开始 FTA。首先确定一个或多个顶事件，随着方案设计的深入，从系统、分系统自上而下逐级建立故障树。进入初样阶段以后，建立单机级故障树。之后，故障树自下而上逐级合并，形成一棵贯穿单机、分系统、系统的完整故障树。

4）分析系统故障树的最小割集，识别单点故障模式。

5）综合 FMEA 和 FTA 的结果，得到较为全面的单点故障模式清单。

为了规避单点故障，航天产品在设计中大量采用了冗余技术。在 FMEA 或 FTA 过程中，可能会因为采取了冗余设计而使设计人员产生松懈，分析弱化而导致遗漏了单点故障模式。对于采用冗余或备份设计方案的产品，从分析结果上可能较少出现严重的单点故障，但产品设计中的相对薄弱环节总是客观存在的。冗余系统单点故障的风险点主要存在于接口部分和共用环节。为有效识别可能存在的单点故障，还要对这两个风险点开展专项的分析。

（1）信号接口分析

对分系统和单机冗余系统输入、输出接口部分的电路故障模式及影响进行专项分析，判断发生故障时是否影响冗余通路的正常工作。具体方法为：

1）给出信号输出端、接收端的连接关系图以及详细电路图，填写信号接口分析表，见表 4 - 3；

2）对接口电路图中的接口芯片以及电阻、电容等元器件进行故障模式与影响分析，判断元器件的故障是否会影响冗余切换和备份通道的信号，并按照表 4 - 4 格式填写信号接口设计表。

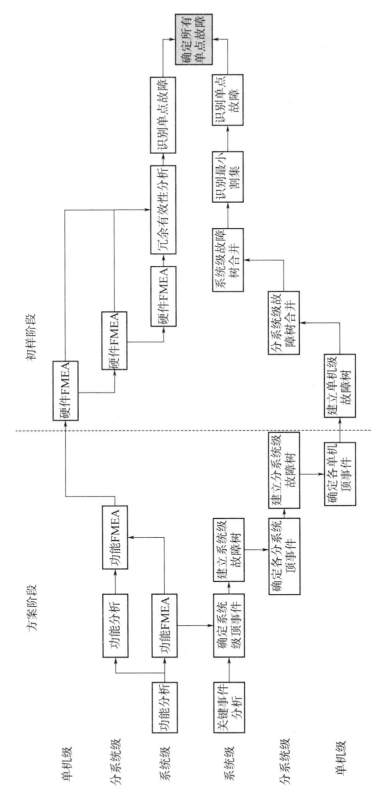

图 4 - 7　FMEA 和 FTA 相结合的单点故障识别流程

表 4 – 3　信号接口分析表

信号输出端	信号接收端	信号名称	接口形式
填写输出信号的单机或模块名称	填写接收信号的单机或模块名称	填写信号的名称,例如:软件组帧遥测数据、时钟脉冲等	填写接口的形式,例如:一对多输出、多对一输出、多对多输出

连接关系图

画出接口电路的连接关系图,例如

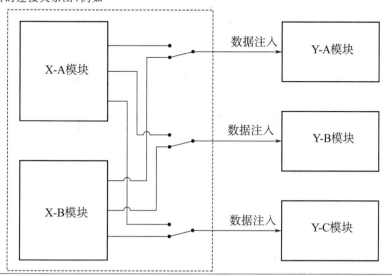

输出端接口电路图

画出接口电路的原理图,例如

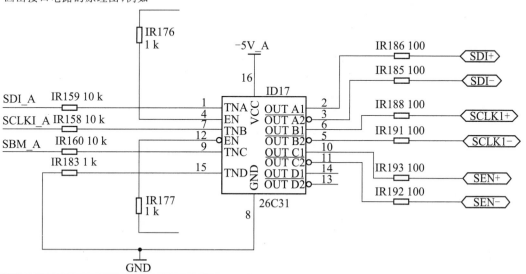

接收端接口电路图

画出接口电路的原理图(可采用电路设计软件的图或 Visio 图)

示例(略)

表 4 - 4　信号接口设计表

序号	项目	故障模式	故障影响	
			是否影响冗余切换	是否影响备份通道
1	元器件名称	故障模式 1	填写"是""否""不适用"; 如填写"是",请具体说明如何影响	填写"是""否"; 如填写"是",请具体说明如何影响
		故障模式 2		
		……		
2		故障模式 1		
		故障模式 2		
		……		

（2）主备共用环节分析

对于主备份的共用环节进行全面识别，检查冗余单元之间是否存在共用器件/电路、共用焊盘、共用过孔、共用印制线、共用内部导线、共用电连接器和节点；并进一步分析这些共用环节是否存在导致冗余系统失效的单点故障模式，是否制定了相应的控制措施。表 4 - 5 给出了一种共用环节检查表。

表 4 - 5　共用环节检查表

序号	基本功能单元	分析项目	设计状态	单点故障模式	控制措施
1		1)共用器件/电路		填写故障模式名称或"无"	
		2)共用焊盘			
		3)共用过孔			
		4)共用印制线			
		5)共用内部导线			
		6)共用电连接器和节点			
		7)共用印制电路板			
		8)共用熔断器			
		9)共用电源			
2					

除了以上两项分析内容，设计师可根据经验和需要对冗余系统开展其他的专项分析，例如潜在分析。

4.2.2　共因故障分析

共因故障是指不同产品由共同的原因引起的故障。共因故障是从属故障的一种，航天产品常表现为多个冗余部件由于共同的原因同时或在短时间间隔内相继发生故障。因此在可靠性分析中要高度重视相同、相似冗余单元的共因故障识别与控制。

导致共因故障的原因包括根原因和耦合因素。一个事件发生的原因可以追溯到某个明确但可能未知的时间点上发生的事件，这些原因事件称为根原因。根原因有以下四种类型：

1）硬件的：某设备故障由于其中的部件的原因。

2）人为的：设备操作、测试、维修以及设计和制造的原因。

3）环境的：作用于设备上的来自设备之外工厂车间之内环境应力的原因。

4）外部的：作用于设备上的来自工厂车间之外的异常环境应力的原因。

耦合因素是一种用来解释某根原因如何传播并影响到多个设备的方式。三种主要的耦合因素类型为：功能耦合、空间耦合和人因耦合。

1）功能耦合：包括相连设备之间共用的设计、共同的输入、循环依赖以及同一个设备提供多项功能的情形等；以及不相连设备之间相关的成功准则，例如备用系统和它支持的主份之间的关系。不相连设备之间耦合的较敏感的方式是环境传导。

2）空间耦合：包括空间邻近和空间连接。空间邻近指设备在一个公共的场所或有共同的屏障。空间连接指在不同位置的设备，尽管没有功能上的联系，但会受到可能由于某屏障破裂而产生的极端环境条件导致的相同的影响。

3）人因耦合：指关于设计、制造、安装、质量控制、设备管理、维修、测试等活动，以及操作规程、紧急情况处理程序、检查程序的实施等过程中人的因素。

共因故障分析是在若干故障事件中识别共因故障的一种分析方法。共因故障分析技术可用于各种类型的系统，但对采用了冗余设计的安全性关键系统特别有效。共因故障分析仍然是结合 FMEA 和 FTA 开展，因此分为基于 FMEA 的共因故障分析方法和基于 FTA 的共因故障分析方法。

4.2.2.1　基于 FMEA 的共因故障分析方法

基于 FMEA 的共因故障分析方法是在 FMEA 的框架下，在识别故障模式的环节进一步识别出共因故障模式，针对共因故障模式再按 FMEA 的分析逻辑分析故障影响和故障原因，然后针对故障原因采取相应的预防和纠正措施。

识别共因故障模式首先要熟知常见的耦合因素及其与故障原因的关系。表4-6给出了实施 FMEA 过程中各种故障原因的耦合因素。

表 4-6　常见的耦合因素

序号	耦合因素
1	相同的使用方法
1.1	使用寿命(使用时间、工作中循环次数或事件数)
1.2	老化(新设备或应用,旧设备不再维护)
2	相同的工作环境
2.1	接近
2.1.1	冗余单元离得很近
2.1.2	单元与外部设备或系统离得近
2.2	相同的介质
2.2.1	周围空气
2.2.2	液体(冷却,工艺化学)
2.2.3	固体(安装区域)
3	功能耦合
3.1	相同的能量或公用源(信息流)
3.2	相同的输入或输出
3.3	相同的负载或负载介质
4	相同的人员
4.1	设计
4.2	安装/建造
4.3	操作
4.4	维护
5	文件
5.1	不完整或不正确的程序、显示、制图或培训
5.2	程序步骤未包括足够的错误屏障
6	相同的标记、标签、显示模糊
7	产品类似(如厂商、材料和技术)

表4-7给出了故障原因和耦合因素的关系,这些原因是实施 FMEA 过程中最有用的,包括应力层面的直接原因和相关的间接原因,这些都是根原因,每个原因给出了相应的耦合因素(耦合因素的序号来自表4-6)。许多原因项

与多个耦合因素有关系。

表 4-7　故障原因与耦合因素的关系

原因类型	直接原因(应力)	间接原因	耦合因素
环境	温度、振动(包括微振动)、湿度、真空、微流星体与空间碎片、轨道摄动、辐射(包括电离总剂量、位移损伤、单粒子、表面充放电、内带电效应、太阳紫外辐射等)、原子氧、微重力、地球磁场、大气、行星特殊环境等	设备布局	2 的全部
	欠设计	设计问题	4.1
过载荷	机械载荷、电流、电压	功能使用	3,4.3
	欠设计	设计问题	4.1
	循环交变、冲击、振动、压力、循环率	操作问题	2、3 和 5 的全部,4.3
		不正确的安装	4.2
	超需求	设计问题	4.1
超出规范的输入	电源不足,高或低的压力或流量	设计问题	3
	不正确的连接或切换	安装或操作问题	3.1,4.2,4.3
	噪声或漂移	边际接口,不稳定或设备老旧	1.1,3.2,4.1
污染	灰尘、化学	操作或维护问题	2 和 5 的全部,4.3,4.4
		丧失过滤功能	3
		丧失过滤部件	6
老化、寿命终结、耗损、疲劳	设备或材料的使用超出时间或循环次数的限制	故障部件	6
		维护问题	1.1,4.4
		错误的设备使用	1.2,4.4

　　熟悉了耦合因素及其与故障原因的关系后,在 FMEA 工作表的基础上建立原因与耦合因素的综合关系矩阵,按矩阵提供的线索逐一分析已识别的故障模式,找出潜在的共因故障模式,并在 FMEA 工作表中做出标识。

　　图 4-8 给出了进行 FMEA 时如何实施共因故障分析的工作程序。

　　表 4-8 是某冗余泵系统(4 取 3 表决)的综合矩阵示例。在示例矩阵中分析的水击故障模式为共因故障,将在 FMEA 工作表中做出共因故障的标识,并依据相应策略采取针对性预防措施。

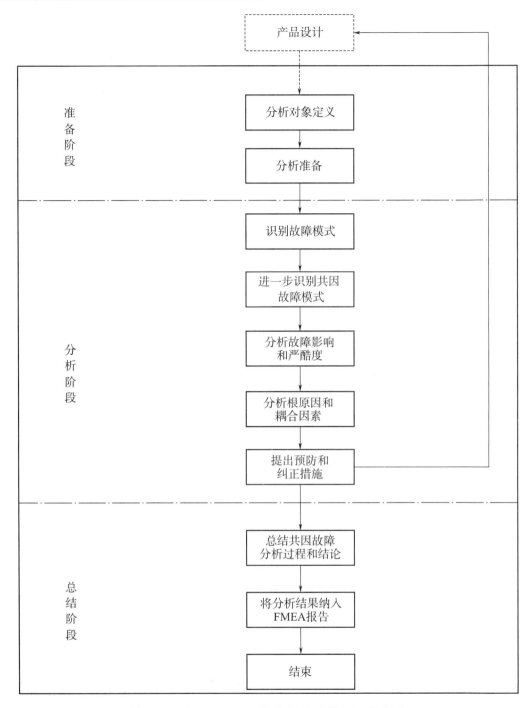

图 4 - 8　基于 FMEA 的共因故障分析工作程序

表4-8　某冗余泵系统故障原因-耦合因素综合矩阵（示例）

	1 相同的使用方法		2 相同的工作环境		3 功能耦合			4 相同的人员				5 文件		6 相同的标记、标签、显示模糊	7 产品类似（如厂商、材料和技术）
	使用寿命	老化	接近	相同的介质	相同的能量或公用电源（信息流）	相同的输入或输出	相同的负载或负载介质	设计	安装/建造	操作	维护	程序步骤未包括足够的错误屏障	不完整或不正确的程序、显示、制图或显示培训		
流量损失，流量不足			由于腐蚀化学品导致的管路泄漏	多个阀粘连，多个过滤器堵塞	腐蚀导致多个电子产品失败	多个过滤器堵塞流量	需求大于预期	泵的尺寸不足；错误的假设需求			不能清洁或更换过滤器		过滤器更换的要求未在项目管理进度表中体现		
水击				共用的管路				管路布局不合理；阀减压不足；阀倾向于快速关闭		操作者未提前关闭阀门		没有检查清单或乙方复核	没有操作时间	显示或布局不合理	阀有缺陷机理

4.2.2.2　基于 FTA 的共因故障分析方法

基于 FTA 的共因故障分析方法是在演绎构建故障树的过程中，先识别共因部组件，在此基础上通过故障原因的逐步细化，识别出所有底事件，其中包含可能导致共因故障的根原因和耦合因素的底事件，即共因基本事件。该过程主要是依据工程判断进行分析，可利用总结的线索表找出根原因和耦合因素。针对识别出的共因基本事件，对照设计指南和预防策略提出相应的设计改进等预防和纠正措施。有条件时可开展定量分析，即确定所有底事件（包括共因基本事件）的发生概率，进而计算顶事件的发生概率。图 4-9 给出了基于 FTA 的共因故障分析工作程序。

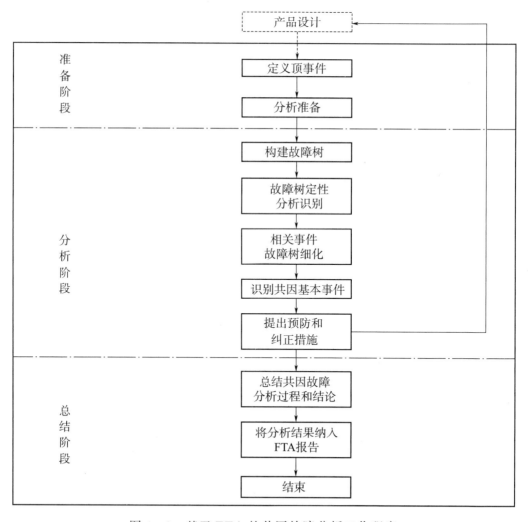

图 4-9　基于 FTA 的共因故障分析工作程序

4.2.3　故障容限能力分析

故障容限能力是指航天系统在轨运行期间，使系统业务或系统安全不受故障的影响，或使系统从影响业务或安全的故障状态中快速恢复的能力。对系统级产品进行故障容限能力设计的目标是：在发生一重故障时，能够保障航天系统业务连续，满足工程总体和用户的要求；在发生二重故障时，尽可能保障航天系统业务连续，但必须确保航天系统安全。通过开展故障容限能力设计，使得航天系统安全底线量化，能量输出端口具备全局性安全底线控制措施。其中一重故障是指航天系统在轨运行期间发生的任何单一故障（不含单点故障），二重故障则是指航天系统在轨运行期间，已经发生一种故障后，再次发生从属故障。航天系统故障容限能力分析与设计的流程如图 4 - 10 所示。

在开展故障容限能力设计的伊始，要进行任务分析，以便确定影响航天系统业务连续和系统安全的不期望事件，作为开展 FTA/CFTA 的顶事件。首先依据工程研制总要求、航天系统方案/详细设计报告，开展任务剖面分析，建立航天系统在轨任务剖面。其次全面分析影响用户使用的业务或任务，确定不期望事件，可参考功能分析结果、研制经验教训等，力求不期望事件识别全面。在一般情况下，可将"某业务中断"作为分析中的不期望事件，应同步确定不期望的影响系统安全的事件，包括影响结构、能源、信道、载荷等安全底线的事件。当故障影响系统安全时，将直接或间接影响航天系统业务的连续性。

完成任务分析后，需要以系统级不期望事件为顶事件，开展 FTA，特别要分析分系统/设备间的相互作用，识别影响航天系统业务连续和系统安全的薄弱环节。有多少系统级不期望事件，就应当对应建立多少系统级故障树。对于影响系统安全的顶事件，应对影响结构、能源、信道、载荷安全的底事件进行分析，至少包含：

1）结构安全：影响航天系统安全的结构损伤，包括本体外部挠性结构受损、单点连接结构设备受损、外部运动机构的驱动及支撑结构受损等情况；

2）能源安全：影响航天系统安全的能源失效，包括供配电失效、推进功能失效，以及星箭分离、母线掉电、瞬态复位等初态后能源配置不足等情况；

3）信道安全：影响航天系统安全的测控信道故障，包括测控应答机、测控天线故障等引起的测控链路中断等情况；

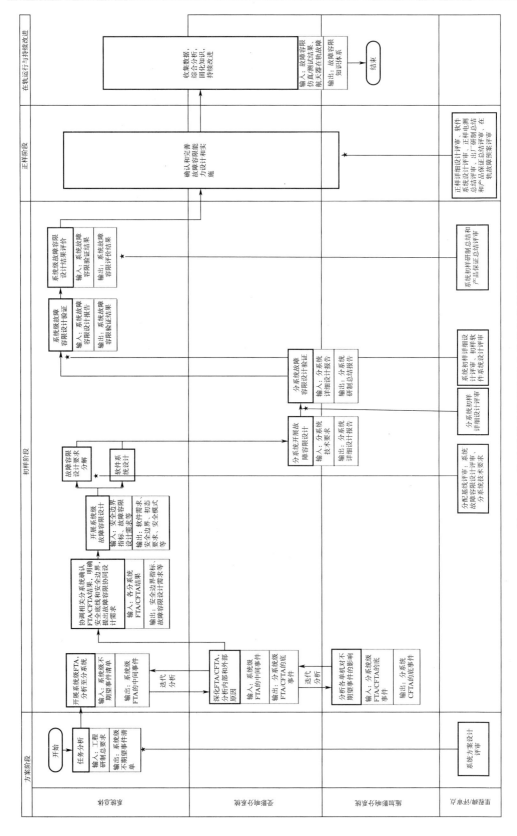

图 4 - 10　航天系统故障容限能力分析与设计流程图

4）载荷安全：需根据载荷实际进行分析，如载人航天器飞行乘组安全、遥感卫星光学载荷不可逆污染等情况，必须分析载荷初态安全，不包括由结构、能源、信道引起的载荷安全。

在分析过程中需关注以往研制过程和在轨工作中的相关异常，特别是空间环境引起的异常、上电初始化状态异常、故障复位、故障切机、操作故障、通路的连接故障、设备间的接口故障等。分析过程中可以充分利用功能分析、FMEA、中断分析等工作的结果。除 FTA 外，还应针对分系统/设备间相互作用的事件开展相关性 FTA，必须遍历所有分系统进行识别并考虑初态工况与安全模式等多因素综合作用场景，确保识别全面、不漏项。初态工况包括星箭分离初态、故障上电初态、瞬断复位初态、设备正常切换等。

4.2.4　系统级测试性验证分析

通过对航天系统的测试性验证分析，以确定系统薄弱环节，是一种故障诊断及薄弱环节识别方法。测试性是指：航天产品在研制过程或在轨运行过程中，能被及时、准确地确定其状态，包括可工作、不可工作或性能下降程度，并隔离其内部故障的能力。

航天系统属于复杂大系统，实施以可靠性为中心的测试性，是满足技术指标要求、全面提高系统的使用性能和可靠性水平的必要保证。测试性要求系统、分系统、单机具有状态检测、故障监测及快速故障定位能力。

测试性验证的目的是评价与鉴别测试性故障隔离能力，如故障检测率、隔离率、虚警率、测试用例的充分性等。应该在系统级、重要分系统开展测试性验证试验，测试性验证试验可结合产品可靠性试验、性能试验等进行，也可以安排专项试验。当不能从可靠性等其他试验获得足够数据时，对影响航天系统成败的故障模式，要单独开展系统级测试性验证试验。

通过测试性验证试验分析，确定航天系统薄弱环节的流程如下：

1）结合 FTA、FMEA 结果，获取系统、分系统的全部故障模式信息；

2）覆盖任务剖面、寿命剖面，针对故障模式制定故障用例；

3）将系统、分系统作为受试产品，注入相应的故障用例，用规定的测试方法验证产品故障检测与隔离能力；

4）对产品的故障检测能力进行分析，评价故障检测能力能否满足以可靠性为中心的测试性要求；

5）对影响系统成败的重大故障模式，应对故障检测率、故障隔离率等指标进行定量分析；

　　6）对不能满足可靠性、测试性要求的事件，列入薄弱环节清单。

　　对测试性验证中发现的设计缺陷，进行设计改进，实施可靠性增长措施。

　　对于未能开展测试性验证试验的产品，应该开展测试性分析评价，一般从定性分析和定量评估两个方面综合进行。

　　测试性定性分析一般包括：

　　1）对测试性指标与要求、测试性设计与分析的符合性开展评价；

　　2）对测试性工作项目和流程的规范性开展评价；

　　3）对测试性管理的有效性开展评价。

　　测试性验证定量分析方法通常包括：

　　1）二项分布法，适用于验证服从二项分布的参数，如故障检测率等，一般首选二项分布法进行验证分析；

　　2）泊松分布法，适用于验证服从泊松分布的参数，如平均虚警率等；

　　3）正态分布法，适用于验证具有渐近正态分布的参数，如故障隔离率等；

　　4）多项分布法，适用于同时验证具有多个层次的故障隔离率。

　　综合定性分析和定量评估结果，判定设计是否达到规定要求并发现薄弱环节，进行设计改进，实施可靠性增长。

　　例如，空间环境的单粒子翻转会导致星敏感器的 RAM 程序区发生错误，会引起输出姿态四元数常值故障，如果控制分系统对此类故障诊断、隔离存在设计缺陷，可能会进一步导致推力器连续喷气，引发卫星姿态异常，产生过大外应力，致使太阳翼根部、连接架与内板处弯矩载荷超出承载能力，最终可能会导致太阳翼输出功率异常。卫星蓄电池组性能下降，会导致地影区蓄电池组放电终压低于电压安全门限，如果未实施故障诊断和隔离设计，卫星将会自动转入最小能源安全模式，导致用户任务无法正常实施。

4.2.5　系统级测试覆盖性验证分析

　　航天系统的测试工作主要包括电性能测试和非电性能有关指标的测量。可测试项目是指对于任务书或技术条件明确规定的技术性能指标及产品设计确定需测试的参数在本级产品测试中能直接获取数据的项目。不可测试项目则为不能直接获取数据的项目，一般可以分为三类：Ⅰ类不可测试项目指在各级产品（包括单机装配或调试过程）测试中均不能用测试方法获取数据的项目，Ⅱ类不可测试项目指在本级产品不可测试、在下级产品可测试的项目，Ⅲ类不可测试项目指在本级产品不可测试、在上级产品可测试的项目。

单机、分系统、系统三级航天产品都必须做好测试覆盖性分析和检查工作，确保所有可测试项目都得到充分有效的测试，所有不可测试项目都间接获取到需要的测试数据并在装配过程采取了有效的质量控制措施。质量记录和有关的客观凭证必须完整有效，能保证单机、分系统、系统可测试项目和不可测试项目所涉及的产品质量与可靠性满足设计要求，从而保证航天系统的验证充分性。

航天系统测试覆盖性分析和检查工作应分级负责，各级产品的技术负责人对本级产品的测试覆盖性分析工作的完整性、正确性、测试的充分性和不可测试项目过程质量控制措施的有效性，以及对测试结果检查到位情况负责（包括上级或下级产品要求在本级测试的项目）。

在初样设计方案确定后、初样产品投产前，各单机、分系统、系统三级产品必须填写测试项目分析表，并编写测试覆盖性分析报告，在正（试）样设计方案确定后、正（试）样产品投产前，必须结合单机、分系统、系统三级正（试）样产品的具体情况对初样阶段编写的测试覆盖性分析报告进行修改完善，形成正样产品测试覆盖性分析报告。在单机、分系统产品交付前和整星（箭）出厂前，必须对可测试项目的冗余设计进行测试，确保冗余设计技术状态和功能的正确性。对相关接口进行匹配性测试或检查，确保接口正确。测试项目分析表示例见表 4-9。

表 4-9　测试项目分析表

单机名称		代号		所属分系统			
序号	测试项目	测试时机和条件					应提交的报告名称
		过程	单机	分系统	系统	大系统	

各级测试覆盖性分析报告中的不可测试项目和相关的控制措施要进行细化，并形成可操作内容纳入产品相关的操作文件中。在研制过程中应认真做好过程操作记录和检测记录，必要时采取录像、照相等措施。不可测试项目过程控制情况和措施落实结果应纳入相关产品技术规范文档中，并留下客观证据。

单机和分系统产品交付验收前，应组织编写测试覆盖性检查报告（含不可测试项目的专项控制结果说明），并作为随产品交付的文档之一。系统级测试完成后，编写整星（箭）的测试覆盖性检查报告（含不可测试项目的专项控制结果说明），并作为评审文件或备查文件。各级产品的测试覆盖性检查报告必须对测试覆盖性分析报告中涉及的全部可测试项目的测试内容、测试结果逐条给出明确的结论，对不可测试项目的过程控制措施落实情况及验证结果逐条给出明确的结论。

4.2.6　卫星在轨数据趋势分析

通过卫星在轨信息趋势分析，发现卫星系统薄弱环节。

卫星系统级薄弱环节分析可利用的主要在轨信息有：

1）在轨遥测数据；

2）在轨异常事件数据；

3）在轨故障案例数据。

在轨遥测数据包括：卫星健康状态的监测信息，如在轨单机性能指标变化趋势数据等；卫星的日常控制信息，如轨道维持信息；卫星的能量管理信息，如推进剂消耗情况管理等。海量遥测数据相比其他类型的数据，具有高实时性、大数据量等特点，分类建立模式对其进行趋势分析，发现设计薄弱环节，开展可靠性增长工作。

在轨异常事件数据，如单粒子翻转、温度超限、应答机在低温时输出信号电平下降、氢镍电池单体性能下降等。异常事件尽管没有造成任务中断，但需要对异常现象进行跟踪分析，跟踪其趋势变化，寻找设计薄弱环节，开展可靠性增长工作。

在轨故障案例数据，如控制系统地球敏感器受太阳干扰、太阳帆板停转、南帆板逆转，电源系统电池 $T-V$ 曲线充电结束控制失效，测控系统测控放大器失效，热控系统加热器自主控制失效等。

在轨故障发生在单机产品上，但应该首先从系统层面进行故障原因分析，在轨故障都须经过技术归零，并实施举一反三，对举一反三的深度和效果应该跟踪分析。卫星在轨的异常和故障，是卫星可靠性增长工作的宝贵数据资源。

4.3　单机级产品可靠性薄弱环节分析方法

航天型号任务中发生的可靠性问题多是定位到单机产品的可靠性问题，如何有效梳理并确定单机产品的可靠性薄弱环节并进行设计改进，是实现航天型号可靠性增长的关键环节。

本节根据航天单机产品特点，对航天单机产品进行分类论述，提出航天重点典型单机产品可靠性薄弱环节分析中需重点考虑的环节。

4.3.1　电子产品可靠性薄弱环节分析

航天电子产品是以电子元器件、集成电路、混合集成电路等为基础元件的各种设备，其典型产品包括箭载飞行控制计算机、星务计算机、惯性测量组合和各类传感器等。航天电子产品在发射、飞行和在轨运行等阶段，除元器件本质失效、生产工艺引入的不可靠因素外，其所经历的各种环境条件包括空间环境（辐照、单粒子、原子氧）、热环境（高温、低温、高低温交变）、力学环境（振动、冲击、过载）等，这些环境因素也会对其可靠性产生严重影响，对电子产品的可靠性薄弱环节分析主要针对其环境因素开展。

4.3.1.1　空间环境分析

空间辐射环境包括地球辐射带、银河宇宙射线、太阳宇宙射线等，不同的辐射环境包含的主要辐射源和能量表现不同。针对航天电子产品，辐照影响主要表现为总剂量效应和单粒子效应。在对航天电子产品进行可靠性设计分析时，需考虑其轨道条件、在轨工作时间等因素，分析其抗辐照能力是否覆盖全寿命周期要求。

器件（电离）总剂量效应主要表现在射线、带电粒子穿过器件材料，引起器件材料原子电离，产生正离子和自由电子，从而改变材料特性，使器件的性能发生变化。

常见的单粒子效应有：单粒子翻转（SEU）、单粒子瞬时干扰（SET）、单粒子功能中断（SEFI）、单粒子锁定（SEL）、单粒子栅击穿（SEGR）、单粒子烧毁（SEB）。其中单粒子翻转、单粒子瞬时干扰、单粒子功能中断主要表现为单粒子效应的软错误。单粒子锁定、单粒子栅击穿、单粒子烧毁主要表现为单粒子效应的硬错误。

在电子产品设计中，空间辐射是由太阳系内外各种辐射源发射出的粒子形成的，宇宙线和它与其他物质相互作用生成的二次辐射，组合在一起形成空间辐射环境。不同轨道，其空间环境对电子产品的影响存在差异，表 4 - 10、表 4 - 11 为典型轨道和寿命的航天器抗总剂量保证要求以及元器件抗单粒子要求。

表 4 - 10　典型轨道和寿命的航天器抗总剂量保证要求

轨道	寿命	可用/krad(Si)	评估/krad(Si)	不用/krad(Si)
GEO	12～15 年	100	50～100	＜50
GEO	10～12 年	100	50～100	15～50
LEO	5 年	30	10～30	＜10
载人轨道	10 年	10	—	—
探月轨道	1 年	10	—	—

表 4 - 11　典型航天器用元器件抗单粒子要求

轨道/寿命	应用要求	可用/rad(Si)	评估/rad(Si)	不用/rad(Si)
GEO/12～15 年	通信领域卫星元器件保证要求	SEL:75 SEU:37	SEU:15～37	SEL:＜75 SEU:＜15
GEO/10～12 年	二代导航二期卫星元器件保证要求	SEL:75 SEU:15	—	SEL:＜75 SEU:＜15
LEO/5 年	遥感系列卫星元器件保证要求	SEL:75 SEU:15	SEL:37～75	SEL:＜37 SEU:＜15
空间站轨道/10 年	空间站元器件总体技术方案	SEL:75 SEU:15	SEL:37～75 SEU:＜15	SEL:＜37
探月轨道/1 年	CE - 3 元器件保证要求	SEL:75 SEU:15	SEL:37～75 SEU:＜15	SEL:＜37

对器件的单粒子效应敏感性进行分析，其中电阻、电容、电连接器、电磁继电器、电线电缆、熔断器、滤波器等属于对单粒子效应不敏感的元器件；运算放大器、比较器、低压差稳压器、脉宽调制器等采用双极工艺生产的模拟器件虽然不存在 SEL、SEU 等事件但存在 SET 事件；4000 系列等中小规模电路则对单粒子效应不敏感；一些采用外延工艺、SOI（silicon - on - insulator，新型硅基集成电路材料）材料工艺的器件通常对 SEL 不敏感。表 4 - 12 列出了主要器件的单粒子效应情况。

表 4-12　电子产品主要器件种类的单粒子效应

器件种类	单粒子效应					
	SEU	SEFI	SET	SEL	SEB	SEGR
SRAM	√	×	√	√	×	×
PROM	×	×	√	√	×	×
EEPROM、Flash	√	√	√	√	×	√
A/D、D/A	×	√	√	√	×	×
DSP、FPGA、数据总线、SiP、SoC、DDS	√	√	×	√	×	×
DC/DC	×	×	√	×	√	√
功率 MOS 管	×	×	×	×	√	√

空间环境也是影响惯性及测量系统传感器的敏感部件（如光纤环）在轨性能的关键因素，其中总剂量和单粒子对光纤环等材料的影响，需要考虑其作用机理，以及对精度的影响并开展试验验证。

4.3.1.2　热环境分析

电子产品的可靠性受温度影响较大，航天电子产品从发射到在轨运行需经历从地面到空间各种比较严酷的热环境条件。对电子设备进行热设计的目的是控制电子设备内部所有电子元器件的温度，使其在设备所处的工作环境条件下不超过规定的最高允许温度。

极限的高温、低温以及急剧的温度变化对大多数电子元器件将产生严重影响，由于电子产品热设计不合理会产生局部温度过高、温度梯度过大、热应力集中等薄弱环节，进而导致元器件失效。应注意的是，航天电子产品的设备一般运行在真空环境下，因此在热设计上只有利用传导、辐射两种主要手段，须合理设计散热路径和热阻，一方面将元器件工作时产生的热量尽快传递给机箱壳体，使设备总体达到热平衡，防止出现局部过热的现象，另一方面对温度敏感器件进行保温防护，避免温度剧烈变化。在分析电子产品热环境下的薄弱环节时一般会采用温度场分析、热循环分析、热应力分析等方法。

由于元器件与电路板材料不同，其膨胀系数存在不小的差异，在温变率较大且温度变化频繁时，元器件管脚和印制板焊点处会产生应力集中。因此，随着产品的温度循环次数的增加，元器件管脚或焊点易产生疲劳，引起断裂失效，进而导致产品可靠性降低。

4.3.1.3　力学环境分析

　　航天电子产品从运输到地面发射再到在轨运行，需经历各种运输条件、瞬态和平稳随机振动、加速度以及冲击等力学环境。由于一般机箱薄壁结构对一些激励存在放大效应，在机械振动、冲击、过载环境下，电子产品内部往往会承载较大的力学载荷，甚至局部放大，其中破坏力最大的是振动和冲击。它们造成的破坏主要有两种：一是产品在某一激励频率下产生共振，其振幅越来越大，最后因振动加速度超过设备的极限加速度而使设备破坏；二是由振动或冲击超过设备的强度极限而使设备产生破坏。一些冲击所引起的应力虽然远低于材料在静载荷下的强度，但由于长期振动或多次冲击会使设备产生疲劳性破坏。

　　其失效主要集中在元器件脱焊、断路、短路，也极易导致多余物的产生，同时也对测量系统传感器尤其是惯性器件性能产生较大影响。图 4 - 11 为某产品在振动试验中发生的元器件引脚断裂现象。

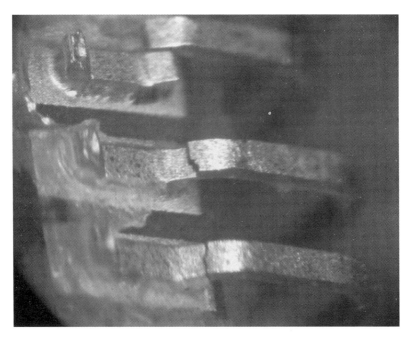

图 4 - 11　振动引起的电子元器件引脚断裂

　　在电子产品的结构设计上需要重点考虑力学环境对产品可靠性的影响，多采用模态有限元分析、应力分析、动态仿真等力学分析方法，通过采取减振、缓冲、局部加固等设计措施增强产品力学环境的适应能力，并通过大量的力学环境试验进行验证，查找薄弱环节加以改进。

4.3.2　机械产品可靠性薄弱环节分析

航天机械产品主要包括机械太阳翼展开机构、驱动机构、贮箱、各类阀门、管路等。对于不同类型的机械产品在开展薄弱环节分析时，考虑的环境也不尽相同，应结合其主要功能进行分析，如机械太阳翼的展开锁定功能能否顺利完成、伸展机构能否成功展开、贮箱的结构强度和疲劳强度以及各类阀门、管路的强度能否满足要求等。

（1）结构类产品强度裕度分析

结构类产品最典型的失效模式为强度失效，因此强度裕度是结构类产品薄弱环节分析关注的重点。强度裕度分析应当根据载荷类型、结构形式、边界条件建立有限元模型，同时对于复杂结构产品应当关注局部应力集中结构，必要时建立局部细化的有限元模型开展强度分析。

（2）机构类产品动作裕度分析

机构类产品典型失效模式为运动—卡滞失效，因此机构的动作裕度是薄弱环节分析的关注重点之一，机构的动作裕度分析应从驱动力（力矩）、阻尼力（力矩）、各类偏差系数等方面综合考虑，并结合动力学仿真分析结果量化其动作裕度。

（3）机械产品环境适用性分析

对于机构产品动作可靠性应重点分析对振动和温度环境的敏感性，分析不同振动条件、温变率对机构动作的影响，尤其不同振动方向对机构动作的敏感性，并在振动、温度综合环境下对机构性能开展仿真分析。

（4）机械产品结构防差错分析

对于机械产品对外接口应重点分析防误操作可能，从外观相似性、空间布局、功能类似等方面分析零部件的防误操作可能。对于无法从物理上区分的接口应开展极性分析，在产品后续测试、试验过程中分析测试覆盖的可能。

4.3.3　机电产品可靠性薄弱环节分析

航天机电产品主要包括飞轮、控制力矩陀螺、帆板驱动机构、伺服机构等活动部件产品，机电类产品通常包括电机、轴承组件、减速器、导电环、伺服阀、滑阀、泵、密封结构等组件，其主要失效模式包括润滑失效、磨损、电机故障、密封失效、多余物卡滞等，因此在分析机电产品可靠性薄弱环节时要重点考虑这些环节。

（1）振动环境分析

航天机电类产品的工作环境中包含振动条件，可能会使机电产品受到冲击影响，所受载荷增加，产品可靠性降低，从而影响性能和精度，振动对航天机电产品的主要影响有：

1）加速结构件的疲劳，引起结构破坏；

2）电位器的胶结失效，引起刷握脱落，导致机电产品控制系统开环；

3）连接失效、电连接器插针松动、导线断线等；

4）阀门类产品阀芯的工作位置发生改变，偏离设计的工作点，引起机电产品功能异常或失效。

经统计，针对航天产品的应用环境，振动应力集中在飞行状态，可以考虑在飞行可靠性增长试验中施加。

（2）低温环境分析

根据运载火箭总体的技术要求，在起飞前的低温环境最低为－50 ℃，低温存贮试验的最低环境温度条件为－35 ℃，存贮4 h冷却后，在低温条件下通电测试性能。另外，低温条件对机电产品的密封效果影响很大，低温漏油一般发生在启动阶段，随着工作时间的推移，油液温度升高，密封件所处的工作环境逐渐改善。

（3）湿热环境分析

湿热环境影响机电产品的绝缘能力，可能导致产品绝缘失效，直接影响机电产品电子部分的工作状态，在进行可靠性分析时，应对机电产品电子元器件的耐湿热环境能力单独考核。

（4）机械强度分析

机电产品的一般受力结构件要考虑在其工作状态下的机械强度，机械强度直接影响产品的结构完整性和工作寿命，需要对机电类产品的零组件、主要受力结构件或产品整机进行机械强度考核，避免在承载负载力矩状态下的结构功能失效。

4.3.4　光电产品可靠性薄弱环节分析

典型航天用光电产品主要包括红外地球敏感器、星敏感器、太阳敏感器等，主要作用是通过对光学信号进行采集分析进而实现航天器的在轨定姿。光电类产品在轨暴露在舱外，容易受紫外、原子氧、辐照等空间环境的影响，因此，在对光电类产品开展可靠性分析时需要重点考虑这些因素。

4.3.4.1　星敏感器

星敏感器产品是光学、机械、电路、算法、软件等高度集成的产品，无机械活动部件，不存在机械寿命问题。

影响产品寿命的主要因素为空间总剂量效应和元器件、电路板寿命。产品采用的元器件都是高可靠产品，PCB 电装工艺采用成熟的航天工艺，能够满足在轨寿命要求；同时芯片设计上采用致冷器局部温度控制，可使其在轨阶段始终工作在较低温度，以降低图像噪声。经详细的三维分析，产品内部器件在寿命期内承受的辐照总剂量均能保证 RDM 大于 2 的要求，有一定的设计余量。

长寿命要求致冷器等关键组件具有较高的可靠性。同时空间环境辐射效应对星敏感器光学系统透过率、遮光罩涂层、致冷器组件等有较大影响。

（1）光学系统

星敏感器各组件中，光学系统是影响长寿命和可靠性的关键组件，需考虑总剂量效应、紫外辐照、原子氧、低能电子等对光学系统透过率的影响。

穿透能力较强的空间粒子很容易穿透玻璃元件表面膜层到达光学材料内部，其主要表现为普通光学玻璃在空间环境中一定时间后，会失去原有的透亮效果，发黑变色，致使光学系统失效。

辐照对玻璃透过率的影响机理为：在放射性辐射和中子的作用下，在玻璃中产生的高能自由电子能够被存在于玻璃中的带正电的离子捕获，此时离子就恢复成原子。如果自由电子占据玻璃中网络结构点阵的空位（负离子换位），就形成新的色中心，能在可见光区域产生新的吸收带。故辐射在玻璃中产生的自由电子，引起一些元素离子还原及新色中心的形成，是玻璃染色发黑的根本原因。同时如果光学玻璃中还有容易改变价态的多价金属氧化物，则在 γ 射线或高剂量的 X 射线的辐照下，多价金属氧化物会改变它的形态，形成新的吸收带，导致玻璃失透。图 4-12 所示为某玻璃辐照前后对不同波长光的透过率变化。

（2）遮光罩

星敏感器在轨运行时会受到太阳、地球及星体表面等杂光光源的干扰，影响星敏感器对微弱恒星光的探测。杂光干扰严重时会使探测器饱和，使星敏感器无法工作，因此星敏感器需配备遮光罩以抑制空间环境杂光。星敏感器具有长寿命要求，遮光罩需在星敏感器寿命期内保持良好的杂光抑制能力，因此需对星敏感器用遮光罩的寿命特性进行试验验证。

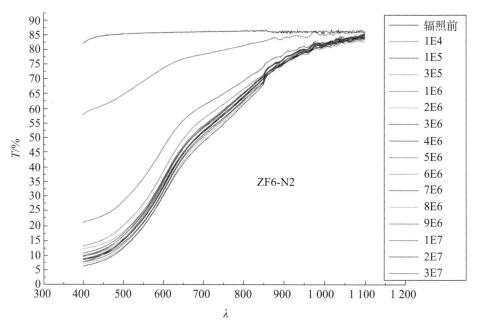

图 4 - 12　某玻璃辐照前后对不同波长光的透过率变化（见彩插）

　　星敏感器的消杂光能力与遮光罩的消杂光能力密切相关，遮光罩的消杂光能力由其内表面涂层特性决定。

　　遮光罩涂层空间环境试验验证遮光罩涂层在空间环境条件下的附着力、半球发射率、太阳吸收比等性能变化，以验证寿命末期性能。

4.3.4.2　太阳敏感器

　　太阳敏感器以太阳为参考目标，测量太阳矢量相对于敏感器本体坐标系的入射角，用以提供空间飞行器姿态、方位的信息，是航天器姿控分系统中的重要测量部件，安装在空间飞行器最外表面。

　　编码式太阳敏感器由光学透镜、码盘、集成光电转换器、定位支撑结构、壳体、安装基座、光学基准及电连接器等组成。其工作原理是将太阳光通过光学透镜入射到光学码盘下面的光电转换器件上，光电转换器件将接收到的光能幅值转换为相应的电流信号提供给后端信息处理电路，根据不同的编码形式，处理成不同的角度输出。因此，光学系统在空间辐照下透过率的变化是编码式太阳敏感器可靠性设计的一项重要指标，同时作为姿态测量敏感器，测角精度及视场范围是其标志性技术指标。

　　在极端工况下，编码式太阳敏感器会处于对日凝视状态，太阳紫外通量加大，而现役材料的截紫外能力有限，使光学系统下的透明硅橡胶在紫外的作用下分子结构受到破坏，透过率下降，加之局部的高温加剧了这种变化，使产品在对日凝视下输出电流下降过快，严重影响了太阳敏感器的性能及可靠性。

模拟太阳敏感器安装于太阳帆板上，通过电缆与帆板驱动机构连接，并通过双轴帆板驱动机构将敏感数据传入星内，由中心控制单元内 SLTU 处理并提供最终的角度信息。通过在轨应用环境的统计，模拟太阳敏感器的温度包络，低温在 −140 ℃，高温在 90 ℃。因此，模拟太阳敏感器信号传输环节较多，且经过滑环传输；工作环境温度范围宽，且长期处于温度交变过程中，对产品的可靠性造成了较大影响。

4.3.4.3　红外地球敏感器

红外地球敏感器产品通过扫描机构对地球的红外辐射能量进行探测，获得卫星的滚动和俯仰姿态信息，是卫星控制分系统的重要姿态测量部件。

红外地球敏感器产品为光学、机械、电路、算法等高度集成产品，影响产品寿命的因素主要为扫描机构的可靠性、红外探测器件的可靠性、光学系统的耐辐照特性等。

（1）光学系统的耐辐照特性

红外地球敏感器各组件中，光学系统直接暴露在卫星的舱外，需考虑总剂量效应、紫外辐照、原子氧、低能电子等对光学系统透过率的影响。红外地球敏感器光学系统包括锗窗口、扫描反射镜、弯月物镜、干涉滤光片、浸没透镜等，其中裸露在星体外的为锗窗口及扫描反射镜，经过分析，整个光学系统效率的下降主要是锗窗口及扫描反射镜受空间辐照影响造成的。当光学系统的透过率下降时，会使地球信号的信噪比下降，产品输出精度降低，因此光学系统的耐辐照特性是影响长寿命和可靠性的关键特性。

（2）扫描机构的可靠性

红外地球敏感器使用扫描机构进行扫描探测，且红外地球敏感器一般安装在星表，扫描机构所处的热环境相对复杂。在产品的寿命周期内，扫描机构需要在复杂的热环境下长时间连续工作，转动装置的阻力矩随之变化。根据某卫星 5 年寿命末期以后的在轨数据分析，由于产品长期在轨运行和空间环境影响，阻力矩平均值增大 95% 以上，达到整机设计驱动力矩的 40%～50%。因此红外地球敏感器产品扫描机构的可靠性亟需提升。

4.3.5　卫星蓄电池可靠性薄弱环节分析

卫星蓄电池主要包括锌银蓄电池组、镉镍蓄电池组、锂离子蓄电池组等形式，上述蓄电池在光照期间将能量存储起来，在卫星进入地影期时将能量释放出来给母线供电。目前，锂离子蓄电池已成为卫星蓄电池主要形式，本书将主要对锂离子蓄电池开展分析验证。锂离子蓄电池在应用过程中存在多种原因导致性能下降，以致于不能满足任务需求，例如蓄电池充放电管理不合理、环境温度不合适、蓄电池组内部某串并联单体容量衰减等。

国内开展相关技术研究起步较晚，当前研制的锂离子蓄电池单体的主要性能和国外先进水平的对比情况见表 4-13。通过技术水平对比分析可知，国内中小容量卫星锂离子蓄电池单体在比能量、平均电压方面，与国外同类产品水平相差不大，但锂离子蓄电池的 GEO/LEO 在轨寿命、最大容量等方面，与国外同类产品尚存在一定的差距。目前国外卫星锂离子蓄电池在轨运行时间已有 8 年以上应用实例，而国内 ICP30 体系锂离子蓄电池单体在低轨卫星上在轨应用最长时间为 8 年左右，在轨运行经验相对较少，在轨飞行数据还不充分。

表 4-13　锂离子蓄电池单体的主要性能国内外水平对比

项目	国外水平	国内水平
比能量/(Wh·kg^{-1})	120～160	120～160
最大容量/Ah	＞100	50
平均电压/V	3.6	3.6
充电终止电压/V	4.1	4.1
GEO 在轨寿命/年	≥15	10～15
LEO 在轨寿命/年	≥8	5～8

国内锂离子蓄电池已广泛应用于低高轨卫星、深空探测等领域，但在大容量与长寿命方面仍与国外存在一定差距。通过对寿命末期的锂离子蓄电池应用情况进行失效分析，得出锂离子蓄电池失效主要因素有：

1) 正负极活性材料容量的衰减。电池在不断的充放电过程中正负极会不断进行收缩和膨胀变化，使可嵌入的 Li$^+$ 的晶格数量下降，产生了正负极材料的损失，从而降低电池的容量；另外，充放电过程中 Li$^+$ 状态的转化会导致晶格塌陷的情况。若锂电池整体的结构稳定性比较好，则可以有效避免上述塌陷情况的发生。

2）极片性能的衰减。极片性能的衰减包括正/负极材料与集流体粘着力的降低、正/负极活性材料功率衰减、导电网络的破坏等情况。

3）电解液的损耗。锂电池处于过欠压状态会导致电解液的分解，电池过充时，正极材料由于过多失去电子，容易通过与电解液反应来得到电子，从而造成电解液的损耗。此外，电解液的损耗还包括内部副反应导致的电解液消耗、壳体密封性能降低导致的电解液损耗。

4）隔膜的失效。高温状态下，电池电极表面一旦存在金属锂枝晶，则有可能刺穿隔膜；此外，高温环境还会导致隔膜的分解与收缩。

综上，为进一步实现锂离子蓄电池性能稳定、工作可靠，提升锂离子蓄电池的可靠性，设计初期应综合分析锂电池体积、质量、结构、工作条件、静态和动态环境、电压、负载电流、工作循环、工作循环次数、工作时间和存贮时间以及放电深度等综合因素，通过设计改进、工艺改进、充放电制度优化验证，开发有效的在轨电池管理策略，全面提升锂离子蓄电池的质量水平和可靠性。

4.3.6 火工装置可靠性薄弱环节分析

航天火工装置主要包括点火器、爆炸螺栓、炸药索、小火箭、点火药盒等，主要用于运载火箭发动机的点火，运载火箭、卫星等各环节的分离。航天火工装置工作前需要经历运输、贮存、测试、安装和飞行，需保证在各种环境下具有较高的安全性，不会意外工作。当得到工作信号时，能可靠工作，各项性能满足技术指标要求。其主要故障模式分析基于工作前的安全性和工作时的可靠性。下面以点火器和爆炸螺栓为例介绍可靠性薄弱环节分析。

（1）点火器

点火器由规定的初始刺激激发内装药剂工作，实现点火、做功等功能。这里主要介绍电点火器，其将电信号转换为化学能。

针对电点火器开展失效模式分析，包括安全性和工作可靠性环节。从安全性环节考虑，应开展电点火器静放电通道分析，保证静放电通道的放电电压低于药剂危险通道的放电电压，并有足够的安全裕度；进行低压静放电试验和高压静放电试验，要求低压静电应能正常泄放，高压静电不会意外工作。开展电点火器电磁兼容性试验，包括安全电流升降法试验，验证一定可靠性条件下最大不发火安全电流。通过上述工作，可以确保正常使用条件下，电火工品具有较高的安全裕度。针对电点火器工作可靠性环节，开展发火电流升降法试验，验证一定可靠性条件下最小全发火电流，确保正常供电条件下具有较高的工作可靠性。

此外，还需针对电点火器的桥路电阻、绝缘、装药结构、装药药量等开展分析和验证，降低生产过程中电性能差异和药剂性能差异，减少多余物，同时开展环境条件的影响验证试验。

（2）爆炸螺栓

爆炸螺栓的主要功能是工作前保证可靠连接承载，工作时能够可靠分离。上述两个功能都是单点失效环节，是可靠性薄弱环节分析的重点。

影响爆炸螺栓连接承载功能的因素主要包括预定分离面的结构、材料强度。预定分离面为爆炸螺栓承载结构最薄弱的环节，爆炸螺栓分离时必须沿预定分离面分离，需要保证其余承载结构均显著大于分离面。同时，需要控制分离面的重要结构尺寸来控制分离面的受力面积。这些重要结构尺寸就是爆炸螺栓需要控制的要素。螺栓体的材料强度也影响爆炸螺栓的承载能力，需要控制材料的热处理重要参数，开展材料强度工艺试验和实物的硬度测试，使爆炸螺栓的材料强度控制在设计指标的范围内。

影响爆炸螺栓分离功能的因素主要包括分离面的强度、装药质量、分离结构等。其中分离面的强度与连接承载结构要求类似，即爆炸螺栓拉断力必须在设计范围内，偏小会造成承载力不足，导致意外分离，偏大会造成工作时无法正常分离。装药质量包括药剂药量、装药密度以及装药的顺序等。上述因素都会影响装药的传爆和输出的能量，最终影响爆炸螺栓能否分离。分离结构主要指药剂输出能量正常传递到分离面的结构，以活塞分离结构为例，活塞的强度和活塞与螺栓体的配合尺寸都会影响到爆炸螺栓的分离。

除了爆炸螺栓自身的薄弱环节以外，外部环境的差异也会给爆炸螺栓的功能带来影响。如不同温度环境对爆炸螺栓的影响，环境温度变化了，药剂输出能力会有变化，结构强度和冲击韧性也会有变化。比如某型号爆炸螺栓低温工作环境由 $-40\ ℃$ 变为 $-130\ ℃$，就会出现结构破坏现象。

4.3.7　推力器可靠性薄弱环节分析

推力器类产品主要实现在轨航天器姿态和轨道调整功能，为航天器空间飞行提供姿态控制、轨道控制所需的推力，具有稳态及脉冲工作模式。推力器类产品按照能源的不同可分为冷气推力器、化学推力器、电推力器、核推力器、太阳热推力器、无工质推力器等。其中，化学推力器根据所使用的推进剂物理状态不同，又分为固体推力器、液体推力器和固液混合推力器三种类型。目前，国内外各类运载火箭、导弹武器辅助动力系统以及卫星、飞船、深空探测器等航天器的推进系统中，应用最为广泛的推力器主要为化学推力器中的液体推力器，还有各类电推力器。

本节重点介绍液体推力器和电推力器的可靠性薄弱环节分析。

4.3.7.1　液体推力器

液体推力器是使用液态化学物质（液体推进剂）作为工质的化学推力器，主要由推力室（一般由喷注器、燃烧室和喷管组成）和推进剂控制阀等组件组成，具有性能高、推力范围广、响应速度快、可多次使用、集成性高、适应性强、技术成熟、可靠性高等特点，广泛应用于各类航天器。

根据推进剂组元数目不同，液体推力器主要分为单组元推力器和双组元推力器等。单组元推力器使用一种组元的液体推进剂，推进剂通过喷注器喷入催化剂床中，经催化剂催化分解为高温燃气；双组元推力器使用一种氧化剂和一种燃料两种液体组元，推进剂在推力室中经过雾化、混合、燃烧产生高温燃气；两种推力器均是通过高温燃气在喷管中膨胀并加速排出而产生推力。

液体推力器在航天器发射过程中所经历的复杂的力学环境（振动、冲击、过载等）、在轨工作期间经历的各种空间环境（包括原子氧、辐射、高温、低温、高低温交变等），均会对其可靠性产生影响；推力器在轨需要长时间或者多次启动以实现其既定功能，在轨工作条件的严重偏离、长期工作后关键部件的损耗、受各种因素影响导致性能下降等同样会影响其可靠性，在对推力器产品开展可靠性薄弱环节分析时应重点考虑这些因素。

（1）结构强度分析

推力器产品从地面运输到发射再到在轨运行，需经历各种运输条件、随机振动、加速度以及冲击等各飞行段力学环境。由于航天器舱体安装支架对一些激励存在放大效应，在机械振动、冲击、过载环境下，推力器内部往往会承载较大的力学载荷，其中破坏力最大的是振动和冲击，造成的破坏主要有两种。第一，产品在某一激励频率下产生共振，其振幅越来越大，最后因振动加速度超过产品的承受极限而破坏；第二，由振动或冲击产生的局部载荷超过基材强度极限而产生破坏。一些冲击所引起的应力虽然远低于材料在静载荷下的强度，但由于长期振动或多次冲击会使产品产生疲劳性破坏。

　　结构强度失效主要体现在应力较集中的推力室喉部或结构较薄弱的燃烧室直线段、焊缝等部位，如图 4 - 13 所示。因此，推力器结构强度分析应当根据载荷类型、结构形式、边界条件建立相应的分析模型，同时对于复杂结构产品应当关注局部应力集中并开展结构强度分析。通过优化材料选型、减振设计、薄弱部位加固等设计措施增强其结构强度，并通过产品鉴定试验完成多轮次的力学环境试验考核，及时查找薄弱环节并加以改进。

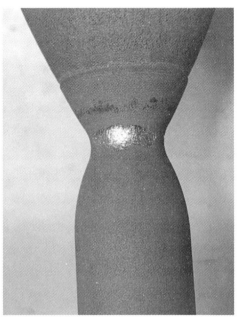

图 4 - 13　推力器振动试验中发生的结构失效现象

　　此外，推力器用金属材料在高温下其力学强度会有一定的下降，推力器工作期间燃烧室一直处于高温环境下，必须对其高温下结构强度进行裕度设计，确保高温下结构强度安全系数大于 2。

　　（2）空间环境分析

　　在对有长期在轨工作需求的推力器进行可靠性设计分析时，需考虑其轨道条件、在轨工作时间等因素。空间环境对推力器的影响主要有三种。第一，原子氧撞击会导致身部涂层材料化学键断裂并发生氧化造成质量损失、表面剥蚀和性能退化以及导致元器件的老化；第二，寿命为 15 年的航天器将承受 9 万次左右的 $-160 \sim +120$ ℃空间环境温度交变，如果考虑推力器点火，其承受的极限温差变化为 $-160 \sim +1\,500$ ℃，低温下的密封可靠性以及高低温下抗高温氧化涂层的氧化和热振将影响推力器工作寿命；第三，受太阳辐射影响，部分推力器将长期处于高温环境下，其推进剂与接触材料容易发生相容性问题，如非金属密封材料与推进剂发生热溶胀导致流道面积变化，从而影响推力器正常工作。

因此，推力器设计时需考虑上述空间环境影响。在初样研制期间，应当根据轨道条件和在轨时间进行涂层抗原子氧试验考核，对涂层开展长寿命抗氧化性能试验考核及抗热振性能试验考核，同时开展推进剂与接触材料的相容性试验。

（3）性能裕度分析

推力器工作过程因多余物堵塞流道导致工况偏离，阀芯运动时卡死或卡滞导致推力器开关失效，密封失效导致推进剂泄漏，推力室身部冷却裕度不足导致热防护失效，长时间工作或多次启动后抗高温氧化涂层受高温燃气的氧化、冲刷导致涂层减薄直至失效等，均会影响推力器性能及可靠性。此外，单组元推力器中催化剂破损、吸湿、长期贮存、低温、烧结等会导致催化分解性能下降，由于设计或生产原因催化剂床存在空穴也会导致推力器性能下降，催化剂床内部用于分隔前床催化剂和后床催化剂的隔板（或隔环）和网经长时间工作受高低温循环导致变形或网破损等均会导致推力器性能下降。

因此，推力器设计时需通过故障模式、影响及危害性分析（FMECA）及特性分类分析等方法，对影响推力器性能的关键特性进行裕度设计，在推力器设计时开展一定的防多余物设计，策划覆盖使用条件的试片级涂层试验及催化剂试验，并通过产品鉴定试验对长寿命工作及多种拉偏工况工作可靠性进行考核，及时查找薄弱环节并加以改进。

（4）燃烧稳定性分析

液体推力器涉及强烈而快速的化学反应，具有燃烧效率高的特点。受工作条件、喷注器设计、燃烧室形状等因素的影响，燃烧室内各燃烧区之间界面是波动起伏、可动态移动、不规则的，局部燃气速度会有变化，局部辐射强度会增强，温度也在不断变化。如果不对液体推力器燃烧过程加以抑制，则可能发生燃烧不稳定，在很短的时间内造成剧烈的振动或很高的热流，从而破坏或烧毁推力器部件（如图 4 - 14 所示）。

因此，推力器设计时需重点考虑燃烧稳定性分析，并针对性地开展抑制不稳定燃烧的设计，充分借鉴成熟的发动机的数据确定关键的设计参数和特征。通过喷注面隔板、离散声能吸收空腔（声腔、声槽）和燃烧室声衬等能量吸收装置或振动阻尼装置的应用，以及改变喷注器形式或布局，使推力器工作保持

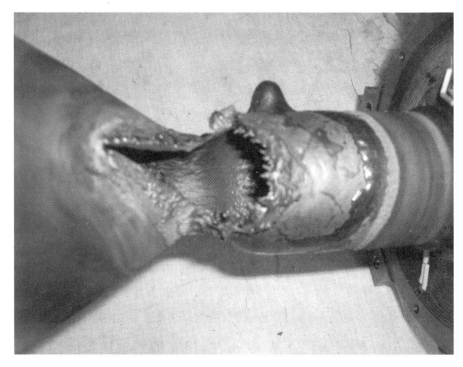

图 4 - 14　不稳定燃烧导致推力器身部烧蚀破坏

稳定。通过产品鉴定试验，开展推力器全工况燃烧稳定性试验考核，必要时开展动态鉴定试验。

4.3.7.2　电推力器

电推力器是一种利用电能加热、离解、加速粒子从而产生推力的装置，具有比冲高、推力小且精确可调、工作寿命长等特点，应用于航天器，可显著节省推进剂消耗量，带来质量增益、成本增益、寿命增益等，可执行的任务覆盖姿态控制、轨道调整等绝大部分任务。其中，霍尔推力器、离子推力器是目前国际上应用最为广泛的电推力器。霍尔推力器除上述特点外，还具有结构简单、可靠性高、安全性好的优点，成为目前应用最多、在轨成功率最高的电推力器。

电推力器类产品在发射过程中需要经历力学环境，在轨工作期间则会经历高低温环境，而且电推力器在轨需要数千小时、数万次的长时间或者多次工作以实现其既定的功能，因此，其主要故障原因为力学强度不足、长期工作后关键部件的损耗，如霍尔推力器陶瓷削蚀、离子推力器栅网损失，以及空心阴极的失效等，在对电推力器产品开展可靠性薄弱环节分析时应重点考虑这些环节。

（1）电推力器产品力学环境分析

电推力器产品在整个产品周期内，需要先后经历地面运输、火箭发射、在轨运行等阶段，需要经受各种运输条件、瞬态和平稳随机振动、正弦振动、加速度以及冲击等各飞行段的力学环境。电推力器产品虽然是机械产品，但由于工作过程中存在电流、电压以及等离子体环境，因此，电推力器产品的结构不仅有不同金属结构件的焊接、螺接，也有陶瓷等非金属绝缘结构的连接。金属、非金属结构的强度各有不同，在产品承受较大力学载荷时，带来潜在的风险，主要有两种：一种是某些推力器产品结构在某一激励频率下产生共振，导致推力器产品结构产生破坏；另一种则是振动或冲击超过产品结构的强度极限而使产品产生破坏。

电推力器产品在力学环境中的失效模式主要集中在结构断裂、焊缝破坏、焊点脱落、绝缘下降等。作为存在导电、绝缘等结构的机械产品，电推力器在设计上需要重点考虑力学环境对产品可靠性的影响，在设计过程中采用力学仿真方法，优化材料选型、结构设计，通过减振设计、薄弱部位加固等设计措施增加产品的力学环境适应性，并在产品地面鉴定试验期间，通过多轮次的力学环境试验进行验证，并及时查找薄弱环节加以改进。

（2）电推力器产品关键部件损耗分析

电推力器长时间、多次数的工作带来的关键部件损耗是影响电推力器工作寿命的主要因素。对于霍尔推力器，主要是推力器放电室受等离子体溅射削蚀的损失；对于离子推力器，主要是推力器出口栅网的损失。

以霍尔推力器为例，霍尔推力器的放电室是推力器放电工作的主要区域，区域内推进剂电离、带电粒子加速并产生推力。放电室内的带电离子经过加速后，具有较高的速度和动能，同时，高速离子束流并非完全有效喷出放电室，形成有效推力，其中有一部分喷出时具有一定的出射角，出射角较大的高能离子则会对放电室壁面产生碰撞，由于离子速度较大、能量较高，就会对放电室出口附近的壁面产生溅射削蚀效应，导致出口附近的放电室壁厚逐渐减小，随着推力器较长时间工作，最终放电室出口壁面可能被完全削蚀掉，从而影响霍尔推力器的性能、工作稳定性等，甚至带来霍尔推力器寿命终结。图 4-15 为霍尔推力器在工作数千小时之前及之后的放电室结构与形貌的变化对比图，对比可发现，其放电室已经存在较为明显的削蚀损失。

电推力器在设计上需要考虑上述削蚀损失对寿命的影响，在设计过程中开展削蚀仿真，优化结构设计，开展削蚀防护设计以降低削蚀，并在产品地面试

图 4 - 15　霍尔推力器工作数千小时前后削蚀形貌

验期间，开展长寿命试验验证，及时查找薄弱环节并加以改进。

（3）空心阴极失效分析

空心阴极是霍尔推力器、离子推力器等典型电推力器的关键组件，空心阴极的主要作用是作为电子发射组件，发射源源不断的电子。一方面用于可靠启动电推力器，实现稳定工作；另一方面，发射的电子束流用来中和电推力器喷出的离子束流，维持推力器束流的宏观电中性。因此，空心阴极的启动可靠性和工作寿命直接影响整个电推力器的可靠性和工作寿命。

鉴于空心阴极之于霍尔、离子等电推力器的功能和作用，电推力器实现数千小时、数万次工作寿命的重要决定因素之一，就在于空心阴极组件能否实现数千小时、数万次的工作寿命。空心阴极在工作期间的主要失效模式有加热器失效、电子发射材料失效和结构失效。加热器失效主要是加热器短路、断路，失去加热功能；电子发射材料失效主要是活性材料消耗殆尽、发射材料中毒失去活性等；结构失效主要是产品关键结构损坏、焊接失效等。

空心阴极在设计上需要针对上述失效模式开展可靠性设计工作，在设计过程中通过力学仿真、热仿真等方法优化产品结构设计，提高产品抗力学环境、热冲击等影响，提高加热器、电子发射部件的设计裕度，充分考虑电流、电压降额等，并在产品地面试验期间，开展充分的试验验证，并及时查找薄弱环节加以改进。

第 5 章 可靠性薄弱环节改进方法

5.1 可靠性通用设计方法

5.1.1 抗力学环境设计

力学环境分析主要包括发射力学环境、在轨运行环境和轨道机动环境等工况下的强度和刚度分析。分析的基础工作主要取决于数学模型、输入参数和分析软件。数学模型应尽量采用经试验和空间遥测数据验证过的数学模型；对于新的模型，必须经过试验验证，模型的边界条件需与实际使用状态一致。输入材料参数时应考虑复合材料的参数误差，以及机构件应用动态刚度数据。当软件计算结果与试验结果存在较大差异时，应从根本上找到导致差异的真正原因。航天产品抗力学环境设计主要是通过强度分析和刚度分析确定薄弱环节，并通过材料选择、结构设计、局部加强等有针对性地提高结构强度和刚度。

（1）强度分析

1）发射载荷：在航天器发射阶段的主要力学环境，包括静态载荷、动态载荷、振动、噪声和冲击。

2）在轨载荷：在轨载荷主要是展开组件在展开锁定时的冲击载荷，以及温度交变环境下产生的热变形或热应力以及轨道机动载荷。

（2）刚度分析

展开组件在发射状态的固有频率应不与整个航天器的固有频率耦合，展开组件展开后的基频应不干扰航天器姿态控制系统回路频率。

5.1.2 热设计

热设计的任务是使航天产品及元器件的热参数（如温度、温度差）保持在要求的范围内。为满足设计要求而采用的方法通常有：控制外界进出的热流；用高性能的导热和隔热部件控制传热路径；用电加热器控制温度水平或温度差；储存热能并加以利用；用气体强迫对流强化传热；用制冷机创造低温环境；湿度控制等。

热设计的一般方法如下：

1) 应考虑各阶段的环境影响，满足发射任务剖面，以及卫星轨道、姿态、工作模式等可能出现的极端热工况和极端冷工况的要求；

2) 应对受发动机工作时产生的热辐射影响的产品采取防热裙等相应的防护措施；

3) 应对工作温度范围、温度差、湿度要求严格的电子设备或环境进行主动控制；

4) 应对热环境更恶劣的舱外电子设备采取必要的措施，确保它们的温度满足要求；

5) 必要时电加热器及其控制电路可分别或同时采用备份；起重要作用的固定热管应采用贮备工作方式；

6) 设计应考虑太阳紫外辐射、质子和电子辐照、原子氧侵蚀对热控产品的影响，如卫星外表面热控涂层的退化等；

7) 优先选用结构简单、无运动部件、不耗电或少耗电的被动热控技术和产品，如热控制涂层、固定热管、隔热组件、扩热板、导热填料等，必要时也可选用主动热控技术和产品，如恒温电子线路控制的加热回路等；

8) 在满足热设计要求的前提下，应力求简化设计，减少选用的热控产品的种类和数量，对全寿命周期中规定的环境条件和应力进行全面分析，设计时留有足够的余量。

5.1.3　电磁兼容设计

电磁兼容设计是指航天系统在研制过程中需要采取的控制干扰和提高抗干扰能力的技术措施，以保证航天系统内部和外部电磁兼容性（EMC）指标的实现，确保产品在特定的电磁环境中完成飞行任务。

航天系统的电磁兼容设计要考虑工程系统间的干扰问题，包括卫星与运载火箭、卫星与靶场、运载火箭与靶场、卫星与测控系统和卫星与空间环境等。

电磁兼容性设计主要包括以下几个方面。

（1）接地与隔离

卫星和运载火箭金属结构主体电容量较大，可为各电系统提供参考零电位，因此是结构接地系统的主要组成部分。应当靠近一次电源地线端，在星（箭）体主结构上选择一个易于外部操作的单点接地点。该点在地面测试时引出地线单点接大地。

（2）搭接

搭接是在两个金属表面间建立低阻抗通路，是接地的一种措施。其作用为：实现低频电路和机壳屏蔽接地，提供电源的故障电流回路，减小设备间电位差，防止静电积累，为射频电路及天线提供均匀结构面，实现对电冲击的保护，为故障电流及闪电防护提供通路。

（3）屏蔽

屏蔽可防干扰外泄或外界干扰进入。铜和铝是各种频率下的良好电屏蔽材料，对电磁波有较大的反射损耗。屏蔽体厚度仅维持足够的结构强度即可。

（4）滤波

无论是抑制干扰源和消除干扰耦合，还是增强接收电路的抗干扰能力都可采用滤波技术。抑制干扰的主要方法按次序为：接地、布线、屏蔽、滤波。接地良好可降低屏蔽和滤波要求，而屏蔽良好可以降低滤波要求，故滤波器只在必要时使用。能使用简单的防干扰电容器就不必采用复杂滤波器。

5.1.4　卫星表面放电防护设计

由于太阳活动使地球磁层（从约 600 km 高度到 45 000 km 高度）发生畸变，这种扰动称为磁球层的亚磁暴。在亚磁暴活动增强期间，磁球层的畸变会注入高能电子，使卫星表面不同程度地带电。卫星表面受到阳光照射的部分会发射光子而放出电荷，所以表面电位只有几十伏；而卫星表面的背阳光部分会积累电荷而建立高达 −15 kV 的负电位。由于卫星温控、能源、通信、探测等不同需求，卫星表面常用不同材料组成不同形式的结构，这也是卫星表面差分充电的原因。同步轨道或亚同步轨道卫星表面差分充电（尤其在子夜到黎明时区多发生）到高的电位差，就会发生静电放电，如国外卫星观测到外表温控敷层大面积放电电流达到 1 400 A。这种电弧放电和闪电雷击相似，可能造成卫星温控表面效能丧失、逻辑电路乱真切换、电子元器件持续性损伤、传感器信号中噪声增大、卫星姿态发生颤抖，以致引起姿态丢失、星地通信设备增益衰减等严重问题。

近地轨道卫星由于低能离子流和电子流远远大于高能粒子流，一般不会充电到高负电位。

（1）减少差分充电

卫星表面充电是入射和再发射电子不平衡的结果。这种不平衡不但和环境条件（轨道高度、电子能量、阳光照射与否）有关，也和卫星外表面材料特性（体电导、表面电导、二次发射率、光发射率等）有关。

设计时应尽可能使用导电材料，所有表面都良好接地，避免可能会积累电荷的空腔和大的绝缘面积，这样可以使卫星表面电位大大降低。国外有的同步轨道科学卫星上，涂敷一种透明又导电的铟—锡氧化物薄层材料，取得一定效果。对于二次表面镜，可以用导电通路把它的边角和卫星的主结构连接起来（接地）。

太阳电池阵边角用导电涂料喷涂和接地到卫星壳体，要用导电带覆盖并接地。如果选用二次发射系数高的材料作为温控表面，可以防止卫星带电。因为二次发射系数大于1的材料，受一个电子轰击后会发射不止一个电子。除非等离子体能量为1～3 keV以上（是二次发射电子的几倍），否则卫星是不可能带电的。这是无源防卫星带电技术。

（2）卫星的金属部件接地

卫星的金属部件必须搭接到星体。因为金属放电有宽广的频谱（上升时间小于10 ns），所以这项接地要求特别重要，并注意以下几点：

1）太阳电池阵的蜂窝结构接地到卫星壳体，并试验检查；在任何情况下，要用金属带捆扎边角，使其电位等于壳体电位；

2）多层绝缘的每一层要多点接地到卫星壳体，边角要和外层捆紧，用铝保护内表面，这样边角电场强度可以减小；

3）蜂窝结构的连接技术在于通过表面提供一个导电通路（例如用一个导电刷和适当的表面处理）。

（3）降低对放电的易损性

降低对放电的易损性的措施有：

1）所有的电缆和单机，除某些敏感器外，应有效地封在法拉第罩中（通过主结构或金属箔）；

2）导电结构件互相连接使任何构件间呈低阻抗，以形成整个卫星的电参考点；

3）直接连接到卫星壳体的单机加金属带以保证电导率，通过适当的表面处理来保证金属带与蜂窝表面的电通路；

4）装在星外的电缆（敏感器电缆）要屏蔽；

5）尽量避免高频率和低电平线路，必要时对它加滤波或偏置，接口电路按技术要求应有共模抑制；

6）太阳阵引线放在帆板背面。

5.1.5　环境防护

　　航天产品可靠性设计仅仅着眼于功能设计是不够的。在方案阶段就要开始充分考虑环境条件并进行必要的环境防护设计，才能使航天产品的可靠性及寿命得到提高。环境防护有两种方式，即材料、零件在使用环境下自身的防护能力；通过特定设计获得的防护能力。环境防护要求见表 5-1。

表 5-1　环境防护要求

序号	环境		主要影响	典型失效模式
1	温度	高温	热老化 金属氧化加速 结构变化 设备过热 润滑黏度下降 材料软化 化学分解和老化	绝缘失效； 接点接触电阻增大； 橡胶、塑料裂纹和膨胀； 元件损坏、着火、焊点脱开、低熔点锡焊开裂； 丧失润滑特性； 结构强度减弱，绝缘质变软失效； 元件材料电性能老化
		低温	黏度、浓度增大 材料变脆 物理收缩 元件性能改变	丧失润滑特性； 结构强度减弱，电缆损坏，橡胶变脆； 活动部件被卡住，磨损增加；触点接触不良；密封垫弹性消失； 电解电容器损坏，石英晶体不振荡，电池容量下降
		高低温循环	剧烈膨胀与冷缩	加速元器件老化、材料机械操作和电性能变化； 橡胶件表面龟裂
2	低气压		膨胀 漏气 散热不良	容器破裂，爆裂膨胀； 电气性能下降，机械强度下降，绝缘击穿； 跳弧、电晕放电、电设备工作不稳定甚至故障； 设备温度升高
3	真空		有机材料分解、蜕变、放气 冷焊 蒸发	放气和蒸发污染光学玻璃，轴承、齿轮、相机快门等活动部件磨损加快； 两种金属表面冷焊、"重损"； 聚四氟乙烯释放氟、聚氯乙烯释放氯造成腐蚀
4	振动		机械应力疲劳、电路中产生噪声	外引线、管脚、导线折断； 金属构件断裂、变形、结构失效； 继电器、开关瞬断，接插件性能下降； 陀螺漂移增大以致故障； 加速度计精度降低； 粘层、键合点脱开； 电路瞬间短路、断路

续表

序号	环境	主要影响	典型失效模式
5	电磁辐射	产生假信号	电气、电子设备正常工作中断
6	静电	静电荷积累	表面产生大电流放电,造成电子元器件持续损伤,逻辑电路乱真切换,传感器信号中噪声增大,温控表面效能丧失和卫星姿态发生颤抖
7	失重	无对流冷却	加剧高温作用
8	核辐射	宇宙射线	电子(主要是质子、γ和α射线所致)	高能质子引起半导体器件永久位移和电离表面损伤效应
		范艾伦辐射带	主要由质子和低能电子组成	损伤航天器热控表面、光学表面、太阳能电池电子元器件
		激光辐射	电子、质子	极轨道上的航天器热控表面、光学表面及裸露的介质材料损伤,绝缘体电阻出现瞬时变化
		太阳风	太阳喷射出的等离子体的粒子流	对暴露的光学元件和热控表面造成损伤
9	加速度	机械应力 液压增加	结构变形和破坏; 漏液
10	噪声	低频影响与振动相同; 高频影响设备元件的谐振	电子管、波导管、速调管、磁控管、压电元件、管壁上的继电器、传感器、活门、开关、扁平的旋转天线等均受影响,结构可能失效

5.1.6　微振动抑制

微振动是指航天器在轨运行期间,由于其上设备(如动量轮等高速转动部件、太阳电池阵驱动机构等步进部件、红外相机摆镜等摆动部件等)正常工作时造成的航天器频带较宽、幅度较小的往复运动。随着分辨率等性能指标要求越来越高,光学相机等敏感设备对微振动的敏感度也不断增加。微振动对成像质量的影响已成为制约高分辨率遥感卫星等高性能航天器成败的关键因素。

微振动具有微小性、固有性和难控性。

1)微小性是指微振动能量小,与发射段相比,微振动导致的应变至少小1个量级,不会造成结构破坏。

2)固有性是指微振动是由微振动源正常工作引起的,是微振动源的固有特性。除非不使用该类微振动源,否则微振动影响始终存在。

3) 难控性是指微振动幅值小、频带宽，姿态控制系统难以测量，无法通过单一手段进行全频段控制，通常需要多种手段组合，必要时还需引入地面处理。

（1）微振动源分析

根据卫星设计方案，星上存在的微振动源主要为动量轮、控制力矩陀螺、太阳电池阵驱动机构和数传天线。

（2）隔振措施

为减小平台微振动对敏感载荷性能的影响，保证敏感载荷的微振动环境以及整星可靠性，通常采取被动隔振措施对扰动源和敏感载荷进行微振动隔离。

1）飞轮（或控制力矩陀螺）隔振。隔振器是飞轮振源被动隔振系统的关键部件，在进行隔振器的设计时，应明确不同参数对隔振器刚度的影响程度，以通过合理调节尺寸参数满足刚度需求。

2）敏感载荷隔振。在进行敏感载荷隔离时，由于敏感载荷和卫星顶板有安装精度和空间要求，因此必须在较严苛的环境下完成设计。对敏感载荷的隔振应在较宽频带内进行，而被动隔振的缺点在于其高频隔振效果和共振峰的矛盾。采用三参数液体阻尼器可以实现共振大阻尼、高频小阻尼特性，是获取良好隔振效果的可行途径。

（3）微振动试验

地面试验采用近零刚度悬吊系统模拟失重环境，采用在轨飞行模式模拟星上各转动部件运转，测试关注点的加速度响应情况。

微振动地面试验还要特别注意解决环境干扰问题。环境干扰主要是地面振动对测量结果的影响以及空气和电磁环境对测量系统的影响，主要措施包括地基进行隔振设计、试验环境进行屏蔽（避免噪声和空气流动造成的影响）等。

5.1.7　降额设计

元器件降额使用是一项十分重要的元器件应用原则。元器件降额就是使元器件所承受的应力低于其额定值，以达到延缓其退化、提高使用可靠性的目的。通常用应力比（工作应力与额定应力之比，又称降额因子）和环境温度来表示。

降额准则就是规定电子、电气和机电元器件在不同应用情况下应降额的参数和量值。元器件通常有一个最佳的降额范围。在这个范围内，元器件的工作应力的降低对其失效率的降低有显著的改善，设备的设计容易实现，且不必在设备的重量、体积、成本方面付出大的代价。某晶体管失效率与应力比例关系如图 5-1 所示。

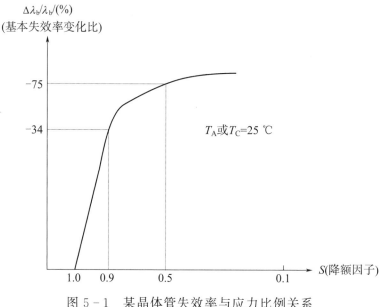

图 5 - 1　某晶体管失效率与应力比例关系

　　元器件降额定为三级。选哪一级是根据设备的可靠性要求、设计成熟性、维修费用和难易程度，以及对安全性要求、设备的重量及尺寸的限制等因素来确定的。

　　Ⅰ级降额：最大降额，元器件使用可靠性的改善最大，比之更大的降额对可靠性的改善有限，而且要付出更大的代价。适用于对安全性要求高、可靠性要求高且采用新技术、新工艺的，失效后不宜维修，重量、尺寸有苛刻限制的设备。卫星使用的元器件均实施Ⅰ级降额。

　　Ⅱ级降额：中等降额，对元器件使用可靠性的改善明显，设计上较Ⅰ级降额易于实现。适用于失效将引起装备或保障设施损坏，有高可靠性要求且采用专门设计，需要支付较高的维修费用的设备。

　　Ⅲ级降额：最小降额，对元器件使用可靠性改善的相对效益最大，但绝对效益不如Ⅰ级和Ⅱ级降额，在设计上最容易实现。适用于无安全性要求，采用成熟技术，故障后可以迅速、经济地修复，对尺寸和重量无较高限制的设备。

　　降额可以有效地提高元器件的使用可靠性，但降额是有限度的。此外，有些元器件过度降额会使其正常特性发生变化，如晶体管的工作点，放大系数下降后，甚至有可能找不到满足设备或电路要求的元器件。过度的降额还可能引入元器件新的失效机理。如电阻器、电容器受潮变质，金属化纸介电容器漏电"自愈效应"的明显下降，小型云母电容器的低电平失效。过度降额还可能导致元器件数量的不必要增加，结果反而使设备的可靠性下降。实际使用中允许降额量值的某些变动，但不允许改变降额等级。凡达不到降额要求的元器件均应列入可靠性关键项目。更不能用降额来补偿解决劣质元器件的使用问题。

降额设计的几点说明如下：

1）降额的本质对绝大部分元器件而言是降低半导体器件的结温和元件的热点温度，通过电功率的降低和环境温度的降低来实现。

2）大规模集成电路不能降低电应力，但可通过降低环境温度来实现降额。半导体器件在高温情况下电化学反应和金属迁移会加快，导致器件老化和失效。大规模集成电路体积很小，厚度不到微米级，器件的功耗虽然不大，但在很小的空间内热向器件底部扩散，再向外部传出。工作期间有源结点会产生很高的温度和温度梯度，结点的时间常数只有几个微秒，因此必须考虑器件的散热问题。

3）功率晶体管的二次击穿是主要的失效模式，因此在安全工作区必须降额。此外功率晶体管在多次热循环中会出现热疲劳，因此要规定热循环的额定值，温度变化越大，允许的热循环次数就越少。

4）转动部件的电机除考虑轴承负载的降额外，其工作温度必须同时考虑轴承和绕组的不同要求。温度过低对轴承不利，反之，温度过高对绕组的绝缘保护不利。

5.1.8　冗余设计

为完成系统功能而附加一个或一套以上的元件、部件或设备，达到即使其中之一发生故障但整个系统不发生故障的结果，这样的系统称为冗余系统。为确保航天产品的可靠性，在确定可靠性指标之后，应结合航天产品可靠性建模和初步的可靠性分析结果，对可靠性薄弱环节采取必要的冗余措施。

（1）冗余设计目的

冗余设计的目的在于提高系统的任务可靠性。航天产品发射和在轨飞行任务中最大的威胁就是单点失效，通过冗余设计可以减少单点失效，从而提高系统的可靠性。

（2）冗余设计原则

1）采用冗余设计的时机：在降额设计、简化设计、采用可靠性更高的部件等基本设计技术不能很好解决可靠性问题时；改进产品设计所需要的费用、时间比进行冗余配置更多时；系统中存在可靠性低的关键器件（是指其发生一次故障就会使系统失效或者使系统丧失一个主要功能）时；不得已选用了可靠性不满足要求的元件时；系统中必须消除一定的单点失效时；要求系统必须连续、不间断工作时；通过地面测试仍存在难以检查的单元时。

2）冗余设计应在产品研制阶段的初期进行，冗余设计实施越晚，采用冗余系统的自由度就越小；冗余设计是在有关系统可靠性分析和取得一定的试验数据之后对可靠性薄弱环节采取的设计措施，具体采取何种冗余设计方式要视具体情况而定。

3）硬件的冗余设计一般在较低层次（设备、部件）使用，功能冗余设计一般在较高层次进行（分系统、系统）。

4）冗余设计的冗余单元可以是相同的，也可以是不同的。

5）冗余设计应考虑不同故障模式下冗余系统工作模式的不同。

6）冗余设计中应重视冗余转换的设计：保证可靠性增长不要被由于构成冗余布局所需要的转换器件、检测器件和其他外部器件所增加的故障概率抵消；在进行切换冗余设计时，必须考虑切换系统的故障概率对系统的影响，尽量选择高可靠的转换器件。

7）冗余单元的工作状态应该是可检测的：冗余单元如果不能被测试，冗余设计所带来的好处会被冗余单元功能的不确定所抵消；在系统进行冗余设计时，设计师必须考虑冗余设计的可检测性，采用冗余设计是否能达到提高可靠性的目的，可检测性至关重要。

8）冗余设计应考虑对冗余器件的有效隔离：冗余设计中对冗余元件的有效隔离可以防止故障效应对冗余网络中的其他元器件产生有害的影响；冗余设计对故障传播的敏感性可以应用 FMECA 的方法加以确定；可以用保险丝、断路器、过载继电器等隔离和保护冗余设计结构，这些元件可以保护冗余设计结构免受元件失效的二次影响。

9）冗余设计应考虑共模/共因故障所带来的影响。

10）考虑冗余设计的影响：冗余设计会使系统的重量、体积、功耗、复杂度、费用和设计时间增加；复杂度的提高会导致非计划的维修增多；冗余采用的部件数量增加，出现故障的概率也会增加；冗余设计提高了系统任务可靠性，但降低了基本可靠性，为缓和这种矛盾，应当尽可能在较低层次而不是在较高层次采用硬件冗余。

因此，必须充分地进行分析权衡，从实际出发，使实施的冗余设计有效。冗余设计的结果要反映到各种可靠性分析（可靠性预计、FMEA、FTA 等）

中，并能验证其稳定性。

5.1.9　裕度设计

在机械可靠性设计领域，为了保证结构的安全可靠，在设计中引入一个大于 1 的安全系数来保障机械零件不发生故障，这种设计方法就是裕度设计方法，通常也被称为安全系数法。安全系数法直观、易懂、使用方便，所以至今仍被广泛采用。

（1）安全系数法

中心安全系数 n_m 定义为：结构材料强度极限的样本均值与危险截面应力样本均值的比值，即

$$n_m = \frac{\mu_r}{\mu_s}$$

式中　　μ_r——结构材料强度极限的样本均值，MPa；

　　　　μ_s——危险截面应力样本均值，MPa。

中心安全系数没有定量地考虑应力与强度的分散性。当应力与强度分散性较大时，中心安全系数就不能反映客观的情况，即使 n_m 足够大，其可靠度也可能较低。

（2）可靠性安全系数法

可靠性安全系数 n_R 定义为："指定可靠度 R_r 对应的构件材料强度下限值 $r_{\min}$ 与可靠度为 R_s 下应力的上限值 $s_{\max}$ 的比值"，即

$$n_R = \frac{r_{\min}}{s_{\max}}$$

对于静强度下的结构，考虑参数的随机不确定性，假设应力和强度服从正态分布，则

$$n_R = \frac{1 - \Phi^{-1}(R_r)C_r}{1 + \Phi^{-1}(R_s)C_s} n_m$$

其中

$$C_r = \frac{\sigma_r}{\mu_r}$$

$$C_s = \frac{\sigma_s}{\mu_s}$$

式中　　C_r——强度变异系数；

σ_r ——结构材料强度极限的样本方差，MPa；

μ_r ——结构材料强度极限的样本均值，MPa；

C_s ——应力变异系数；

σ_s ——危险截面应力样本方差，MPa；

μ_s ——危险截面应力样本均值，MPa；

$\Phi(X)$ ——标准正态分布的分布函数。

R_s、R_r 的选取，可根据设计要求、零件的服役状况、材料质量的优劣和经济性等来决定，如材料的质量好或构件的尺寸控制放宽些，强度的可靠度 R_r 就可取小些，相应的 n_R 会增大。通常一般机械结构设计规范取 $R_s = 0.99$，$R_r = 0.95$，相应有

$$n_R = \frac{1 - 1.645C_r}{1 + 2.326C_s} n_m$$

可靠性安全系数法同时考虑了材料强度和载荷（应力）的分布特性，将 R_s、R_r 的选取与对应材料的强度试验和实测载荷的要求联系起来，与常规安全系数法相比，更能接近实际情况，保证结构的安全，且同样具有工程应用简单实用的优点。

5.2　工艺设计方法

5.2.1　多余物控制

多余物是指产品存在的由外部进入或内部产生的与产品规定状态不符的物质。这些多余物可以在产品研制过程中的任何一个环节产生，因此，应从产品研制的全流程、全链条上开展多余物控制工作。贯彻预防为主、全员参与、全过程控制的指导思想。多余物控制的目的是预防由产品中的多余物产生导致任务的失败或功能的降低。

航天产品研制过程中常见的多余物有以下几种：

1）由环境控制不到位引起的多余物：灰尘、金属、颗粒、液体析出物、锈蚀脱落物、有害气体、有害辐射、雾气，甚至小动物等。

2）由于人为操作不到位引起的多余物：小垫圈、小螺母等零件；扳手、镊子、钳子等遗留工具；硬币、戒指、手表、发卡等随身物品。

3）由生产加工不到位引起的多余物：锡珠、线头、铜丝、毛刺、胶带、器件引脚等。

为避免或减少多余物的产生，一般采取以下控制措施：

1）设计过程中，应按照产品配套关系开展多余物风险的识别工作，并形成型号项目级多余物敏感产品清单；在设计方案中提出预防和控制多余物的要求，并落实在设计文件中；优先选用抗多余物能力强的设计方案；优先选用少产生多余物的材料和元器件；优先选用有利于清除污染物的结构布局；应尽量减少产品在装配过程中的拆装次数，确需拆装时应保证去除产生的金属屑等多余物；在设计文件中提出针对性的多余物预防和控制要求，在产品设计报告及工艺总方案中应提出明确的多余物预防与控制措施，产品研制总结报告或生产质量检查确认报告中应有明确的多余物控制结论。

2）工艺设计过程中，在加工、装配、测试（调试）、包装、运输、贮存、维护、飞行试验前等过程识别产生多余物的主要环节，形成多余物敏感工艺（过程）清单，采取有效措施，实行过程重点控制；应合理确定工艺分离面，防止多余物的产生，便于清除多余物；注意有害气体和液体污染以及侵蚀，制定合理的工艺流程；优先选用不产生毛刺的工艺方法，应规定生产场地的文明生产、清洁整齐的要求等。

3）生产过程中，应加强生产现场的控制，具备预防和控制多余物的厂房、环境，配备相应的设备、仪器、工具，并正确使用；按规定实行限额发料，废品及时进行隔离；总装总测过程中加强现场工具管理控制，规定工具的借用、发放、定期检查、报损等内容，严防在整星、整箭、整弹、整船和整器总装总测时遗漏、缺损、丢失，避免形成多余物；做好现场人员的控制，明确着装要求，应重点对从事多余物敏感产品生产或多余物敏感过程的员工、相关岗位的新员工、从事技术状态变化的产品生产的员工开展多余物预防与控制的专项培训，培训重点包括多余物预防和控制的总则内容和通用要求、航天典型产品多余物控制的典型方法和要求、消除和检查多余物的方法、多余物典型案例等。

4）包装运输过程中，包装材料应不易产生多余物，且不能对产品造成污染；产品包装前应去除表面的多余物，并进行干燥处理；产品装箱前，应对包装箱内部进行全面检查清理，确保无多余物，并形成检查记录；运输过程中应检查各运输支点的连接件，核对是否数量无误、配套齐全、整洁干净，以及防护衣有无损坏、铅封是否完整。

5.2.2　工艺选用控制与禁（限）用工艺控制

工艺选用即产品所选择的工艺方法，为保证产品研制过程的工艺可靠性水平，航天产品研制生产应优先选用已形成工艺规范或满足航天行业标准的工艺、有成功飞行经历的工艺、经历过相关环境验证的工艺。

当产品选用未经飞行试验验证的工艺以及选用的工艺方法发生重大变更时，承制单位应当组织开展工艺鉴定。工艺鉴定是指依据预定标准要求的判定准则，采用标准规定的工作程序，按明确的鉴定状态、鉴定内容、鉴定条件、鉴定程序对工艺进行评价和确认的过程。工艺鉴定工作须在产品方案和初样阶段识别并实施，在正样（试样）实物投产前完成工艺鉴定工作。

禁（限）用工艺主要是影响产品质量、污染环境、危害生产安全，应淘汰或限制使用的工艺。工艺选用时需遵守禁（限）用工艺的相关要求，禁止选用和使用禁用工艺，避免选用限用工艺。一般控制原则如下：

1）设计人员应该了解产品所涉及的工艺方法，当技术条件或图纸中明确的工艺方法涉及限用工艺时，应对选用的必要性和可行性进行分析。

2）采取更换材料、调整结构、改变技术要求等措施，避免使用禁（限）用工艺，加快落后工艺的替代。

3）确因产品功能要求或生产过程限制，需选用禁（限）用工艺时，设计人员、工艺人员应制定禁（限）用工艺的控制手段，并在生产过程中严格落实控制手段。

5.2.3　工艺防差错设计

工艺防差错设计是指在工艺设计中综合运用工艺措施、专用装置和操作程序等方法，在产品实现过程中，能够防止因人员误操作而引起的故障或事故发生，从而消除差错或消除差错产生的影响。

据统计，在产品实现过程中，因工艺和操作过程的差错引起的质量问题占比约为三分之一，因此有必要开展工艺防差错设计。航天型号的系统、分系统、设备的设计、生产、试验、测试过程均需开展防差错设计，手段和方法主要有以下几种：

1）开展工艺仿真工作。工艺仿真可实现在产品投入生产之前，模拟产品实现过程，提前发现质量问题，达到工艺防差错的目的。在工艺要素多、工艺过程复杂、制造周期长和高价值产品、制造关键或重要产品、安全风险较高等工艺过程中宜开展工艺仿真工作。

2）制定重要工序或操作步骤前的确认环节。对于易混淆的操作对象，应事前制定确认环节，引起操作人员重视，例如应安排导弹加电前的电缆连接正确性检查等。

3）制定分时操作工序。分时操作工序是通过工作流程控制，将两种以上容易混淆的对象，安排在不同的时间段进行操作，使工作现场在同一时间段内只有一种规定的对象存在，从而杜绝装配差错。

4）制定分工位操作方法。将容易混淆的操作过程在产品实现和维修的不同场地进行，容易混淆的对象散布在不同的工位，使同一工作现场只有一种规定的对象存在，从而杜绝操作差错。

5）制定顺序操作控制要求。通过标识、形迹、表格化等管理控制手段，控制对象的操作顺序，使其按照规定的顺序进行操作。

5.2.4　工艺量化控制

工艺文件量化是具体描述产品生产的流程、要素和要求，做到过程完整、内容全面、描述严谨、图文结合；明确工艺参数的数值和范围，做到有数值要求、有检测方法、有数据记录。

航天产品所发生的质量故障中，有相当一部分是由于工艺某种程度上的不量化、不确定造成的，包括许多低层次产品质量问题，如螺钉松动、导线断线等。通过工艺量化措施的制定及相关研究的开展，提升工艺过程的确定性和稳定性，从而提升产品的可靠性水平。

面对航天产品制造环节，工艺量化控制的目标和原则包括"四可"（可操作、可检查、可量化、可重复），"三不同"（不同时间、不同地点、不同人员可以重复）。工艺量化控制的核心是实现工艺文件的量化描述、工艺参数的固化和稳定化。工艺文件的量化描述体现了工艺文件的覆盖性、协调性、准确性和可操作性，包括以下内容：

1）贯穿产品生产全过程，覆盖人、机、料、法、环、测全部工艺要素；

2）满足产品功能、性能和可靠性等指标要求；

3）明确产品生产过程的质量和风险控制措施及保障要求；

4）明确工艺参数的数值要求及范围，确保工艺参数的数值可检测、可计量；

5）明确工艺参数的检测方法及所用工（量）具，以及工艺过程数据记录的内容、方法、时机等。

对产品关键特性、重要特性形成过程进行分析，识别控制要素，将工艺要求细化到工步；制定有针对性的质量控制措施，规定人员的具体资质要求，产品关重特性明确 100％检测和记录的要求。

对产品生产全过程中特殊过程充分识别，制定确认准则。明确生产环境的具体控制要求；明确规定旁证或间接测量的时机、测试项目、量化指标、测试方法、判定标准等要求；明确记录的内容、时机、方法等要求。

合理设置检验工序，明确规定检验项目、内容和方法，明确环境要求、检验工（量）具（仪器、设备）、测量精度和合格判据，明确记录内容、方法和数值等要求。识别产品生产过程中不可检不可测项目，制定控制要求或旁证措施，明确规定旁证或间接测量的时机、测试项目、测试方法、判定准则等要求。

通过工艺方法改进、工艺装备、设备工具、计量器具的研究和应用，实现工艺参数的固化和稳定化，提升工艺过程的可检测水平，提升工艺过程的可靠性。

5.3　系统级产品可靠性薄弱环节改进方法

航天系统级产品包括卫星平台、运载火箭以及配套的分系统，系统级产品的可靠性改进应重点关注系统级产品的薄弱环节，如系统级单点故障的减少与控制、共因故障的防护措施、故障容限能力提升，以及系统级测试性优化设计、测试覆盖性优化设计和利用在轨数据趋势分析结果全面开展优化设计等。

5.3.1　单点故障的减少与控制

航天产品减少单点故障的手段主要是冗余设计。冗余设计是通过针对规定任务增加更多的功能通道，以保证在有限数量的通道故障的情况下，产品仍能够完成规定任务。通过冗余设计可以在一定程度上减少单点故障，提高产品的任务可靠性。但是在采用冗余设计提高产品任务可靠性的同时，往往伴随着设计复杂性、能源、体积、重量和成本等方面的代价。

在工程应用中，应根据产品特点和可靠性要求，在成本、重量、体积和资源消耗等方面进行权衡，最终确定应采用的冗余方式。按照冗余系统的工作方式和各个单元的工作状态，一般分为工作冗余和备用冗余，其特点及适用性见表 5-2。

表 5-2　常用冗余类型的特点及适用性

冗余类型		单元工作状态	优点	缺点	适用对象
工作冗余	并联	各冗余单元同时工作	无切换过程,对系统工作影响较小。与表决冗余相比,相同资源可以提供更多冗余度	各单元同时工作,冗余单元的寿命有所损失	设计相对简单,适用于提供一个功能通道的产品
	表决	各冗余单元同时工作	无切换过程,可有效提高功能的正确性,减少错误输出	各单元同时工作,冗余单元的寿命有所损失;表决过程可能影响系统工作速度,相同资源提供的冗余度较并联冗余少	设计相对复杂,有时需要增加比较、判断环节,适用于有准确度、精度等要求的功能以及需要提供多个功能通道的产品
备用冗余	冷储备	主份单元工作时,其余各冗余单元不工作且处于关闭状态	可储备冗余单元寿命;有利于防止故障扩散	有切换过程,需要增加切换环节,切换过程可能对系统工作产生影响,切换环节可能构成薄弱环节	适用于允许输出间断或变化较大的功能
	热储备	主份单元工作时,其余各冗余单元处于工作状态但不接入系统	切换过程相对冷储备冗余快捷	存在切换薄弱环节;冗余单元的能耗和应力较高	有利于消除间歇故障,适用于允许输出间断或变化较大的功能
	温储备	处于冷储备和热储备之间	切换过程相对冷储备冗余快捷;可储备冗余单元寿命	存在切换薄弱环节;冗余单元的能耗和应力介于冷储备和热储备之间	有利于消除间歇故障,适用于允许输出间断或变化较大的功能

对于无法通过冗余手段消除的单点故障,必须制定严格的过程控制措施,尽可能地降低故障的发生概率。一般包括:

1) 优化的原材料和元器件选用以及严格的筛选和质量控制;

2) 采用稳定的工艺设计,并经过充分的验证;

3) 严格的过程控制,通过制定强制检验点、详细的工艺手册、有效的检验手段等保证产品的生产质量;

4) 充分识别产品设计、工艺过程中影响产品质量的敏感要素,并将其确定为关键特性,进行专项控制;

5) 识别生产、使用、试验、测试等过程中的风险环节,制定严密的应对措施。

此外,针对在轨故障必须制定细致、明确的预案和操作手册,在故障发生后采取及时有效的补救措施,以降低故障影响,防止故障扩散。

5.3.2　共因故障的防护措施

导致共因故障的原因包括根原因和耦合因素，有三种方法可以防止共因故障，即：

1）防止引起故障的根原因；

2）防止耦合因素；

3）同时防止根原因和耦合因素。

消除根原因能阻止故障的再次发生，因此鉴别和分析根原因是防止系统或设备再次故障的有效措施。防止共因故障根原因的典型预防措施包括：设计控制、使用适合于环境因素的合格设备、测试和预防性维护方案、审查程序、培训人员、质量控制等。

但有些根原因无法消除，因此共因故障的预防策略多从其他原因如耦合因素入手。用以防止耦合因素的典型预防措施包括：多样化（功能、设备、人员等），更多冗余、屏蔽、交错的设计等。耦合因素在当两个或两个以上设备的故障有相似的原因或相似的故障机理时容易存在，所以应将重点集中在系统中存在以下情况的设备组上：相似的设计，相似的硬件，相似的功能，相似的安装、维护或操作人员，相似的工作程序，相似的系统/设备接口，相似的位置，相似的环境。

航天产品预防共因故障的活动覆盖全寿命周期不同研制阶段，各主要研制阶段的主要活动内容见表 5-3。

表 5-3　不同研制阶段预防共因故障的主要活动

研制阶段	方案设计阶段	初样研制阶段	正样研制阶段	在轨运行阶段
预防共因故障的主要活动	在初步危险分析时考虑共因故障模式和原因； 将共因故障预防策略纳入卫星系统最高级别的设计指南	利用 FMEA 和 FTA 实施共因故障分析； 为其他可靠性分析和风险分析提供输入； 将共因故障预防措施落实到设计中； 在设计评审时，验证共因故障分析的完成情况	观测未识别的共因故障试验结果； 将共因故障预防措施落实到操作和维修手册中； 在设计评审时，验证共因故障分析的完成情况； 观测共因故障的运行数据； 将共因故障预防措施纳入操作培训	记录共因故障并学习； 将共因故障预防措施纳入操作培训

5.3.2.1　基于根原因的防护设计措施

基于根原因的防护设计一般多从设备级考虑，有一套全面的检查单用于指导设计师对设备的冗余设计进行工程评价，这个过程就给出了预防共因故障的建议。这些基于根原因的设计指南是在数据分析的基础上加上工程经验获得的。表 5 - 4 给出了卫星设备基于经验总结的共因故障预防设计指南。

表 5 - 4　卫星设备共因故障预防设计指南

设备类别	保护冗余设备免于因下列因素导致的故障	故障模式	防护措施
流体设备，如水压、气压阀门，过滤器和泵等	由共同的工质而带来的污染（如水、液体推进剂），通过化学反应形成的，或生产及维修过程留下的	过早磨损，延迟动作，堵塞，流量限制	将流体系统的冗余设备隔离并使用独立的来源；流体系统或源头的过滤器、密封件、洁净控制器的检查、检验、冲洗和验证
	泄漏	着火，爆炸，腐蚀，过压，电子设备短路	冗余设备采取不同的设计；堵漏/转移，密封，泄漏探测；隔离
	腐蚀	泄漏，污染物导致的流量限制，堵塞	原材料选择
	流体供给不足	润滑不充分，冷却不充分，欠压	流量传感器，程序，检查
密封设备，如 O 型圈、阀座	可自然地延伸到冗余密封件的污染，形成一个连续的泄漏路径	密封件局部变形；泄漏	洁净度控制；泄漏检测
	导致丧失密封完整性的环境应力，如极端的温度	密封件柔韧性丧失；结合弯曲部分泄漏	温度控制，原材料选择，密封设计
	导致丧失密封件和密封面间接触的支撑结构内部的机械张力	失去密封接触；泄漏	正确的机械/结构设计，安全余量
	压力作用，即密封材料长时间局部塑性变形	密封接触压力变小；泄漏	原材料选择；寿命限制
	腐蚀或其他化学反应	密封件侵蚀；泄漏	原材料选择，相容性试验

续表

设备类别	保护冗余设备免于因下列因素导致的故障	故障模式	防护措施
电子设备，如电源、控制系统和测控系统设备	公共电源或其他支撑系统故障	不能断电	将电源和支持系统隔离
	公共元器件具有已知的缺陷	不能断电，不能加电，短路，开路	冗余单元元器件采取不同的设计；故障报警以及向上或向下的元器件跟踪；隔离
	内部金属或非金属污染，可导致短路或开路，特别是在高或低重力条件下	不能断电，不能加电，短路，开路，间歇工作，不稳定	冗余单元元器件采取不同的设计；开帽镜检，元器件 X 光检测
	连接电缆或接插件问题，如松动、破损或者接触端子歪斜，焊点缺陷，绝缘损坏	开路，短路，间歇工作，打火，着火	将冗余设备的电缆、接插件和电路路由器分离
	环境应力，如温度、振动、辐射，以及相邻材料间的热不匹配	开路，短路，间歇工作	绝缘，物理布局，屏蔽措施
	电子分立器件常见的错误或不完善，如电阻	不正确的操作，断路	正常组件的外观问题，数据交换网警报
	部件或分立器件具有不同的故障历史	不能断电，不能加电，短路，开路，间歇工作，不稳定	数据交换网警报，故障历史
机械设备，如轴承，轮系，陀螺，阀，泵	环境应力，如温度、振动	粘连，疲劳，断裂	设计
	公差/间隙不合适	粘连，动作迟缓	公差分析
	化学反应，如腐蚀、氢脆	表面降级，结构弱化，断裂	原材料选择
	扭矩不正确(过高或过低)	接触不充分，物理布局破坏，由于扭矩过大而损坏	扭矩扳手校准，检查
结构设备，如舷窗、压力壳体、舱门	被高速物体穿透，如轨道碎片、微流星体、鸟撞击	小孔，泄漏	"缓冲器"结构，设计余量
	零重力条件下偏移	粘连，卡住，不能开启/关闭	试验中高保真的零重力仿真

续表

设备类别	保护冗余设备免于因下列因素导致的故障	故障模式	防护措施
传感设备（敏感头部及放大电路），如压力、温度和流量传感器	不良结构或耦合粘结强度	物理布局破坏，传感信号丧失或衰减	粘结强度拉伸试验，检查
	不正确的校准/调节	读数不正确	正确校准/调节的检查
	信号失真	读数不正确	传感器定位
	污染	传感端口阻断	过滤器，密封件，洁净度控制，检查，检验、冲洗和验证
	不正确的安装	敏感参数低保真度	设计，安装，检查
	环境应力，如温度、振动	不能关机，不稳定，读数不正确	设计余量，绝缘，温度控制
全部类型设备	在试验/工作中损坏/过应力	机械/电子过应力和污染常见的故障模式	试验设备设置物理限制器，试验设备定期检查，流体试验设备设置过滤器，试验设备的预防性维修，设计余量
	不正确的制造、装配、维护或修复过程	污染常见的故障模式，不正确的装配或公差	采用不同的冗余部件、供货商、制造商；正常组件的外观问题；检查
	由于结构/工作材料不相容或者工作/维修环境导致的故障	侵蚀、腐蚀、残余物、污染常见的故障模式	原材料选择，相容性试验
	设计不充分	过应力常见的故障模式	安全余量，精确的应力-强度数据
	由于错误的校准/调节导致的故障	不能按预期工作	正确校准/调节的检查
	在安装、装配、维护或修复时违反操作规程	实体破坏	程序、培训、不同的工作队
	工程图纸错误	难/不能装配/工作	图纸复核
	老化/磨损	流量限制，泄漏，不稳定工作，断裂，失去校准	工作/货架寿命限制

5.3.2.2　基于耦合因素的防护设计措施

基于耦合因素的防护设计一般多从系统级考虑，易于对设备的冗余设计系统进行工程评价，这个过程就给出了预防共因故障的建议。具有耦合因素的设计预防措施是很有用的方法，因为消除一个耦合因素，可以有效阻断许多根原因的传播机理。系统级共因故障预防设计的流程主要有 6 个步骤。

（1）识别冗余设备组

针对被分析系统，识别所有多个相同功能设备的组合，组合的多样性提高了功能的可靠性，组合中任意一个设备都能满足该功能要求，在这个组合中共因故障是对高层系统甚至是整个系统可靠性的最大影响因素。系统的可靠性框图和功能原理图为识别和确定冗余子系统提供重要线索。每次关注一个冗余设备组，初步估计冗余组合故障对整个系统的影响，对所有组合进行排序，影响大的先分析。

（2）识别每个冗余设备组中的关键耦合因素

耦合因素可以从以下几个相似的方面考虑，包括要求、设计、材料、外观、内部保护、位置/环境、制造参数、装配参数、维护/维修参数、测试/监测参数、校准参数、运行参数、监督/管理人员。

如果冗余组合内设备间有耦合因素，考虑采取差异化的设计预防措施，即选择不同设计、外观、制造商的设备，消除耦合因素，进而降低多个设备由于外部环境效应而故障的敏感性和相同人为差错作用于多个产品的可能性。然后可以选择组合中的一个设备进入第（3）步。

如果存在耦合因素，说明这个冗余组合已经融合了设计差异性，但是采取额外的预防措施也是慎重的考虑。

（3）识别共用的支持系统或连接

若组合中多个设备共用相同的支持系统或连接，则要进行识别，因为有一些共用的支持系统若故障了，会导致冗余组合中多个设备故障，或者说冗余组合中有一些共用的连接，若故障发生在此处或通过其传播，会导致所有的冗余单元都故障。

如果有共用支持系统或连接的情况，考虑将它们隔离起来，为冗余系统中每个设备提供独立的、到其他相关分系统或设备的支持系统或连接。若没有共用的支持系统或连接，则进入第（4）步。

（4）识别邻近具有传播故障模式的分系统和设备

邻近存在确信能传播故障模式的、危险的子系统或设备应记录下来，典型的传播故障模式的例子是爆炸（可能包括冲击波过压、破碎、热气）、过热（可能包括热辐射、对流、传导）、潜在危险液体的泄漏（易燃或腐蚀性气体/液体，或者导致电短路的液体）。

如果邻近没有危险，则进入第（5）步。

如果邻近有危险，则记录下来进行屏障设计，设计屏障用于保护接受者免于施加者的威胁，使接受者不为邻近的施加者威胁，或者有足够的距离减轻效应或者有中间屏障或防护。如果没有足够的屏障，需要考虑采取下列设计措施：

1）护罩：物理上防护接受者免于施加者威胁；

2）限制：物理上在施加者的位置限制施加者威胁；

3）隔离：物理上将接受者和施加者隔离开足够的距离，以降低危险。

（5）识别有破坏性的外部环境效应

可能有破坏性的外部环境应力应从如下几个方面考虑，包括空气动力、电磁、接口、湿度、火、温度、辐射、化学反应、加速度、振动、冲击、磨损、污染、压力、电子等。

如果设备暴露于具有破坏性外部环境效应下，需考虑采取如下设计措施：

1）护罩：物理上防护设备免于外部环境效应；

2）重新布局：将设备的位置换到环境好的地方；

3）加固：增加设备的设计裕度（强度），使之不易受潜在超应力的外部环境效应的影响。

（6）识别疑似为设备故障潜在根原因的人为差错

人为差错可能出现在技术要求中（如规定的工作极端情况与在轨环境不相符）、设计中（如设备基于设计的应力分析计算错误）、零件采购中（如货架的密封产品与设备液体工质不相容）、制造中（如所有设备都有超差）、装配中（如所有设备依据相同的、有问题的装配规程）等。

如果人为差错疑似为根原因，考虑采取下列设计措施：

1）防止人为差错：将人为差错的预防措施纳入到系统全寿命周期中容易引入的各个阶段；

2）加固：增加设备的设计裕度（强度），使之不易受潜在人为差错弱化效应的影响。

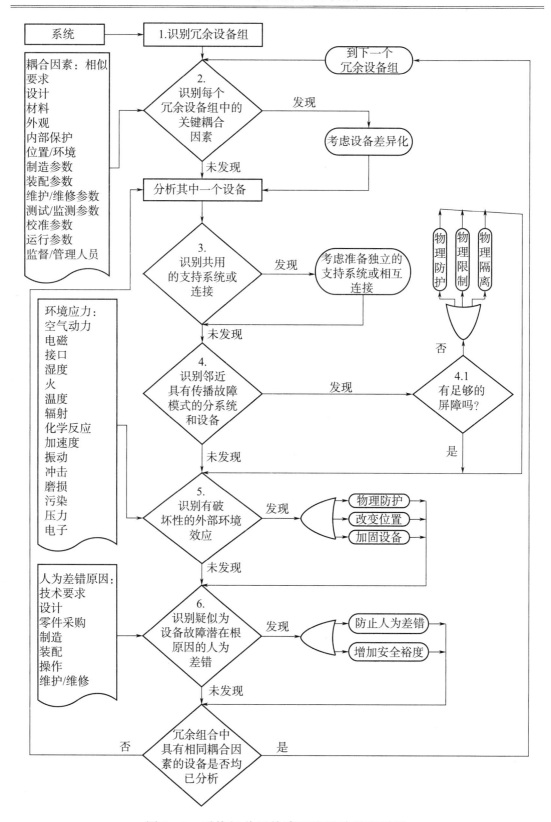

图 5-2　系统级共因故障预防设计的流程图

5.3.3　故障容限能力提升

按照系统、分系统、单机设备等层级开展设计，提升故障容限能力。综合权衡可靠性、重量、体积、功耗、复杂度、费用等资源需求与设计目标，进行各层级间的综合优化设计和迭代，确定故障容限的设计方案以及残余风险控制措施，确保航天系统在轨故障后按照预定策略自主处理。

可采用层次化的分级设计方法，根据各级故障容限能力设计的需要，设计相应的故障容限策略，下一级应为上一级提供所需的信息、上一级应为下一级提供所需的支持。通过开展协同设计，明确各级故障容限能力设计要求、安全底线量化边界、软件安全关键功能等。航天系统在轨故障容限能力设计架构如图 5-3 所示，故障容限策略应按照故障处理代价由小到大的顺序（如系统性设计故障检测、在轨自主处理、地面干预、全局性安全底线控制等）实现故障容限能力提升。

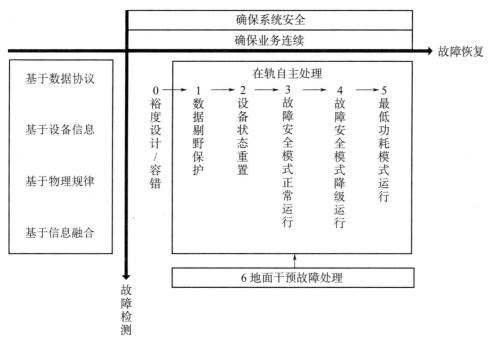

图 5-3　航天系统在轨故障容限能力设计架构图

故障检测主要包括 4 种方法：

1）基于数据协议的故障检测：通过对总线协议、遥控遥测协议等数据层要求的符合性判读，进行故障检测；

2）基于设备信息的故障检测：通过对设备输出的数据有效性标志位、设备电源状态等进行合理性判读，进行故障检测；

3）基于物理规律的故障检测：通过对设备输出数据与初始安装数据比对、设备输出数据与物理模型预估数据比对等方式，进行故障检测；

4）基于信息融合的故障检测：利用多设备间数据关系、多航天器间数据关系、天地数据关系等融合分析，进行故障检测。

在轨自主处理方面，应根据在轨故障检测的输出信息，设计故障恢复的处置流程，按处理代价由小到大分为不同层次，处置流程中直至故障安全模式正常运行这一层次，均不应产生业务中断。

地面干预主要包括：

1）软件重构设计：所有 CPU 软件以及影响航天器业务连续和系统安全的 FPGA 软件，均应具备重要参数在轨修改能力以及软件在轨重构能力，为故障容限能力设计在轨改进或地面处理提供手段。

2）遥控遥测设计：应系统地规划遥控遥测，合理配置资源；权衡确定航天器自主、地面遥控指令优先权；应设计必要的检测信息，为快速自主诊断提供依据，进而实现自主故障恢复；应设计相应的遥测数据，记录故障自主检测、诊断和恢复过程中的关键事件，供地面分析和处理使用。

3）故障预案编制：对于分析后因技术难度大、资源代价大或其他原因确定不进行自主检测和恢复的故障，需在设计报告中明确，并进行残余风险分析，提出在轨故障预案的编制要求或措施。

对可能影响系统安全的机械能、热能、声能、电磁能等能量输出，根据 FTA 输出的安全边界指标要求，在系统、分系统或相关设备中设置全局性控制措施，确保不出现能量输出超出边界而危及系统安全的情况；同时也应结合业务连续需求，在边界指标范围内设置各具体工况的安全阈值，确保能量输出维持航天系统正常运行。如：在推力器输出控制逻辑中设置推力器连续喷气时间阈值以确保整星角速度在安全范围内，这个时间阈值在所有模式、所有工况下有效，而非仅在某个模式下（如故障安全模式）起作用；同时，相应模式下的角速度应保证卫星具备一定的姿态机动能力以满足任务需求。

5.3.4　系统级测试性优化设计

系统、分系统应建立以可靠性为中心的测试性设计思想，依据测试性设计准则，开展测试性设计工作，研制过程中有涉及测试性的技术状态更改时，需补充开展测试性设计工作。系统级测试性的目标是对故障进行快速准确检测、隔离、定位，对安全隐患及时预警，使能有效避免重大事故，提升航天系统整体可靠性水平。

测试性是系统在设计时所赋予的设计属性，与现有的系统功能、性能设计和可靠性、安全性设计一起，共同构成完整的星（箭）产品设计体系，有效提高发射和在轨运行可靠性。

考虑到卫星在轨工作时间长，对状态监测和故障诊断要求高，下面以卫星为例，对系统级测试性设计方法进行论述。

通过测试性设计工作，支持故障诊断和隔离，保证故障发生后能及时、准确确定故障单元，支持故障预案的顺利实施。卫星系统级测试性应该强调系统级自主健康管理，自主健康管理是指系统自身具有自动测试功能，即能够完成故障诊断、隔离和恢复（FDIR）的一种综合能力，卫星系统级 FDIR 一般可以通过软件实现。

卫星系统级测试性设计主要包括：

1）建立卫星可靠性、测试性一体化设计方法，与系统的功能、性能设计同步开展；

2）合理布局系统或设备的功能与结构，保证测试的可检测、可控制，明确故障诊断方案、隔离单元，测试性设计应 100％覆盖Ⅰ类、Ⅱ类故障模式；

3）合理选择与确定被测对象测试点的数量与位置，根据被测单元各组成部分故障模式与测试点的关系，以尽可能少的测试点满足故障诊断要求；

4）对于故障影响严重、故障处理时间要求较短的单元，需设计实时检测自身运行情况功能，并实现实时监测，确保故障发生后可以快速进行故障检测与隔离；

5）以软件系统性设计为主要手段，充分利用系统信息资源，尽可能具备在主备同构核心设备均失效的情况下，提供异构冗余措施的能力，提高在轨自主处置能力。

通过以可靠性为中心的测试性设计，应为在轨故障预案、卫星自主健康管理、系统重构、FDIR、应急安全等工作提供支持，实现以下设计目标：

1）对于轻微故障，如果是影响任务运行的故障，则应能实时自主处理；如果是不影响任务运行的故障，则视处理代价决定是否设计自主处理；

2）对于非主要故障，应该最大可能设计星上自主恢复功能，最大限度恢复任务运行；

3）对于关键性故障，应该设计在最短时间实现星上自主隔离防止故障扩散的功能；

4）对于灾难性故障，应该有卫星尽快进入安全模式功能。

系统级灾难性故障一般都能得到高度重视，设计多重措施，保证卫星安全。而系统级在轨关联故障，因为是一种发生频率较低的故障，往往重视力度不够，但关联故障所造成的后果十分严重，会影响卫星的在轨寿命，造成巨大的经济损失。通过在轨自主健康管理，最大程度地提高卫星在轨故障容忍能力，提升卫星在轨运行稳定性、寿命水平和应用效能。

卫星系统级测试性设计应注意的问题：

1）结构划分应尽可能有利于故障隔离，功能划分应尽可能一个可更换单元仅实现一个功能；

2）在系统应能把故障隔离到规定的可更换的单元上，当需要提供降级使用方式时，需要把故障隔离到比可更换单元更低一级的产品层次；

3）应该把硬件、系统软件和应用软件错误检查综合在一起，提供系统级的故障检测和故障隔离能力；

4）每个分系统的测试性规范中，应该包括独立的测试要求，以直接评价分析系统的故障隔离水平；

5）为了达到系统可用性和安全性指标，可以将测试性设计与容错设计结合考虑，提升系统的故障容限能力。

卫星故障检测、诊断或隔离设计常用方法有：基于门限值检验、推断检验等自主故障诊断设计方法；冗余设备切换、系统重构和安全模式设计等重构设计方法；建立整星系统级自主诊断与重构管理系统等。

如卫星自主健康管理系统能够实时检测星上可识别的故障模式，自主修复具备恢复或重构条件的故障，实时检测有可能引发卫星能源消耗过大而导致卫星失效的危害性故障，确认故障发生后，在最短时间内进行重要数据的保存，并执行卫星进入最小能源模式指令序列。

数管分系统采用串行总线双冗余热备份结构进行总线故障监测，由数管中心计算机判断是否有重要终端长时间处于通信异常状态，如有异常，CTU 将重要数据送至多个 RT 终端保存，确保 CTU 发生故障复位或切机时，重要数据可以恢复。

5.3.5　系统测试覆盖性优化设计

对系统测试覆盖性分析中梳理出的三类不可测试项目应分级、逐项进行分析。

1) 系统：对确认的 I 类不可测试项目，应说明不可测试原因，制定质量控制措施（对于进行分析计算或仿真验证的项目，仿真或计算完成后需编写相应的分析计算或仿真验证报告；对于不能通过分析计算或仿真验证的项目应制定过程控制措施）并形成文件，作为过程控制的依据。

确认系统本级无法独立测试的 II 类不可测试项目，需在分系统或单机测试过程进行测试，应明确测试项目及要求，并从单机或分系统获取测试结果材料。对可能直接影响性能指标稳定性和功能可靠性的总装过程，必须制定严格的装配过程控制措施，确保装配前测试或检验结果的有效性。

确认系统本级无法独立测试的 III 类不可测试项目、需在大系统测试过程进行测试，应向大系统提出明确的测试项目及要求，确保在大系统测试时落实并从大系统获取测试结果材料。同时，在本级应采取措施进行模拟测试。

系统出厂前的测试项目应覆盖发射场的测试项目和发射、飞行、在轨运行，以及返回阶段所有正常的工作模式和已设计的故障工作模式（应充分考虑测试环境条件与实际工作环境条件的适应性）。对于必须在发射场才能安装和测试的正样产品，应制定措施在出厂前进行试装和预先模拟测试。出厂前应完成与其他系统接口的匹配性测试或确认，证实各项接口关系的匹配性和正确性，应完成试验大纲规定的所有试验中的测试项目，并对测试结果的有效性进行确认。

2) 分系统：对确认的 I 类不可测试项目，应说明不可测试原因，制定质量控制措施（对于其中只能进行分析计算或仿真验证的项目，需提供客观证据，对于不能通过分析计算或仿真验证的项目应制定过程加严控制措施）并形成文件，作为过程控制的依据。

对确认的 II 类不可测试项目，需在单机或单机装配调试过程测试，应明确测试项目及要求，确保在单机测试时落实并获取相应的测试结果材料。对可能直接影响性能指标稳定性和功能可靠性的装配过程，必须制定严格的装配过程控制措施，确保装配前测试或检验结果的有效性。

对确认的 III 类不可测试项目，需在上级系统测试过程进行测试，应明确测试项目及要求，确保在上级系统测试时落实并获取相应的测试结果材料。同时，在本级应采取措施进行模拟测试。

在分系统产品测试完成后，进行测试覆盖性检查。确认可测试项目全部进行了直接测试；确认不可测项目研制过程控制措施落实到位、需在单机测试的项目已获取测试结果，过程质量记录及有关的客观凭证完整、能有效保证不可测项目产品质量与可靠性满足设计要求；在上级系统测试项目已落实测试时机。

3）单机：对确认的Ⅰ类不可测试项目，应说明不可测试原因，制定质量控制措施（如：仿真、分析计算、加严产品过程控制措施等）并形成文件，作为过程控制的依据。

对确认的Ⅱ类不可测试项目，应明确在产品研制过程中某节点安排测试或检验，获取相应的测试或检验记录作为客观证据。对可能直接影响性能指标稳定性和功能可靠性的装配过程，必须制定严格的装配过程控制措施，确保装配前测试或检验结果的有效性。

对确认的Ⅲ类不可测试项目，应明确测试项目和要求，在分系统或系统级测试中进行落实，并索取测试或验证结果。同时，在本级应采取措施进行模拟测试。

单机产品交付前，应完成测试覆盖性检查，确认可测试项目全部进行了直接测试，确认不可测项目研制过程控制措施落实到位、需间接测试的项目已获取相应的测试或检验数据，过程质量记录及有关的客观凭证完整、能有效保证不可测项目产品质量与可靠性满足设计要求。

5.3.6　利用在轨数据趋势分析结果开展优化设计

分析在轨遥测数据、在轨异常数据、在轨故障案例数据、空间环境数据、测控事件数据等，从系统和关键单机角度评价卫星健康状态、性能变化趋势，将分析结果反映到卫星的系统和单机的设计制造中，并完善卫星设计要素、设计指标验证要素、可靠性分析要素等，实施卫星系统和关键单机的可靠性增长。

利用在轨数据趋势分析结果开展卫星优化设计，应该考虑3个方面：

1）直接在后续产品上优化：在轨异常、故障暴露的薄弱环节，直接在其后续产品的设计与制造中进行设计改进、工艺改进，开展可靠性增长，预防同类异常、故障的再次发生；

2）在相似产品上优化：将在轨异常、故障暴露的薄弱环节优化反映到相似产品的设计、制造工艺中，解决设计隐患，预防同类异常、故障的发生；

3）反映到后续设计要素中：针对在轨异常、故障反映的薄弱环节，开展可靠性增长，并反映到相应设计标准、工艺标准、管理标准中，如对重复发生的异常信息，要重新评价其可靠性基础失效率，并反映到 FMEA/FTA 中的故障模式、故障机理、故障影响基准信息中，这些可靠性设计基准的改进是非常重要的，它的效果可能不是立即生效的，但是会产生重大效果，是一种延缓型的可靠性增长方式。

5.4 单机级产品可靠性薄弱环节改进方法

航天系统级产品往往是由功能相对独立又相互联系的单机产品构成的，单机产品的可靠性水平直接决定着整星、整箭的可靠性水平，卫星和运载火箭的可靠性增长工作大都落在单机产品的薄弱环节改进上，本节根据航天单机产品特点进行分类论述，提出各类单机产品可靠性薄弱环节改进中需要重点关注的方面。

5.4.1 电子产品可靠性薄弱环节改进

航天电子产品主要在空间环境、热环境和力学环境等适应性设计方面存在可能影响其可靠性的薄弱环节。针对这些薄弱环节，采取的一些典型改进方法如下。

5.4.1.1 空间环境防护设计改进

对于在抗空间环境方面能力不足的产品，需从元器件选用、电路优化、结构屏蔽、软件设计等方面采取相应的薄弱环节控制措施以提高系统可靠性。

对产品的辐射总剂量防护设计，主要从以下几个方面予以考虑。

1）从系统设计、电路设计方面考虑，在保证具有足够的辐射设计裕量（RDM）基础上，可通过容差、冗余和容错等设计措施减小电路对器件辐射敏感参数的依赖；

2）分析元器件特别是程序存储器等关键元器件的抗辐射指标和对应抗辐射能力，结合空间环境下元器件具体位置，选用抗辐射等级高的器件；

3）采取在元器件、部件外壳、设备机箱上增加严密的整体或局部屏蔽等结构措施，提高电路防护的抗辐射能力。

对产品的单粒子锁定防护设计，一般在供电设计中采取分级、分区限流保护策略，当出现锁定时，锁定器件所在供电区的限流器将该供电区电源限流，保护锁定的元器件，其后通过关电解除锁定状态后可继续正常工作。

对产品的单粒子翻转防护，通常采取软硬件结合的方法，主要采取以下措施：

1）在程序存储区设计上应选用外延工艺、SOI 材料工艺等具有抗单粒子能力的器件，以降低单粒子翻转的概率；

2）设计硬件看门狗电路，当软件由于单粒子翻转而程序"走飞"时，复位本机或通过遥控指令断电再上电继续工作；

3）采用三重模块冗余（TMR）、信息冗余、容错设计等措施，将重要数据存储于多个存储区的不同位置或者通过增加校验码来纠正单粒子翻转引起的错误等。

5.4.1.2　热防护设计改进

温度对电子产品性能会产生影响，航天电子产品的热设计考虑的主要因素有两个：其一是工作环境温度；其二是器件功耗。由于电子产品内部由多块印制板组成，这些印制板上装焊着大量电子元器件，当电子元器件工作时会将电功率转换成热量，引起设备温度上升。因此印制板上电子元器件的功耗是产生热的主要因素。

由于航天电子产品的运行环境为高真空环境，没有空气，其热交换方式以传导和辐射为主，其中热辐射的热交换效率偏低。航天电子产品热设计的薄弱环节改进主要从元器件、印制板、机箱等几方面考虑：

1）进一步降低集成电路功耗，对耗能高的器件进行替换；

2）改善元器件与电路板及焊盘的线胀系数匹配性，采取 S 型管脚以增加变形裕度，避免疲劳断裂；

3）增加机箱的散热面积，降低机箱基座热阻，加快机箱散热；

4）增加高耗能器件的低热阻通路，如导热板（带），使热量尽快传导至机箱外壳。

对大功率器件较为集中或对散热要求较高的电路板多采用三合一阻尼约束型印制件，其最上层为金属铝板，元器件骑装在铝板上，器件的下底面与金属板接触，可以将器件热量快速导到金属约束板上，再由约束板传导到机箱壁上（印制板上元器件的传热路径如图 5-4 所示）。

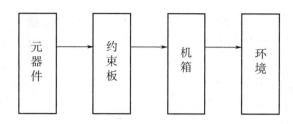

图 5 - 4　印制板上元器件的传热路径

对于一些温度敏感器件，也应采取热防护措施：调整布局，使其远离热源；采用隔热材料避免外界温度变化的干扰；改善组件内部热传导，减小局部温度梯度。

5.4.1.3　抗力学环境设计改进

抗力学环境设计改进主要采取内部结构件刚性化加固、结合外部减振的方法。结构件刚性化的目的是为了增强结构件和自身抗振能力，减小机械应力作用时的变形；而外部减振主要是为了减少能量输入，对振动冲击进行抑制和缓冲，以及隔绝谐振源。主要的措施如下：

1）减小电路板的面积或增设金属框架，减小电路板在振动、冲击、过载情况下的变形量；

2）对电路板局部的一些体积较大、管脚易产生应力集中的地方采取注胶等加固方法，改善元器件管脚受力状况；

3）对机箱设计尽量减少薄壁结构面积，增设加强筋，提高机箱振动响应频率；

4）对机箱采取整体的阻尼减振措施，隔离高频振动，减少能量传递；

5）为提高电路印制板的减振缓冲能力，可采用三合一结构（如图 5 - 5 所示），印制板层是元器件和印制线的载体；阻尼层增加电路板组件的阻尼系数；加强板层增加电路板组件的刚性和强度。

5.4.2　机械产品可靠性薄弱环节改进

针对航天机械类产品主要故障模式，在产品薄弱环节分析的基础上，开展相应的设计改进，具体可靠性改进方法如下。

（1）裕度设计

承载结构类产品采用仿真分析及静力试验等验证方法确保静载荷及稳定性具有足够的裕度。管路及阀门均留有足够强度裕度，动作类阀门打开、关闭压

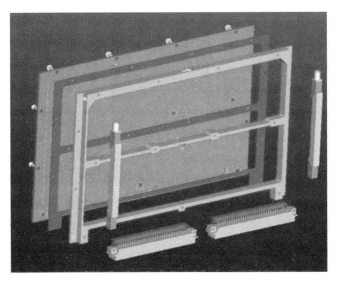

图 5-5　电路板三合一结构

力均在设计上留有足够余量确保可靠动作。发动机机架、常平座等结构件确保强度及刚度具有足够裕度。

（2）抗力学环境设计

设计师应分析产品在运输、贮存、飞行各任务阶段可能经历的各种力学环境条件，包括低频正弦、高频随机、冲击、噪声等，提出抗振、减振、隔离设计等防护、补偿措施。主要包括：机构类产品安装布局应远离爆炸螺栓等冲击源；管路应设置波纹管补偿器，补偿各种变形量；阀门、导管等产品的安装固定采用胶垫等隔振措施；承载结构如自生增压管、输送管、循环预冷管、气瓶支架等应考虑静、动载荷，过载，水击，振动等因素，应按设计技术要求开展强度设计，并通过强度计算、有限元分析和静力试验使强度满足要求；连接件应采取防松措施（如涂螺纹紧固胶、锁紧垫片、保险等）；所有螺纹连接部位应明确力矩量化控制要求，由于操作空间限制，不能施加力矩的，主要采用与能施加拧紧力矩值的螺栓拧紧后的螺纹牙数进行比较，保证连接面拧紧。

（3）热设计

机械产品根据自身功能特点及热环境条件，开展热防护设计、绝热设计、安装位置优化设计等工作。如：机械产品布局时尽可能选择环境条件较好、离热源较远的位置，确保设备工作可靠；贮箱类结构产品主要考虑推进剂温度影响，开展绝热结构设计；发动机附近的产品设置隔热框、隔热垫等隔热措施，防止高温影响产品正常工作。

（4）防人为差错设计

结构产品在生产及安装时配有专门的工装设备，为方便各种其他系统设备的安装，各舱段上刻有象限标记，防止设备安装出错。对于外形相似、功能不同的零部件，重要连接部位和安装时容易发生差错的组件、部件，从结构上或者通过明显的区分标志加以区别，并为产品气密检查设计专用工装。对于设备安装的定位销采用不对称设计，防止不同连接器插头与插座对接错位。

5.4.3 机电产品可靠性薄弱环节改进

机电类产品在开展薄弱环节设计改进时重点考虑如下环节。

1）润滑设计，根据产品实际需求选取适用的润滑方式，如液体润滑、固体润滑，确定合适的润滑材料、润滑油或润滑脂的量，并开展相应的分析或试验验证确定改进效果；

2）电机选型，根据转速、力矩、输出精度等需求选取适用的电机；

3）减振设计，机电类产品均为活动部件，在运行时会产生一定的振动，为保证产品的性能和精度或减小对其他产品的影响，保证系统的可靠性，需要开展有针对性的减（隔）振设计；

4）加工工艺方法，针对产品工作特点和环境，选择合适的零件加工方案及表面处理方法，达到提升产品性能和可靠性的目的；

5）装调工艺，制定合理装调工艺流程，对流程信息数据化，实现精细化控制；

6）密封设计，针对产品的密封结构种类，分析密封部位受力及摩擦状态，选择合适的密封形式。

5.4.4 光电产品可靠性薄弱环节改进

航天用光电产品开展可靠性改进时需要重点考虑如下因素：

1）抗辐照设计。在保证光电类产品性能和效率的基础上，需要开展相应的抗辐照设计，如选取性能能够满足要求的涂层、选取抗辐照能力强的光电转换芯片等。

2）提升光学系统透过率。在满足产品性能的基础上，为确保光电类产品的精度和可靠性，需选取透过率尽可能高的并且在寿命末期不会导致性能严重退化的光学材料和涂层。

下面对典型的光电产品——星敏感器、太阳敏感器和红外地球敏感器的可靠性薄弱环节改进进行介绍。

5.4.4.1　星敏感器

星敏感器的薄弱环节在于其光学系统和遮光罩。

（1）光学系统

星敏感器光学系统具有大视场、大孔径、高像质等特点。要提高光学系统的抗辐照性，主要采用如下 3 个方法。

1）采用抗辐照膜系，从而有效抵挡低能电子辐照和近地轨道中原子氧及紫外辐射的影响，减少光能在每片镜片上的反射损失；

2）结构上对镜框和镜筒进行加厚设计，从而能够有效地抵挡空间环境高能粒子辐照等；

3）玻璃材料选用耐辐照光学玻璃材料。

同时可考虑球面玻璃等设计形式，优化设计，减少光学玻璃总片数，提升光学系统总体透过率。在光学玻璃耐辐照方面，采用耐辐照光学玻璃材料。

为验证薄弱环节改进效果，需对光学系统空间辐照试验项目进行设计，作为可靠性薄弱环节改进的重要验证技术，具体包括：

1）总剂量辐照试验；

2）紫外辐照试验；

3）原子氧辐照试验；

4）低能电子试验。

在完成空间辐照试验项目后，若膜层外观无起泡、龟裂或脱落现象，且光学系统透过率不低于寿命末期的要求值，则认为抗辐照改进措施有效。

（2）遮光罩

杂光尤其是太阳光对星敏感器的性能有着直接影响，包括整机灵敏度、姿态确定精度以及产品的应用可靠性。为了对原遮光罩的杂光抑制性能进行改进，需对其进行优化改进设计。传统遮光罩设计中主要使用立式挡光环，挡光环与光轴垂直，在遮光罩外轮廓确定后，各挡光环设计自由度较小。为了增加其设计自由度，将立式挡光环变为倾斜式挡光环，通过调整各挡光环的倾斜角，可以改变杂光在遮光罩中的传播路径，从而提高光学系统的杂光抑制能力。立式挡光环与倾斜式挡光环示意图如图 5 - 6 所示。

同时，选用高吸收耐辐照涂层，并针对消光涂层进行可靠性试验，通过仿真复算和试验对遮光罩和辐照试验后涂层的杂光抑制性能进行验证。

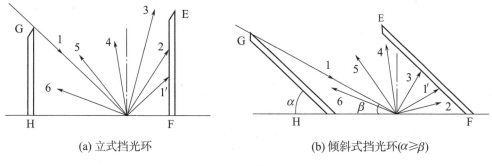

(a) 立式挡光环　　　　　　　　　　(b) 倾斜式挡光环($\alpha \geqslant \beta$)

图 5-6　立式挡光环与倾斜式挡光环示意图

性能仿真复算采用 TracePro 等软件模拟的方法进行。该软件采用蒙特卡罗方法来追踪光线，当光线在实体中沿不同路径传播时，在每个交点处，个体光线遵从吸收、反射、折射、衍射和散射定律，TracePro 软件能够跟踪每条光线的光通量，计算光的吸收、镜面反射及折射、衍射和散射的能量。通过对遮光罩自身建模和卫星所处的空间杂光环境的建模，并设置合适的光学属性，可采用大量光线追踪的方法得到遮光罩的杂光抑制性能。

在试验验证方面，遮光罩涂层开展以下空间辐照环境试验对抗辐照能力进行验证，具体包括：

1）紫外辐照试验；

2）电子辐照试验；

3）质子辐照试验；

4）原子氧试验。

试验完成后，若表面颜色呈黑色、无光泽，涂层表面外观均匀、无裂纹、无气泡、不起皮、不开裂、不脱落，没有影响热辐射性能和机械强度的斑点、划痕，且辐照前后太阳吸收比变化不大于 0.02，则认为遮光罩涂层具备要求的抗辐照能力。

5.4.4.2　太阳敏感器

为提高空间抗辐照能力，编码式太阳敏感器需采用高纯石英玻璃镀滤紫外薄膜。针对对日凝视状态下产品光学系统透过率下降问题，需建立截紫外膜系设计模型，并通过一定数量样品的薄膜样品工艺试验最终确定复合膜系组成及膜系厚度等工艺参数。在此基础上，对镀制的高纯石英玻璃镀滤紫外薄膜样品开展工艺鉴定试验、紫外辐照试验及粒子辐照试验，以验证高纯石英玻璃镀滤紫外薄膜的工艺稳定性及空间抗辐照能力。

因此，对高纯石英玻璃镀截紫外膜试验内容主要包括：

1）膜层工艺鉴定试验；

2）电离总剂量辐照试验；

3）紫外辐照试验。

膜层工艺鉴定试验中，采用不同工艺状态的样品，通过检验温度交变下对膜层牢固度的影响，评估不同工艺状态的工艺稳定性。

在电离总剂量辐照试验及紫外辐照试验中，对高纯石英玻璃镀截紫外膜进行 1.5×10^9 rad（Si）总剂量辐照、108089ESH 紫外辐照试验，进行全光谱透过率测试，以评估其抗辐照性能及紫外截止性能。

为了改善模拟太阳敏感器在轨应用中暴露出的在极宽工作温度范围下信号传输通路可靠性较低的薄弱环节，需要通过大量工艺验证试验，并在物资选用环节、工艺环节、操作环节中采取改进措施，主要体现在以下方面：

1）选用抗热失配能力和高温抗蠕变性能优异的焊料；明确焊接过程中除金次数、除金部位、除金工具、除金温度、时间，以及除金方式，明确检验工具和检验要求；

2）在保证焊点不凸出组件边界的情况下，确认足够的焊料量，并采取焊丝分段的方法量化控制手段；明确剥线要求、焊接时间、焊锡丝分段量化方法。

通过采用上述改进措施，模拟太阳敏感器可靠性得到了较大提升。

5.4.4.3　红外地球敏感器

红外地球敏感器的薄弱环节在于光学系统的耐辐照特性和扫描机构的可靠性。

（1）光学系统的耐辐照特性

红外地球敏感器光学系统具有长焦距、小视场、高透过率的特点。针对此特点，要提升其耐辐照特性，可以考虑的方法包括：

1）选择耐辐照特性好的红外光学材料研制光学系统；

2）采用抗辐照特性较好的红外膜系；

3）优化设计，减少光学玻璃总片数；

4）选用高吸收涂层，提高抗太阳干扰能力。

针对薄弱环节的改进，设计光学系统空间辐照试验项目以验证改进的有效性，具体包括：

1）总剂量辐照试验；

2）紫外辐照试验；

3）原子氧辐照试验。

如完成试验后，光学系统效率不低于寿命末期的要求值，则薄弱环节改进有效。

（2）扫描机构的可靠性

红外地球敏感器扫描机构具有扫描力矩小、扫描周期稳定度要求高、连续扫描要求高等特点。针对此要求，提高扫描机构可靠性的主要方法有：

1）装配过程注意消除内应力；

2）使用长寿命、高可靠的润滑膜系，使扫描机构的轴系能够可靠润滑；

3）采用合适的预载荷，使轴系工作在稳定区间；

4）设计合理的限位及保护机构，提高抗力学冲击能力；

5）对产品进行温控设计，使扫描机构工作在一个相对稳定的温度区间内，降低扫描机构的温度梯度分布。

针对改进环节，需设计扫描机构的可靠性试验项目，具体包括：

1）热学适应性试验；

2）力学适应性试验；

3）寿命试验。

完成试验后，扫描机构的阻力矩及转速稳定性等均不低于寿命末期的要求值，则薄弱环节改进有效。

5.4.5　卫星蓄电池可靠性薄弱环节改进

以锂离子蓄电池为例开展卫星蓄电池可靠性薄弱环节改进分析。在对锂离子蓄电池开展可靠性薄弱环节改进时，应综合考虑生产工艺设计与应用工况双环节，改进措施分析如下。

5.4.5.1　工艺设计改进

通过对锂离子蓄电池设计因素分析及试验验证，电极性能的衰减是蓄电池长期循环过程中影响蓄电池寿命与失效的主要因素，主要表现为电极倍率性能差、粘结强度低两个方面。因此，锂离子蓄电池工艺设计改进主要从改善极片内部导电性和内部活性物质结构稳定性方面进行。同时，由于制造过程对蓄电池产品性能有重要影响，因此蓄电池制造工艺也应进行优化改进，主要措施如下。

（1）采用新型导电添加剂改善极片的内部导电性能

锂离子蓄电池正极材料常用的是过渡金属氧化物，其电导率一般都比较低，无法满足高性能电池的要求。因此在锂离子蓄电池正极材料中都会加入导电添加剂，以提高正极极片的电导率。导电剂作为锂离子蓄电池电极的重要组成部分，对其电极性能有较大的影响。少量的导电剂均匀地加入到电极后，它能起到增加电极内部活性物质颗粒与活性物质颗粒之间、活性物质与集流体之间的接触，从而起到降低电极欧姆电阻的作用。由于导电剂是均匀分散到电极结构中，还起到微集流体的作用，影响到电极内部电子的转移速度、电极上的电流电位分布、电极结构的保持、电极内部吸液保持能力以及电解质溶液的分布等，进而影响到活性物质的利用率。而作为导电剂的碳素材料，其贮锂性能又会影响到电极的容量等电化学性能。

当前锂离子蓄电池采用多组分的导电剂，在颗粒状导电剂中加入新型导电剂，有利于提高电极的循环稳定性。为保持锂离子蓄电池良好的循环稳定性，有必要对新型导电剂的种类、添加量进行试验。

（2）极片电极材料粘结强度改进

目前，工业生产极片时，普遍采用油系粘结剂高分子聚合物——聚偏二氟乙烯（PVDF）用作锂离子蓄电池的粘结剂。PVDF 在多种体系中有着较成熟的使用经验，是一种比较优秀的粘结剂，CH_2 键和 CF_2 键相间连接，具有含氟聚合物的稳定性，链上的交互基团能产生独特的极性，可以影响聚合物的溶解度以及锂离子、活性物质和集流体之间的相互作用力。选用高聚合度的粘结剂，可以在保证极片强度的基础上，大幅降低用量，从而提高蓄电池比能量、减小内阻、提高极片柔韧性，进一步提高蓄电池极片活性物质的循环稳定性。

长寿命锂离子蓄电池采用 PVDF 为粘结剂，其分子量高达 1 100 000 g/mol，在 PVDF 链中有极性分子官能团，能够提高极片的粘结力，并且在极片中的添加量少，可减小极片与电解液的内阻，增加电池的循环特性。

5.4.5.2　充放电管理制度改进

在航天器设计前期，充分分析工作环境与容量、负载等需求，合理规划充放电循环制度方案。通过充放电管理的优化设计，保证电池始终工作在合理状态，避免过欠压状态的出现，可以有效改进电池性能，提升电池的可靠性。

5.4.6　火工装置可靠性薄弱环节改进

在对火工装置开展可靠性薄弱环节改进时，分别对设计环节和工艺控制方法环节开展工作。

（1）设计改进

通过对电点火器失效分析及试验验证，包括静放电、安全电流以及发火电流等，分析对比了相关裕度是否满足设计裕度要求，对于设计裕度偏低的环节开展设计改进。对于静放电环节，可以采取控制放电通道的间隙、多余物等，比如控制静放电通道相关零件的公差，增加密封措施防止多余物进入等；针对安全电流和发火电流，可以采取控制桥路电阻的一致性，以及桥路与安装介质贴合的一致性等，从而提高产品的一致性，最终提高产品的可靠性。比如采用薄膜电桥技术，提高了桥路与插塞配合的一致性，可以将电点火器安全性能由 1 A 1 W 5 min 提高到 2 A 4 W 5 min；也可以将电点火器的 50 ms 全发火电流由（3.5～4）A 降低到（3～3.5）A，大大提高了产品的工作可靠性。

通过对爆炸螺栓开展分析，对于爆炸螺栓可能造成承载和分离失效的环节开展验证。对各环节开展拉偏试验，使部分参数适当偏离设计范围，检验爆炸螺栓针对该拉偏环节的纠偏能力。比如对温度进行拉偏，对螺栓体材料硬度进行拉偏等。通过得到的纠偏数据，对于裕度较小的设计参数，需要进行调整，使爆炸螺栓远离危险边界。比如爆炸螺栓在进行尺寸链配合间隙拉偏试验时，当隔板装药体距离活塞推杆间隙大于 1 mm 时，进行小药量裕度试验出现了未分离的情况，因此对该配合尺寸链进行校核，修改配合尺寸公差，使该配合间隙极限情况下不大于 0.6 mm。

（2）工艺方法改进

通过工艺方法改进可以提高产品的质量一致性控制水平，同时可以采集产品生产过程中的工艺数据，开展工艺数据包络性分析，对于超出包络的数据进行分析。比如爆炸螺栓的螺栓体拉伸破坏载荷为重要设计参数，采取量化控制措施，将设计参数分解到机加、热处理、检验等工艺环节，将影响到拉伸破坏载荷的零件尺寸、热处理参数等细化到具体值，进行量化控制。

点火器手工操作岗位多，如桥带焊接、涂胶、灌胶、装压药、卷边等为代表的装配岗位，装配过程对起爆器电性能、输出性能、密封性能有重要影响，但这些装配岗位的工艺量化不足，只能根据手工操作的特点采取较多的细化控制手段，导致过程检验环节、多媒体记录环节较多。受此限制，点火器装配过程中手工操作一致性和稳定性依赖于人工技能，精细化质量控制难度较大，产品质量状况在批次间和个体间存在一定离散和波动。

开展点火器数字化生产线的建设，将桥带焊接、涂胶、灌胶、称装药、压药、卷边等装配环节采用自动化生产，降低了人对一致性和稳定性的影响。同时引入自动化生产后，可以自动采集生产数据，比如零组件尺寸、装药质量、压药压力、卷边压力等；自动开展装配多媒体记录，比如压装药面多媒体记录、涂胶面多媒体记录、卷边面多媒体记录等。图 5-5 为自动化设备生产过程中自动测量点火器卷边面高度示意图。

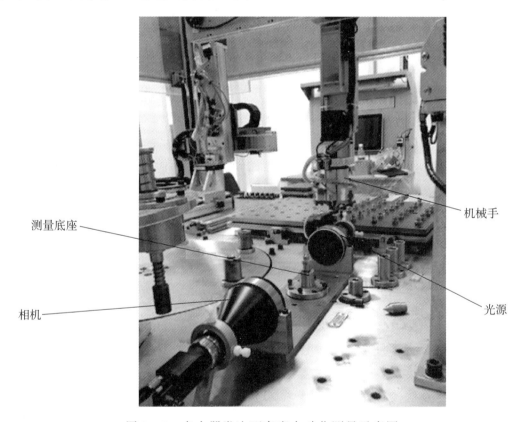

图 5-7　点火器卷边面高度自动化测量示意图

5.4.7　推力器可靠性薄弱环节改进

液体推力器产品的薄弱环节主要包括结构强度、空间环境适应性、性能裕度、燃烧稳定性等方面；电推力器产品的薄弱环节主要包括力学环境、关键部件损失、空心阴极失效等方面。针对这些薄弱环节，采取的一些典型改进方法如下。

5.4.7.1　液体推力器

（1）结构强度设计改进

推力器需根据型号力学环境要求进行整体结构强度核算，结构强度设计改进主要采取内部结构加固结合外部减振的方法。结构加固的目的是增强产品自身抗振能力，减小机械应力作用时的变形；而外部减振主要是减少能量输入，对振动冲击进行抑制和缓冲，以及隔绝谐振源。主要的措施如下。

1）优化材料选型及结构设计：喷管低温部位选用轻质材料，对焊缝、燃烧室段薄弱部位加固，对喷管喉部等应力集中部位增加壁面厚度，采用均匀渐变壁厚以增强喷管的结构刚性等设计措施，提高推力器结构强度。

2）外部减振设计：推力器安装固定采用胶垫等隔振措施，对与推力器直接连接的支架进行优化设计，避免与推力器谐振，降低推力器所承受的冲击量级。

3）推力器在高温环境下工作要具备足够的承压能力，身部壁厚、焊缝熔深要保证足够的强度，要求推力室工作时安全系数不小于2.0。

（2）空间环境防护设计改进

推力器设计时需考虑空间环境对其可靠性的影响，应当根据轨道条件和在轨时间从元器件选用、原材料选择、流道设计、密封设计等方面采取相应的控制措施以提高产品可靠性。主要的措施可参考如下：

1）分析元器件的抗辐射指标和对应抗辐射能力，结合空间环境下元器件具体位置，选用抗辐射等级高的器件；

2）分析抗高温氧化涂层抗原子氧能力，分析原子氧剂量试验覆盖性，对涂层厚度等参数进行优化；

3）分析并验证空间高低温环境下，抗高温氧化涂层的工作寿命能否满足工作要求，采用抗氧化寿命更长、抗热震性能更优的材料体系；

4）分析空间热环境下，推进剂与接触材料的相容性，重点关注非金属密封材料与推进剂发生热溶胀的程度，以及低温下密封材料的可靠性。采用相容性更优的材料并设计一定的裕度；推力室与推进剂控制阀采用双密封等可靠密封结构，合理控制螺栓安装力矩等。

（3）性能裕度提升

推力器设计时需对影响推力器性能的关键特性进行裕度设计，开展防多余物设计，策划覆盖使用条件的试片级涂层试验及催化剂试验，并通过产品鉴定

试验时长寿命及多种偏工况试验进行验证，以提高产品可靠性。主要的措施
如下。

1）生产、试验过程严格控制多余物：推力器在零件机械加工、装测、力
学环境试验环节均可能引入多余物，为防止多余物进入产品内腔，零件机械加
工后进行修毛刺处理及检查，产品装测在10万级厂房进行，对进入产品内腔
的介质进行颗粒度检测。

2）推力室身部冷却能力控制：采用一定比例的边区冷却液膜设计，通过
冷流试验将边区冷却流量控制在严格的设计要求范围内；身部采用耐高温铌合
金材料，内、外表面喷涂抗高温氧化涂层，严控涂层厚度满足设计要求；产品
周转过程防止涂层磕碰等机械损伤；通过随炉试片性能检测，同批次产品进行
批抽检试车考核进行验证。

3）采用高温性能更优的高温合金材料和高温合金网材，实现单组元推力
器长时间工作后材料变形量小、网材不破损的要求。目前已通过大量推力器地
面可靠性考核试验验证和多次飞行试验验证，该改进方法可有效提高产品长时
间工作可靠性。

4）控制催化剂破损、吸湿、低温、烧结，控制催化剂床空穴以避免影响
推力器的性能及工作寿命。对推力器尤其是长寿命工作的推力器，采取加温或
是保温来提高催化剂床的初始工作温度，以延长推力器寿命；催化剂采用过盈
装填以减轻工作中催化剂床的松弛并避免空穴的产生；装测过程以及使用过程
均要求及时加保护堵盖并尽量避免催化剂受潮；根据不同推力器使用寿命要求
针对性地通过改进喷注器的设计来减小热冲击、压力峰等。例如，针对有长寿
命要求的推力器产品，采用穿入式喷注器或多孔材料喷注器，使推进剂射流均
匀地、低速地与催化剂接触，减小床载荷，降低床流阻，以减小催化剂承受的
压力和气体冲刷等。

（4）燃烧稳定性提升

燃烧不稳定是液体推进剂在推力室内的燃烧过程与推力器系统中流体动态
过程相耦合而引起的振荡燃烧现象，伴随有燃气压力、温度和速度的周期性振
荡，通常是以燃烧室压力振荡来表征的。按频率大小可分为高频、中频及低频
燃烧不稳定，其中高频燃烧不稳定对推力器的危害十分严重，必须采取有效的
抑制措施以保证推力器可靠工作，必要时进行燃烧稳定性动态评定试验。通常
的抑制措施有：

1）喷注器面隔板，即在推力室的喷注器面上安装各种形式的隔板，将燃

烧室头部区域分隔成几部分，改变燃烧室的声学特性，使切向和径向等横向振型的固有频率显著提高，从而增大激励振荡所需的能量，降低燃烧不稳定发生的可能性。

2）声学阻尼器装置，结构上分为声衬和声腔，声衬是由燃烧室内壁的多孔衬套和衬套后的空腔组成的声学谐振器，结构比较复杂。声腔是由喷注器面周围的径向或轴向环形槽组成的四分之一波长管型的声学阻尼器，结构简单，应用广泛。

3）改善喷注器的燃烧稳定性，即通过改变喷注的形式、孔径和压降以及喷注孔排列方式等，调节轴向和横向的能量释放分布规律，使能量释放位置尽量远离所需抑制振型的波腹位置。

5.4.7.2　电推力器

（1）抗力学环境设计改进

电推力器作为机械产品，其抗力学环境的改进设计主要采取结构强度增加的方法，以增强产品自身抗振能力，减小机械应力作用时的变形、结构损坏等。主要的措施如下。

1）减少电推力器内部的活动结构部件、螺纹连接形式，尽量采用焊接形式，提高结构强度；

2）对推力器内部结构中容易产生应力集中的部位、薄壁结构等，增加加强筋设计，提高耐力学能力，对气管等采取大曲率半径弯折结构等，改善受力情况；

3）在满足功能、性能要求的前提下，对关键部件、薄壁件等优选有足够强度裕度的结构材料。

（2）电推力器关键部件损失的改进

如前所述，对于霍尔、离子推力器，其关键部件的损失，主要是放电室削蚀的损失、出口栅网的损失等。针对此方面的改进，重点从降低推力器放电等离子体的溅射削蚀和加强削蚀防护等方面开展工作。

1）优选和改进电推力器材料，通过对材料的种类、组分、制备工艺进行研究和改进，提升关键部件的耐等离子体溅射削蚀能力，从而减少电推力器溅射削蚀损失；

2）改进电推力器设计，通过改进电推力器的结构设计，尤其是电路结构、磁路结构设计，达到"磁屏蔽"的效果，减少甚至避免高能离子对放电室的溅射削蚀损失；

3）增加关键部件的削蚀防护设计，提高关键部件的削蚀裕度。

（3）空心阴极失效的改进

针对空心阴极失效的薄弱环节改进，重点从改进结构设计、提高设计裕度等方面着手，主要采取以下改进措施：

1）改进空心阴极设计，通过改进空心阴极的结构设计，尤其是加热器、电子发射等部件设计，提高关键部件的寿命裕度，加强冗余设计，提升空心阴极的可靠性；

2）改进空心阴极工艺，通过改进空心阴极制备、测试工艺，提高空心阴极产品的质量一致性；

3）改进空心阴极关键部件材料性能，通过对如电子发射材料等关键部件材料的材料种类、组分等进行研究和改进，提升空心阴极的抗污染等环境适应性，从而提高空心阴极可靠性。

第6章 可靠性增长验证

结合航天产品可靠性增长工作开展实际,可靠性验证主要分为三种方式:分析验证、仿真验证和试验验证。其中,试验验证是验证薄弱环节改进有效性和产品可靠性的最主要的方式。

6.1 可靠性分析验证

航天产品的可靠性增长工作主要是针对薄弱环节开展,通过针对薄弱环节的可靠性设计工作或应用失效物理的手段对产品能够达到的可靠性水平进行分析。可靠性分析验证的核心是揭示产品的失效机理并建立相应的物理模型,同时采用定量的数学模型描述产品的主要性能随时间的变化规律,从而刻画产品的失效过程。以此为基础,通过来自于工程实际或系统要求的失效准则,建立产品失效发生时间的分布规律,进而验证产品的可靠性水平,或通过对物理性能的监控和预测,来预测产品的可靠性。航天产品可靠性分析验证的核心是失效机理分析和可靠性特征量的确定,可靠性数据分析和计算可参照本书第7章。

6.1.1 失效机理分析

失效机理是导致失效的物理、化学、热力学或其他过程。该过程是应力作用在部件上造成损伤,最终导致产品失效,表6-1提供了典型失效机理及其所影响的材料以及有关的应力。

表6-1 失效机理、材料及有关应力

失效机理	所影响的材料	加速应力
疲劳	金属、陶瓷、复合材料	载荷、温度、化学品
腐蚀/氧化	金属	化学品、温度、电压、机械负载
蠕变	金属、塑料	温度、机械负载、载荷循环、化学污染

续表

失效机理	所影响的材料	加速应力
裂纹	金属、陶瓷、复合材料	机械应力、温度、化学品
磨损	橡胶、聚合物、金属	速度、负载、温度、润滑
侵蚀	金属、防护涂层、橡胶等	辐射、化学品

常用的失效物理模型包括"应力—强度"模型、累积损伤模型等。

1）"应力—强度"模型。当且仅有应力超过特定强度时，产品才会失效。如果应力没有超过强度，则不会对产品造成永久性的影响。这种失效模式更多地取决于在环境中关键事件的发生，而不是时间或循环过程。

2）累积损伤模型。累积损伤模型是由 Miner 于 1945 年解释机械材料的疲劳损伤时提出的。其要点是，在应力作用下，材料内部受到损伤，积累了一定的能量，一旦当损坏积累到一定限度，达到材料所能承受的极限时，材料就会发生破坏。例如，材料在某交变应力 S_1 下工作，其循环寿命为 N_1；在 S_2 下工作，其循环寿命为 N_2，如此等等，这就是所谓的 $S-N$ 曲线，通过 $S-N$ 曲线可以有效分析出产品的循环寿命，再结合产品的一致性信息，可以对其达到的可靠性水平进行预测。

6.1.2　特征量确定

确定产品的特征量（退化量）以及基于退化量的产品失效阈值，是开展产品可靠性分析验证的前提，产品的退化量可以分为如下三类：

1）物理的，如频率、关键性能特征值、电池电压、光学图像的变化等；

2）结构的，如强度、刚度、裂纹、结构参数等；

3）数学的，如各种统计量、特征值等。

直接表征产品退化过程的特征量往往难以直接获得，大多数情况下产品的退化量难以直接观测。但是可以观测到与产品失效、可靠性和寿命存在一定相关性的性能指标，为建模方便，通常情况下是直接以工程上关心的产品性能作为退化量，如蓄电池的容量、导电环的电噪声等。

6.2　可靠性仿真验证

可靠性仿真是仿真、虚拟技术与试验评价技术的融合，将仿真试验技术应用到可靠性领域，形成一种基于仿真试验的可靠性验证评价技术，即可靠性仿真试验与评价技术，是目前可靠性试验技术的研究热点和发展趋势之一。考虑到航天产品长寿命、高可靠、小子样以及造价昂贵等特点，通过仿真的手段进行可靠性验证可以节省一定的时间和经费，可靠性仿真验证是对可靠性试验验证的一个有力补充，仿真验证对模型、软件、参数数据等均具有比较高的要求。

仿真试验又被称为虚拟试验，仿真试验是在长期积累的大量有关数据、动力学模型和各类三维模型的基础上，利用高性能计算机、网络环境、传感器或各种虚拟现实设备，建立一种能方便地进行人机交互的虚拟环境或虚拟与实际结合的环境，在此环境中对实体、物理样机或虚拟样机进行试验，用可视化的方法观察被视物体的性能及其相互间的关系，并对试验结果进行分析与研究。例如：发动机试车仿真试验和飞行仿真试验等。

从广义上讲，任何不使用或部分使用实际的硬件来构造试验环境、完成实际物理试验的方法和技术都可以称为仿真试验。

仿真试验技术的作用主要体现在，它能搭建起产品数字化设计和性能试验的桥梁，通过构建数字化的试验和测试环境，利用计算机技术、信息处理技术、CAX（CAD/CAE/CAPP/CAM）技术和虚拟现实技术等，对指定试验的特殊属性进行数字化检测，为设计人员提供产品功能、性能等多方面的信息，使设计人员能够根据设计方案方便、快捷地评估产品的各项性能与可靠性等指标。从虚拟试验的内容方面看，仿真试验往往对照传统实物试验的试验目的进行，对已经能够利用数学模型描述的部分进行仿真建模，得到虚拟试验样机，在此基础上进行仿真预示，开展相关的试验验证活动。顾名思义，仿真技术是仿真试验不可或缺的关键技术和有效手段。

仿真试验意味着试验手段、对象和环境应力等都是虚拟或者半虚拟的。仿真试验技术属于可控制的、无破坏性的、耗费小并且允许多次重复的试验手段。在复杂产品的研制过程中，仿真试验不仅可以作为真实试验的前期准备工作，而且可以在一定的程度上替代传统的物理试验，减少物理样机制造试验次数，使试验不受场地、时间和次数的限制，并实现对试验过程的记录、重复和再现，实现设计者、产品用户在设计阶段信息的互反馈，使设计者尽早地发现并解决设计过程中存在的潜在问题，从而达到缩短新产品试验周期、降低试验费用、提高产品质量的目的。

但是，仿真试验并不能完全代替真实试验，二者具有互补性。真实试验除了可以为仿真试验模型的确认提供必要的数据和信息之外，还可以发现仿真试验不能涵盖的问题。

可靠性仿真试验的主要原理和流程如下所述：

1）输入（导入）产品的数据化样机、寿命周期环境条件、使用条件和设计信息等；

2）按照产品的使用（任务）剖面仿真输入热、电、振动和机械等方面的应力；

3）应用失效物理模型库和相应的仿真软件工具进行故障模式、机理及影响分析（FMMEA）、累积损伤分析和蒙特卡罗仿真等，预测产品的平均首次故障时间，找出相应的主故障机理；

4）根据上述故障预计结果，综合地运用故障分布拟合、故障聚类、多分布综合和可靠性综合评估等手段，评估产品的可靠性水平；

5）输出仿真试验结果，主要包括产品的可靠性薄弱环节、建议的改进措施和可靠性综合评估结果等。

6.3　可靠性试验验证

航天产品的可靠性试验验证主要通过可靠性验证试验来开展，目的是统计产品的可靠性是否达到规定的可靠性要求。经过可靠性增长的产品，为验证其可靠性水平是否达到要求，需要开展相应的验证试验。航天产品的可靠性验证试验主要包括可靠性鉴定试验、可靠性验收试验以及为验证产品可靠性指标开展的其他试验（如寿命试验），这些试验都是统计试验。可靠性鉴定试验是为了验证产品的设计是否达到规定的可靠性要求。可靠性验收试验是为验证批生产产品的可靠性是否保持在规定的水平。

6.3.1　统计试验方案的类型

按产品寿命特点来区分，可靠性验证试验方案可以分为两大类：寿命型和成败型。

（1）寿命型

当产品的寿命为指数、威布尔、正态、对数正态等分布时，可采用寿命型统计试验方案。寿命型统计试验方案可以分为全数试验、定时截尾、定数截尾、序贯截尾试验几种。

全数试验是指对生产的每台产品都做试验，仅在极特殊情况下才使用。

定时截尾试验是指事先规定试验截尾时间，然后利用试验数据评估产品的可靠性。

定数截尾是指事先规定试验截尾的故障数，然后利用试验数据评估产品的可靠性。

（2）成败型

对于一次动作的产品可以安排成败型试验，通过成败型试验的成功率来对产品的可靠性进行验证。

6.3.2　可靠性验证试验方案设计

可靠性验证试验方案设计应包括：试验对象及数量、试验目的和进度、可靠性模型、详细的可靠性验证试验方案、可靠性试验条件以及可靠性试验节点控制等。

（1）可靠性模型的选择

航天产品的可靠性是一个随机变量，一般受故障时间或故障间隔时间影响，通常情况下，一般选择如下分布：

1）指数分布。指数分布的失效率为常数，很多电子设备在早期故障之后及耗损故障期之前，产品的失效率通常是稳定的。即使是一个复杂的系统，其寿命分布通常也是更符合指数分布的特点。

2）威布尔分布。具有耗损机理的航天产品失效率随时间逐渐增大，此时用威布尔分布来描述产品是恰当的，但威布尔分布在统计处理上比指数分布要复杂得多。

3）正态分布。对于部分产品来说，在其耗损故障的初期，寿命可以用正态分布近似描述。尽管也可以用威布尔分布来描述，但正态分布的处理在统计上要简单得多。

如果产品的可靠性试验是成败型（即试验结果为成功或失败），则以产品试验的成功率作为可靠性特征量，其可靠性模型用二项分布来描述。

（2）可靠性验证试验方案主要内容

可靠性验证试验方案用于说明可靠性验证试验的详细布置，主要包括如下内容：

1）试验项目；

2）确定的可靠性评估模型；

3）确定的试验条件；

4）故障判据及分类；

5）计划进度、经费、人员及设备器材等的保障条件；

6）从其他的可靠性工作项目及其他试验中获取的可靠性信息；

7）试验时间；

8）试验成功或失败判定准则。

6.3.3　寿命试验及加速寿命试验

寿命试验是为了验证受试航天产品在其规定的使用条件下，其寿命与可靠性能否满足要求，包括耗损或疲劳寿命试验和随机寿命试验。

对于长寿命、高可靠航天产品来说，为验证其可靠性水平，往往需要非常长的试验时间，为了快速评估产品的可靠性，就需要加大试验应力，使产品失效进程加速（同时不改变产品失效机理），这样的试验就是加速试验。

加速试验的核心是加速模型的建立，加速模型的提出是建立在一定的物理模型基础上的。随着需要加速的应力类型不同，有不同的物理模型。航天产品常用的加速模型如下。

（1）使用率加速

增加使用率对有些产品而言是一种有效的加速方式，一般适合于电子马达、继电器、开关等产品。在失效试验中也经常增加循环率（或频率）。增加使用率的方式取决于产品特点。

①失效分布与使用率无关（简单使用率加速模型）

有一个基本的假设：使用寿命由循环次数决定，频率不改变循环失效分布。如果循环模拟实际使用并且频率很低，每个循环之后产品能恢复到稳定状态，这是合理的。

对这种情况，失效分布与使用率无关，模型加速因子如下式所示

$$AF(使用率) = 使用率 / 使用率_U$$

②失效分布依赖于使用率

高频率试验可以缩短试验时间，但是也可能因为产生热或其他因素，影响失效分布。在某些复杂情况下，磨损率或者退化率与循环频率有关。例如，发动机某组件在使用率高的情况下寿命更短。Dowling 描述了在循环疲劳试验中提高循环率对裂纹扩展速率的影响。在这种情况下，可以用经验幂指数模型 $AF(使用率) = (使用率 / 使用率_U)^p$，$p$ 可以用两种以上的使用率试验估计。

（2）温度加速

①反应速率 Arrehnius 模型

Arrehnius 模型广泛地用于描述温度对简单化学反应速率的影响，模型如下

$$R(T) = \gamma_0 \exp\left(\frac{-E_a}{KT}\right)$$

式中　R ——反应速率；

E_a ——激活能，单位为 eV；

K ——玻耳兹曼常数；

T ——绝对温度。

Arrehnius 模型加速因子为

$$AF(\text{temp}, \text{temp}_U, E_a) = \frac{R(\text{temp})}{R(\text{temp}_U)} = \exp\left[E_a\left(\frac{11\,605}{\text{temp}_U K} - \frac{11\,605}{\text{temp}K}\right)\right]$$

②Eyring 模型

Eyring 模型如下式所示

$$R(T) = \gamma_0 A(T) \exp\left(\frac{-E_a}{KT}\right)$$

式中　$A(T)$ ——温度的函数，与化学反应的类型有关；

γ_0, E_a ——常数。

一般令 $A(T) = T^m$，m 一般取 0，0.5，1。

Eyring 模型温度加速因子如下

$$AF(T, T_U, E_a) = \left(\frac{T}{T_U}\right)^m AF'(T, T_U, E_a)$$

式中　$AF'(T, T_U, E_a)$ ——Arrehnius 模型的加速因子。

实际应用中，m 值一般接近 0，对加速因子的影响比较小，通常可以简化为 Arrehnius 模型。

③温度循环加速模型——Coffin - Manson 模型

Coffin - Manson 模型反映产品在热循环应力作用下导致的疲劳失效，也被成功用于模拟焊点受到温度冲击后的裂纹扩展过程，因此可应用于描述星上产品热疲劳失效与温度循环应力的关系。

Coffin - Manson 模型的一般形式如下

$$N = \frac{\delta}{(\Delta T)^{\beta_1}} \frac{1}{f^{\beta_2}} \exp\left(\frac{E_a}{KT_{\max}}\right)$$

式中　N ——循环周次；

　　　ΔT ——温变范围；

　　　f ——循环频率；

　　　$T_{\max}$ ——最高温度；

　　　E_a ——激活能；

　　　K ——常数；

　　　δ，β_1，β_2 ——待定系数。

Coffin - Manson 模型考虑了温度范围、循环频率（与温变率有关）、最高温度等多种因素，可以充分描述温度循环加速寿命试验的寿命与环境剖面的关系。但是，该模型待定参数较多，如果对温度范围、循环频率和最高温度都进行加速，所需的样本量往往是星上产品难以承受的。

针对星上产品，在轨温度循环频率较低，例如高轨平台一天一个温度循环，某星内电子产品平均温变率为 3 ℃/h，而地面试验普通的快速温变试验箱温变率能达到 10 ℃/min，高加速试验箱温变率则能达到 60 ℃/min。因此，地面试验可以通过提高温变率加速温度循环频率。当温变范围和最高温度都不变，只提高温变率时，则 Coffin - Manson 模型可以简化为

$$N = \frac{\delta}{f^{\beta}}$$

取对数后可以转化为线性模型：$\ln N = \delta - \beta \ln f$，则加速因子 $AF = \left(\frac{f_0}{f_1}\right)^{\beta}$。其中，$\beta$ 与接触面材料有关，对于无铅焊点一般取 1/3。简化后的模型，对星上产品适用性更强。

（3）电压加速

电压加速一般用于电子产品，例如电容、加热器和电阻。

①电压加速机理

加速电化学反应引起的失效或绝缘材料不连续性引起的失效，绝缘强度相关的电压应力增加。

②逆幂率模型

当绝缘材料的厚度是常数，电压与电压应力成比例。应力 volt 下的寿命如下

$$T(\text{volt}) = \frac{T(\text{volt}_U)}{AF(\text{volt})} = \left(\frac{\text{volt}}{\text{volt}_U}\right)^{\beta_1} T(\text{volt}_U)$$

加速因子如下

$$AF(\text{volt}) = \left(\frac{\text{volt}}{\text{volt}_U}\right)^{-\beta_1}$$

（4）振动加速

振动加速主要采用逆幂率模型描述加速过程，应力 stress 下的寿命如下

$$T(\text{stress}) = \frac{T(\text{stress}_U)}{AF(\text{stress})} = \left(\frac{\text{stress}}{\text{stress}_U}\right)^{\beta_1} T(\text{stress}_U)$$

加速因子如下

$$AF(\text{stress}) = \left(\frac{\text{stress}}{\text{stress}_U}\right)^{-\beta_1}$$

第7章 可靠性评估

可靠性评估是利用产品研制、试验、生产、使用等过程中收集到的数据和信息来评价和估算产品的可靠性，是度量航天产品可靠性水平的重要技术手段，可以支持工程产品可靠性指标验证，识别薄弱环节，为后续产品改进提供技术方向。航天产品的可靠性评估结果，还可用于支持型号选用产品时的风险权衡。航天产品可靠性增长过程中的可靠性评估针对薄弱环节开展分析，通过薄弱环节分析确定适用的可靠性评估模型，并结合可靠性验证情况对产品改进后达到的可靠性水平进行评估。

7.1 航天单机产品可靠性评估

7.1.1 一般要求

单机可靠性评估应从分析、识别产品主要故障模式、故障机理和薄弱环节入手，确定产品可靠性特征量，建立可靠性评估模型。对于具有长寿命要求的产品，应将寿命评估纳入可靠性评估工作范围，分析影响产品寿命的主要故障模式、机理和薄弱环节，并根据产品的寿命特征，建立寿命模型。在开展可靠性评估的过程中，应充分利用产品各层次、多种来源的信息。随着产品成熟度的提升，不断积累数据，更新可靠性评估的结果。产品研制单位应对提供的产品信息和数据的准确性和有效性负责。

可靠性评估基本程序包括：产品要求分析、产品可靠性分析、建立可靠性评估模型、数据采集与处理、可靠性评估计算方法和编写可靠性评估报告等。随着通用单机成熟度的提升，迭代更新可靠性评估结果，如图7-1所示。

7.1.2 产品要求分析

（1）工作条件、工作时间及功能性能要求

应准确地描述产品在实际任务过程中所经历的不同环境条件（包括由于系统工作诱发的环境条件）、任务功能性能要求和持续时间。

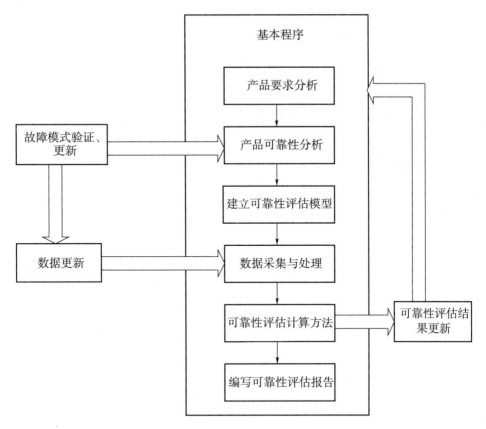

图 7-1　可靠性评估的基本程序和迭代流程

对长寿命产品，工作时间有时用寿命进行描述。寿命的度量方式应根据产品工作原理和工作方式确定，除了时间之外，还可以用循环周次（蓄电池）、转数（活动部件）、次数（阀门）等度量。

（2）故障判据

用于判定产品是否故障的参数应能全面反映产品的功能要求，并可检测。故障判据应明确、客观，尽量量化。对有寿命要求的产品，还需进一步确定寿命终止判据。

（3）可靠性指标

可靠性参数一般选用任务末期可靠度，对失效率恒定的产品可选用失效率或平均故障间隔时间。不同工作模式应分别确定可靠性指标。具体产品的可靠性指标按详细规范要求确定，并应有相应的置信度要求。

7.1.3　产品可靠性分析

开展 FMEA，梳理产品故障模式。可靠性评估涉及的故障模式应覆盖以下 4 类：

1）FMEA 中的Ⅰ、Ⅱ类故障模式；

2）以往飞行/在轨发生过的故障模式；

3）试验或仿真中发生过的故障模式；

4）通过其他方式识别的故障模式。

对已识别出的产品故障模式，应分析其故障机理，研究故障模式发生的规律，开展可靠性评估。针对开展可靠性评估的故障模式，需要分析确定可靠性特征量，即试验或飞行中可检测的、能够衡量可靠性的变量。选取的特征量应综合反映产品的可靠性水平，尽量采用计量型变量。可靠性特征量应与故障模式对应，同一产品针对不同的故障模式可采用不同的可靠性特征量。不具备可靠性评估条件的故障模式需要从设计、工艺保证措施及检测有效性等方面进行定性分析。

7.1.4　建立可靠性评估模型

（1）单元可靠性评估模型

故障模式单一、整机开展试验的产品，一般根据产品的故障模式建立单元可靠性评估模型：

1）成败型产品选用二项分布模型，适用于火工品类产品。

2）主要故障模式为偶然性故障模式的产品选用指数分布模型，适用于电子产品和工作时间短、任务期间未进入耗损、退化期的机电产品。

3）主要故障模式为耗损性故障模式，难以用单个性能参数表征工作状态的产品选用 Weibull 分布模型，适用于马达、轴承、发动机等产品。

4）可以用单个性能参数表征工作状态的产品选用正态分布模型，适用于蓄电池、太阳电池电路、承力筒等产品。

5）长寿命产品通常需要建立性能退化模型或加速模型。性能退化模型应表征产品性能与工作时间的关系。电子产品高温加速寿命试验应用 Arrehnius 模型，其他产品根据加速应力对寿命的影响建立加速模型。

（2）系统可靠性评估模型

具有明显薄弱环节，整机开展试验困难或多种故障模式的产品，则选用系统可靠性评估模型，用于表征不同组成单元或不同故障模式之间的关系。

7.1.5　数据采集与处理

数据采集范围主要包括：产品可靠性要求、产品基本信息、试验及飞行数据。数据采集内容与选取的可靠性特征量和分布类型有关。数据采集的主要内容包括：

1）寿命与可靠性指标要求；

2）构成及工作原理；

3）功能与性能描述；

4）任务剖面；

5）故障判据/寿命终止判据；

6）产品成熟度等级；

7）技术状态与生产质量状况；

8）设计工况参数：设计允许极限，如承力构件设计允许的极限载荷；质量稳定状况参数，如参数散差、质量控制能力指数等；环境因子，通过环境因子对不同的试验环境条件进行当量折算；

9）试验内容与试验条件；

10）各类试验/飞行数据：

a）成败型产品试验中的试验数与失败数；

b）指数寿命型产品试验中的总试验时间、故障数及相应的故障时间；

c）Weibull 寿命型产品试验中的投试产品数、各参试产品试验时间、故障数及相应的故障时间；

d）应力—强度型产品试验中的应力与强度试验数据；

e）性能参数测试值，以及该性能参数的容许限，数据采集间隔视性能变化趋势确定，一般 2 次采集间隔性能变化不超过 50%；

f）加速寿命试验中的应力条件，各应力条件对应的产品数、试验时间、故障数及相应的故障时间。

各项数据应准确、完整，具有物理量纲的数据项应注明物理量纲。为保证数据的正确性和规范性，对采集的原始数据应进行数据一致性检验，分析原始记录中的工作条件、研制阶段、技术状态等与被评估对象是否一致。数据充分时，应进行分布类型假设检验。

7.1.6　可靠性评估计算方法

根据单机产品类型、采集的数据，选用适合的可靠性计算方法，一般选择方法如下：

1）成败型产品（例如火工品），可靠度要求低于 0.999 可采用成败型可靠性评估方法；可靠度要求高于 0.999 可采用基于强化系数的可靠性评估方法，属于小子样可靠性评估方法。

2）电子产品一般采用指数分布模型，还可结合试验数据和预计值，采用 Bayes 可靠性评估方法。

3）长寿命产品可采用基于指数 Arrehnius 模型可靠性评估方法或基于性能退化数据的可靠性评估方法。

4）整机试验数据不充分的产品，应融合组件或器件信息，卫星单机采用系统级 CMSR 方法，运载火箭单机采用 L - M 成败型方法。

5）机械、机电类活动部件通常选用 Weibull 可靠性评估方法。

6）具有性能退化趋势的单机可采用基于性能退化数据的可靠性评估方法。具有加速寿命特征的产品可采用基于加速寿命试验的可靠性评估方法。

7.1.6.1　成败型可靠性评估方法

（1）评估模型

$$P(X = r) = C_n^r R^{n-r} (1-R)^r$$

式中　　C_n^r——组合数。

（2）数据

试验次数 n，其中出现 s 次成功、r 次失败，$n = s + r$。

（3）可靠度计算方法

$$\hat{R} = \frac{s}{n}$$

$$R_L = \frac{s}{s + (r+1)F_{2r+2,2s,\gamma}}$$

式中　　$F_{2r+2,2s,\gamma}$——F 分布的分位数。

7.1.6.2　指数分布可靠性评估方法

（1）评估模型

$$R(t) = e^{-\lambda t}$$

（2）评估数据

累计总试验时间 T，失效数 r。

（3）可靠度计算方法

$$\hat{\lambda} = r/T$$

$$\lambda_U = \chi_\gamma^2(2r+2)/2T$$

$$\hat{R} = \mathrm{e}^{-\hat{\lambda}t}$$

$$R_L = \mathrm{e}^{-\lambda_U t}$$

式中　$\chi_\gamma^2(2r+2)$ —— χ^2 分布分位数。

7.1.6.3　Weibull 分布可靠性评估方法

（1）评估模型

$$R(t) = \exp\left[-\left(\frac{t}{\eta}\right)^m\right],\ t > 0$$

（2）评估数据

试验产品数 n，失效数 r，相应的失效时间：t_1，t_2，$\cdots$，t_r，无失效产品的试验时间 t_{r+1}，t_{r+2}，$\cdots$，t_n。

（3）可靠度计算方法

①确定形状参数 m

失效数<3，根据工程经验确定形状参数 m；

失效数$\geqslant 3$，用下式计算 m

$$\frac{1}{m} + \frac{\sum\limits_{i=1}^{r}\ln t_i}{r} - \frac{\sum\limits_{i=1}^{n} t_i^m \ln t_i}{\sum\limits_{i=1}^{n} t_i^m} = 0$$

②可靠度计算

$$t^* = \sum_{i=1}^{n} t_i^m$$

$$\hat{\eta} = \left(\frac{t^*}{r}\right)^{\frac{1}{m}}$$

$$\hat{R} = \mathrm{e}^{-\left(\frac{t}{\hat{\eta}}\right)^m}$$

$$R_L = \exp\left[-\frac{t^m}{2t^*}\chi_\gamma^2(2r+2)\right]$$

7.1.6.4　正态分布可靠性评估方法

（1）评估模型

$$R = \frac{1}{\sqrt{2\pi}\sigma} \int_{L}^{U} \exp \frac{-(s-\mu)^2}{2\sigma^2} \mathrm{d}s$$

式中　L——要求下限；

　　　U——要求上限。

（2）数据

n 个性能数据 x_1，x_2，…，x_n，要求下限 L，要求上限 U。

（3）可靠度计算方法

$$\bar{x} = \frac{1}{n} \sum_{i=1}^{n} x_i$$

$$S = \sqrt{\frac{1}{n-1} \sum_{i=1}^{n} (x_i - \bar{x})^2}$$

1）对于单侧下限

$$K = \frac{\bar{x} - L}{S}$$

$$\hat{R} = \Phi(K)$$

根据 γ、n、K 反查 GB 4885，可以得到可靠度置信下限 R_L。

2）对于单侧上限

$$K = \frac{U - \bar{x}}{S}$$

$$\hat{R} = \Phi(K)$$

根据 γ、n、K 反查 GB 4885，可以得到可靠度置信下限 R_L。

3）对于双侧上、下限：

可靠度点估计

$$\hat{R} = \Phi\left(\frac{U - \bar{x}}{S}\right) - \Phi\left(\frac{L - \bar{x}}{S}\right)$$

可靠度置信下限

$$K_1 = \frac{\bar{x} - L}{S}，\ K_2 = \frac{U - \bar{x}}{S}$$

根据置信度 γ，以及 n，K_1，K_2 查正态双侧容许限系数表，并利用线性插值法求出 K_1，K_2 对应的 P_1，P_2，则

$$R_L = 1 - (P_1 + P_2)$$

7.1.6.5　应力—强度模型可靠性评估方法

（1）评估模型

$$R = \Phi\left(\frac{\mu_2 - \mu_1}{\sqrt{\sigma_1^2 + \sigma_2^2}}\right)$$

式中　$\Phi(\cdot)$ ——标准正态分布分布函数；

　　　μ_1，σ_1^2 ——应力的均值和方差；

　　　μ_2，σ_2^2 ——强度的均值和方差。

（2）数据

n_x 个强度数据 x_1，x_2，$\cdots$，x_{n_x} ；n_y 个应力数据 y_1，y_2，$\cdots$，y_{n_y} 。

（3）可靠度计算方法

强度样本均值与方差分别为

$$\bar{x} = \frac{1}{n_x} \sum_{i=1}^{n_x} x_i$$

$$S_x^2 = \frac{1}{n_x - 1} \sum_{i=1}^{n_x} (x_i - \bar{x})^2$$

应力样本均值与方差分别为

$$\bar{y} = \frac{1}{n_y} \sum_{i=1}^{n_y} y_i$$

$$S_y^2 = \frac{1}{n_y - 1} \sum_{i=1}^{n_y} (y_i - \bar{y})^2$$

$$K = \frac{\bar{x} - \bar{y}}{\sqrt{S_x^2 + S_y^2}}$$

$$\hat{R} = \Phi(K)$$

$$R_L = \Phi(K - u_\gamma \hat{\sigma}_K)$$

其中

$$\hat{\sigma}_K = \left\{ \frac{1}{S_x^2 + S_y^2} \left(\frac{S_x^2}{n_x} + \frac{S_y^2}{n_y} \right) + \frac{K^2}{2(S_x^2 + S_y^2)^2} \left(\frac{S_x^4}{n_x - 1} + \frac{S_y^4}{n_y - 1} \right) \right\}^{\frac{1}{2}}$$

7.1.6.6　基于加速寿命试验的可靠性评估方法

（1）基于指数 Arrehnius 模型的可靠性评估方法

①评估模型

$$R(t,V) = e^{-\frac{t}{Ce^{B/V}}}$$

其中

$$B = E_a/K$$

式中　V——加速应力，一般为温度；

　　　B，C——待定系数；

　　　E_a——激活能；

　　　K——玻耳兹曼常数。

加速因子

$$AF = e^{-\frac{E_a}{K}(1/V_0-1/V)}$$

式中　V_0——额定应力；

　　　V——试验应力。

②数据

试验温度 $V_i(i=1，2，\cdots，k，k \geqslant 3)$，工作温度 V_0，n_i 为第 i 组应力下样本数，r_i 为第 i 组应力下失效数，相应的失效时间为 $t_{ij}(j=1，2，\cdots，r_i，r_i \geqslant 3)$，未失效产品的试验时间为 $t_{ij}(j=r_{i+1}，\cdots，n_i)$。

③可靠度计算方法

根据模型得到对数似然函数

$$\Lambda = \sum_{i=1}^{k}\left\{\sum_{j=1}^{r_i}\ln\left[\frac{1}{Ce^{\frac{B}{V_i}}}e^{-\frac{1}{Ce^{\frac{B}{V_i}}}t_{ij}}\right] + \sum_{j=r_i+1}^{n_i}\frac{1}{Ce^{\frac{B}{V_i}}}t_{ij}\right\}$$

B、C 为待估参数，则 $\hat{B}$、$\hat{C}$ 的估计值可解方程

$$\begin{cases}\dfrac{\partial\Lambda}{\partial B}=0\\[2mm]\dfrac{\partial\Lambda}{\partial C}=0\end{cases}$$

得到。

可靠度点估计为

$$\hat{R} = e^{-\frac{t}{\hat{z}}}$$

$$\hat{z} = \hat{C}e^{\hat{B}/V_0}$$

$$\mathrm{Var}(\hat{z}) = \mathrm{e}^{\frac{2\hat{B}}{V}}\Big[\mathrm{Var}(\hat{C}) + \frac{\hat{C}^2}{V^2}\mathrm{Var}(\hat{B}) + \frac{2\hat{C}}{V}\mathrm{Cov}(\hat{B},\hat{C})\Big]$$

$$\begin{pmatrix} \mathrm{Var}(\hat{B}) & \mathrm{Cov}(\hat{B},\hat{C}) \\ \mathrm{Cov}(\hat{C},\hat{B}) & \mathrm{Var}(\hat{C}) \end{pmatrix} = \begin{pmatrix} -\dfrac{\partial^2 \Lambda}{\partial B^2} & -\dfrac{\partial^2 \Lambda}{\partial B \partial C} \\ -\dfrac{\partial^2 \Lambda}{\partial C \partial B} & -\dfrac{\partial^2 \Lambda}{\partial C^2} \end{pmatrix}^{-1}$$

$$z_U = \hat{z} + K_{1-\gamma}\sqrt{\mathrm{Var}(\hat{z})}$$

式中　$K_{1-\gamma}$——正态分布分位数。

可靠度置信下限为

$$R_L = \mathrm{e}^{-\frac{t}{z_U}}$$

（2）基于对数正态 Arrehnius 模型的可靠性评估方法

①评估模型

$$R(t,V) = \int_t^\infty \frac{1}{s\sigma\sqrt{2\pi}} \mathrm{e}^{-\frac{1}{2}\left(\frac{\mathrm{ln}s - \mathrm{ln}(C) - B/V}{\sigma}\right)^2} \mathrm{d}s$$

其中

$$B = E_a/K$$

式中　V——加速应力；

　　　B，C——待定系数；

　　　E_a——激活能；

　　　K——玻耳兹曼常数。

②数据

试验温度 $V_i(i=1,2,\cdots,k,k\geqslant 3)$，工作温度 V_0，n_i 为第 i 组应力下样本数，r_i 为第 i 组应力下失效数，相应的失效时间为 $t_{ij}(j=1,2,\cdots,r_i$，$r_i \geqslant 3)$，未失效产品的试验时间为 $t_{ij}(j=r_{i+1},\cdots,n_i)$。

③可靠度计算方法

根据模型得到对数似然函数

$$\Lambda = \sum_{i=1}^k \left\{ \sum_{j=1}^{r_i} \ln\left[\frac{1}{\sigma t_{ij}} \Phi\left(\frac{\ln(t_{ij}) - \ln(C) - \dfrac{B}{V_i}}{\sigma} \right) \right] + \right.$$

$$\left. \sum_{j=r_i+1}^{n_i} \ln\left[1 - \Phi\left(\frac{\ln(t_{ij}) - \ln(C) - \dfrac{B}{V_i}}{\sigma} \right) \right] \right\}$$

B、C、σ 为待估参数，则 $\hat{B}$、$\hat{C}$、$\hat{\sigma}$ 的估计值可解方程

$$\begin{cases} \dfrac{\partial \Lambda}{\partial B} = 0 \\[2mm] \dfrac{\partial \Lambda}{\partial C} = 0 \\[2mm] \dfrac{\partial \Lambda}{\partial \sigma} = 0 \end{cases}$$

得到。

可靠度点估计为

$$\hat{R} = \int_t^\infty \frac{1}{\hat{\sigma}\sqrt{2\pi}} e^{-\frac{1}{2}z^2} \, dz$$

$$\hat{z} = \frac{t - \ln(\hat{C}) - \hat{B}/V_0}{\hat{\sigma}}$$

$$\mathrm{Var}(\hat{z}) = \frac{1}{\sigma^2}\left[\frac{1}{V^2}\mathrm{Var}(\hat{B}) + \frac{1}{C^2}\mathrm{Var}(\hat{C}) + \hat{z}^2\mathrm{Var}(\hat{\sigma}) + \right.$$

$$\left. \frac{2}{C\cdot V}\mathrm{Cov}(\hat{B},\hat{C}) - \frac{2\hat{z}}{V}\mathrm{Cov}(\hat{B},\hat{\sigma}) - \frac{2\hat{z}}{C}\mathrm{Cov}(\hat{B},\hat{\sigma}) \right]$$

$$\begin{bmatrix} \mathrm{Var}(\hat{\sigma}) & \mathrm{Cov}(\hat{B},\hat{\sigma}) & \mathrm{Cov}(\hat{C},\hat{\sigma}) \\ \mathrm{Cov}(\hat{\sigma},\hat{B}) & \mathrm{Var}(\hat{B}) & \mathrm{Cov}(\hat{B},\hat{C}) \\ \mathrm{Cov}(\hat{\sigma},\hat{C}) & \mathrm{Cov}(\hat{C},\hat{B}) & \mathrm{Var}(\hat{C}) \end{bmatrix} = \begin{bmatrix} -\dfrac{\partial^2\Lambda}{\partial\sigma^2} & -\dfrac{\partial^2\Lambda}{\partial\sigma\partial B} & -\dfrac{\partial^2\Lambda}{\partial\sigma\partial C} \\[2mm] -\dfrac{\partial^2\Lambda}{\partial B\partial\sigma} & -\dfrac{\partial^2\Lambda}{\partial B^2} & -\dfrac{\partial^2\Lambda}{\partial B\partial C} \\[2mm] -\dfrac{\partial^2\Lambda}{\partial C\partial\sigma} & -\dfrac{\partial^2\Lambda}{\partial C\partial B} & -\dfrac{\partial^2\Lambda}{\partial C^2} \end{bmatrix}^{-1}$$

$$z_U = \hat{z} + K_{1-\gamma}\sqrt{\mathrm{Var}(\hat{z})}$$

式中　$K_{1-\gamma}$ ——正态分布分位数。

可靠度置信下限为

$$R_L = \int_{z_U}^\infty \frac{1}{\sqrt{2\pi}} e^{-\frac{1}{2}z^2} \, dz$$

7.1.6.7　基于性能退化数据的可靠性评估方法

（1）基于伪寿命数据的可靠性评估方法

①评估模型（以线性退化模型为例）

线性退化模型

$$E(\rho, t) = at + b$$

式中　a ——性能指标的期望值；

　　　$E(\rho, t)$ ——漂移系数，刻画性能退化量的退化速率；

　　　b ——待定参数。

②数据

n 个子样，每个子样检测 m_i 次性能数据，性能数据和检测时间为（ρ_{ij}，t_{ij}），性能数据阈值为 ρ_0。

③可靠度计算方法

$$S_{xxi} = \sum_{j=1}^{m_i} (t_{ij})^2 - \frac{1}{m_i} \left(\sum_{j=1}^{m_i} t_{ij} \right)^2$$

$$S_{xyi} = \sum_{j=1}^{m_i} t_{ij} \cdot \rho_{ij} - \frac{1}{m_i} \left(\sum_{j=1}^{m_i} t_{ij} \right) \left(\sum_{j=1}^{m_i} \rho_{ij} \right)$$

$$\hat{b}_i = \frac{S_{xyi}}{S_{xxi}}$$

$$\hat{a}_i = \frac{1}{m_i} \sum_{j=1}^{m_i} \rho_{ij} - \left(\frac{1}{m_i} \sum_{j=1}^{m_i} t_{ij} \right) \cdot \hat{b}_i$$

$$\rho_i(t) = \hat{a}_i + \hat{b}_i \cdot t$$

式中　$\rho_i(t)$ ——第 i 个子样性能数据随时间变化规律。

计算任务末期各子样性能数据

$$\begin{cases} \rho_1 = \hat{a}_1 + \hat{b}_1 \cdot t \\ \rho_2 = \hat{a}_2 + \hat{b}_2 \cdot t \\ \quad\quad \vdots \\ \rho_n = \hat{a}_n + \hat{b}_n \cdot t \end{cases}$$

计算各子样寿命末期性能数据的均值和标准差

$$\bar{\rho} = \frac{1}{n} \sum_{i=1}^{n} \rho_i$$

$$s = \sqrt{\frac{1}{n-1} \sum_{i=1}^{n} (\rho_i - \bar{\rho})^2}$$

$$K = \frac{\rho_0 - \bar{\rho}}{s}$$

$$\hat{R} = \Phi(K)$$

　　按给定的置信度 γ、试验子样数 n、容限系数 K，反查 GB 4885—2009 数表并插值可得 R_L。

　　（2）基于退化量分布的可靠性评估方法

　　①评估模型

　　假定各时刻性能数据服从正态分布，性能均值 $E(\rho,t)$ 与时间呈线性关系

$$E(\rho,t)=at+b$$

式中　$E(\rho,t)$——性能指标的期望值；

　　　　a——漂移系数，刻画性能退化量的退化速率；

　　　　b——待定参数。

　　②数据

　　n 个子样，每个子样检测 m_i 次性能数据，性能数据和检测时间为（ρ_{ij}，t_{ij}），性能数据退化量阈值为 ρ_0。

　　③可靠度计算方法

　　1）给出极大似然函数

$$\Lambda=\sum_{i=1}^{n}\sum_{j=1}^{m_i}\ln\left(\frac{1}{\sqrt{2\pi}\sigma}\mathrm{e}^{-\frac{1}{2}\left(\frac{\rho_{ij}-(at_i+b)}{\sigma}\right)^2}\right)$$

式中　a，b，σ——待定参数。

　　2）解下式求得 $\hat{a}$，$\hat{b}$，$\hat{\sigma}$

$$\begin{cases}\dfrac{\partial\Lambda}{\partial a}=0\\[2mm]\dfrac{\partial\Lambda}{\partial b}=0\\[2mm]\dfrac{\partial\Lambda}{\partial\sigma}=0\end{cases}$$

则可靠度点估计为

$$\hat{R}(t)=\Phi\left(\frac{\hat{a}t+\hat{b}}{\hat{\sigma}}\right)$$

　　3）求解可靠度下限

$$\hat{z}=\frac{\hat{a}t+\hat{b}}{\hat{\sigma}}$$

$$\mathrm{Var}(\hat{z}) = \frac{t^2}{\hat{\sigma}^2}\mathrm{Var}(\hat{a}) + \frac{1}{\hat{\sigma}^2}\mathrm{Var}(\hat{b}) + \frac{1}{\hat{\sigma}^4}\mathrm{Var}(\hat{\sigma}) +$$

$$2\frac{t}{\hat{\sigma}^2}\mathrm{Cov}(\hat{a},\hat{b}) - 2\frac{(\hat{a}t+\hat{b})t}{\hat{\sigma}^3}\mathrm{Cov}(\hat{a},\hat{\sigma}) - 2\frac{\hat{a}t+\hat{b}}{\hat{\sigma}^3}\mathrm{Cov}(\hat{b},\hat{\sigma})$$

$$\begin{bmatrix} \mathrm{Var}(\hat{a}) & \mathrm{Cov}(\hat{a},\hat{b}) & \mathrm{Cov}(\hat{a},\hat{\sigma}) \\ \mathrm{Cov}(\hat{a},\hat{b}) & \mathrm{Var}(\hat{b}) & \mathrm{Cov}(\hat{\sigma},\hat{b}) \\ \mathrm{Cov}(\hat{a},\hat{\sigma}) & \mathrm{Cov}(\hat{\sigma},\hat{b}) & \mathrm{Var}(\hat{\sigma}) \end{bmatrix} = \begin{bmatrix} -\dfrac{\partial^2 \Lambda}{\partial^2 a} & -\dfrac{\partial^2 \Lambda}{\partial a\,\partial b} & -\dfrac{\partial^2 \Lambda}{\partial a\,\partial\sigma} \\ -\dfrac{\partial^2 \Lambda}{\partial a\,\partial b} & -\dfrac{\partial^2 \Lambda}{\partial^2 b} & -\dfrac{\partial^2 \Lambda}{\partial\sigma\,\partial b} \\ -\dfrac{\partial^2 \Lambda}{\partial a\,\partial\sigma} & -\dfrac{\partial^2 \Lambda}{\partial\sigma\,\partial b} & -\dfrac{\partial^2 \Lambda}{\partial^2 \sigma} \end{bmatrix}^{-1}$$

$$z_U = \hat{z} + K_{1-\gamma}\sqrt{\mathrm{Var}(\hat{z})}$$

则置信下限为

$$R_L = \int_{z_U}^{\infty} \frac{1}{\sqrt{2\pi}} \mathrm{e}^{-\frac{1}{2}z^2}\,\mathrm{d}z$$

7.1.6.8　基于贝叶斯方法的可靠性评估方法

（1）评估模型

$$R(t) = \mathrm{e}^{-\lambda t}$$

（2）数据

累计试验时间 T，失效数 r，失效率预计值 λ_0。

（3）可靠度计算方法

①验前信息转换方法

将失效率预计值转换为先验信息，假定失效率预计值的置信度为 0.6，选定 $r_0 = 1$，则等效试验时间为

$$t_0 = 2.022\,32/\lambda_0 \times 10^9$$

$(t_0, 1)$ 为验前信息。

②相容性分析

对验前信息 (t_0, r_0) 与现场试验信息 (T, r) 进行相容性分析，可根据双边区间估计计算公式进行统计显著性检验

$$\left[\frac{\chi^2_{\alpha/2}(2r+1)}{2t}, \frac{\chi^2_{1-\alpha/2}(2r+1)}{2t} \right]$$

式中　　t_0/r_0——显著性水平，取值为 0.01～0.1。

若验前信息的比值 t_0/r_0，在上述计算的区间内，则接受相容性假设，可

以用验后信息进行计算；若不在该区间内，则拒绝接受相容性假设，舍弃验前信息，仅应用现场试验信息进行计算。

③验后信息计算

综合现场试验信息（T，r）和验前信息（t_0，r_0），单元的验后特征量为

$$T_1 = t_0 + T$$

$$r_1 = r_0 + r$$

根据验后信息，采用 7.1.6.2 节的方法进行评估计算。

7.1.6.9　基于强化系数的可靠性评估法

（1）数据

对强化参数，实际工作取值为 M_1，试验取值为 p；表征产品质量控制水平的性能参数有 p 个，对应性能数据为 $x_{ij}(i=1，\cdots，q_j；j=1，\cdots，p)$。

（2）可靠度计算方法

1）计算强化系数 $K_m = \dfrac{M_2}{M_1}$，即试验参数值与时间工作值之比。

2）计算变差系数 $C_v = \sqrt{C_{v1}^2 + \cdots + C_{vp}^2}$，其中

$$C_{vj}^2 = \frac{\sqrt{\dfrac{1}{q_j-1}\sum_{i=1}^{q_j}\left(x_{ij} - \dfrac{1}{q_{ij}}\sum_{i=1}^{q_j}x_{ij}\right)^2}}{\dfrac{1}{q_j}\sum_{i=1}^{q_j}x_{ij}}，j=1,2,\cdots,p$$

3）对于强度型参数（即随着性能参数的增大，可靠度增大），取 $M_2 < M_1$，则 $K_m < 1$，则置信下限为

$$R_L = \Phi\left\{\frac{\Phi^{-1}((1-\gamma)^{1/n}) - \dfrac{K_m - 1}{C_v}}{K_m}\right\}$$

对于应力型参数（即随着性能参数的减小，可靠度增大），取 $M_2 > M_1$，则 $K_m > 1$，则置信下限为

$$R_L = \Phi\left\{\frac{\Phi^{-1}\left[(1-\gamma)^{1/n}\right] - \dfrac{1-K_m}{C_v}}{K_m}\right\}$$

7.2　航天系统级产品可靠性评估

利用设计、生产、试验以及飞行（运行）过程中收集到的数据和信息来估

算和评价卫星、运箭火箭系统的可靠性。

7.2.1　一般要求

开展系统可靠性评估工作应满足以下条件：系统技术状态固定，与执行任务状态一致；已完成单机及分系统可靠性评估工作；已完成了系统可靠性设计、分析、试验工作，积累了可靠性评估相关数据。

系统级可靠性评估基本程序包括：确定评估指标、系统分析、建立可靠性评估模型、数据收集与处理（包括单机）、可靠性评估计算方法和编写可靠性评估报告并进行评审等，如图 7-2 所示。

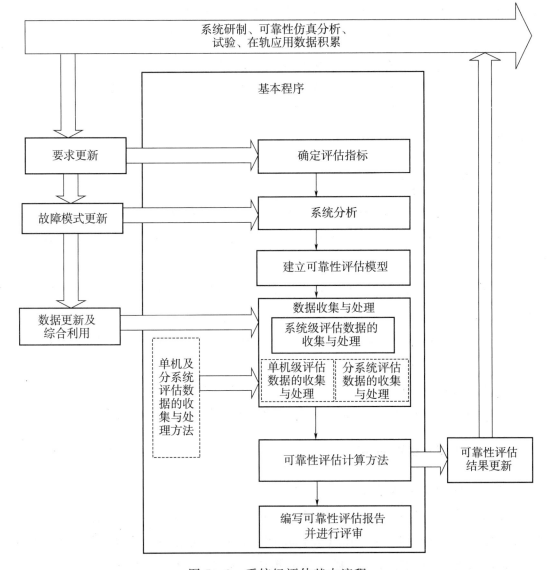

图 7-2　系统级评估基本流程

7.2.2　系统分析

（1）系统任务剖面

对系统进行任务剖面分析，明确任务时间、发射流程、任务剖面、飞行时序等信息，以及不同任务阶段系统功能、组成和工作模式等。对于卫星公用平台，应分析不同任务对应的工作状态。

（2）故障判据

根据研制总要求、系统任务技术要求、产品规范、验收技术条件以及系统故障预案，确定故障判据；确定的故障判据应清晰、客观，用于判定系统是否故障的参数应能全面反映系统功能性能要求，并可检测。

（3）可靠性指标要求

应根据研制任务书要求（系统技术要求）确定可靠性评估指标，一般卫星系统应选取寿命末期可靠度作为评估指标，运载火箭系统应选取发射、飞行可靠度作为评估指标。按照研制任务书要求（系统技术要求）和研制阶段进展确定评估置信度取值。

7.2.3　建立可靠性评估模型

针对系统不同任务阶段和多种工作模式，分析系统各组成部分在全任务过程中的动态变化特性，构建任务可靠性评估模型。建立可靠性评估模型应符合以下要求：

1）应充分考虑模型精细化要求和能够获取的数据信息，正确反映系统各单元可靠性逻辑关系；

2）对于过程简单、工作模式单一、评估精细化要求不高的系统任务，建立可靠性模块图（RBD）；

3）对于过程复杂、工作模式多样、评估精细化要求高的系统任务，进行事件链建模及故障建模，反映系统任务动态性、相关性和多态性等特点。

7.2.4　数据收集与处理

（1）评估初始参数确定

应明确系统各组成部分在不同任务剖面中规定的任务时间。根据系统地面试验、发射、飞行（运行）和（或）返回时不同任务剖面所处不同环境，处理数据时应考虑环境因子 π_E，其取值大小应由总体在评估要求中提出。

（2）数据采集方法

明确数据收集范围、内容和来源，数据收集应根据评估对象特征、评估模型和方法要求，制定数据收集计划并提出具体要求，各项数据应准确、完整，具有物理量纲的数据项应注明物理量纲。

数据收集范围包括单机、分系统和系统三个层面。

单机层面提供可靠性评估数据，内容包含单机名称、可靠性特征量、分布类型、试验数据、故障模式、故障数、任务时间以及不确定性等信息。

分系统、系统层面以地面试验数据和飞行（运行）数据为主，试验数据缺乏时可收集相似型号、仿真试验或专家判断信息等数据。

故障计数原则：只计入关联故障数，不计入非关联故障数；已采取有效的纠正措施且经试验验证不重复出现的关联故障，可作为非关联故障处理。

（3）单机级评估数据处理。

采用 CMSR 或 L－M 法开展系统评估，按照系统可靠性评估模型和方法要求，应用单机产品的可靠性评估结果。

采用 PRA 法进行系统可靠性评估，对于星箭单机可靠性评估结果，应将其转换为单机可靠度概率分布，给出 5％、50％、95％分位数下的可靠度。

（4）系统级评估数据处理

系统级数据检验处理：对收集的系统级原始数据应进行数据一致性比对，分清原始记录中的工作条件、研制阶段、技术状态等与被评估对象是否一致。数据充分时，应进行分布类型检验。

系统级数据处理：

对于采用 L－M 法进行运载火箭可靠性评估的系统级数据，应该结合单机、分系统转换数据，得到系统总的折合试验数和失败数；

对于采用 CMSR 法进行卫星可靠性评估的系统级数据，应该结合单机、分系统转换数据，得到系统总的等效试验任务数和等效失效数；

对于采用 Bayes 法进行卫星可靠性评估的系统级数据，应将其作为现场试验信息，联合单机、分系统数据转换得到的验前信息，综合得出系统验后信息；

对于采用 PRA 法进行星箭可靠性评估的系统级数据，应综合利用单机和分系统试验评估数据、仿真数据、在轨飞行数据等，运用 Bayes 分析等方法，转换为"系统正常工作"的概率分布，给出 5％、50％、95％分位数下的可靠度。

金字塔式数据的利用：从下而上，利用金字塔式的数据综合，以成败型单机、分系统组合成系统，即先计算出单机的等效数据（n'_{i_j}，S'_{i_j}），再计算出折合的分系统的（n''_i，S''_i），统计出分系统本身的（n'_i，S'_i），再计算出分系统的 $n_i = n''_i + n'_i$，$S_i = S''_i + S'_i$。将（n_i，S_i）折合成（n''，S''），统计出系统的（n'，S'），最后计算出系统的 $n = n'' + n'$，$S = S'' + S'$，利用（n，S）和置信度 γ，查 GB 4087.3 得可靠性下限 R_L。

7.2.5　可靠性评估计算方法

根据系统特点和数据收集情况选择可靠性评估方法：对于地面试验充分、子样较多的系统，可以选择 L－M 法或 CMSR 法进行系统可靠性评估；对于验前信息较为充分的系统，可以选择 Bayes 法进行系统可靠性评估；对于任务阶段复杂、基本事件数据充分的系统，可以选择 PRA 法（可参考 GB/T 29075）进行系统可靠性评估。推荐同时采用多种方法以便比较和校核评估结果。

下文介绍两种较为常用的系统级方法。

7.2.5.1　L－M 法

L－M 法根据串联系统可靠性取决于组成系统的最薄弱环节这个事实，应用系统可靠度点估计不变的原理导出。利用各组成单元试验数据折合成系统等效试验数据，进行系统可靠性评估。

（1）基本要求

对于经历飞行验证的运载火箭系统，可采用 L－M 法进行系统可靠性评估；对系统较低层次单元的并联、表决等非串联部分进行综合，分别得到系统串联主线上的等效单元，最后得到系统串联的可靠性评估模型；根据已知的系统结构函数，利用系统以下各级试验信息，自下而上直到全系统，逐级评估可靠度置信下限；系统组成单元属非成败型试验数据时，应将其转变为成败型数据。

（2）计算方法

设系统由 k 个成败型单元串联组成，试验数据为（n_i，F_i），$i = 1$，…，k，n_i 为第 i 个单元的试验数，F_i 为第 i 个单元的失败数。则系统可靠性最大似然估计为

$$\hat{R} = \prod_{i=1}^{k} \frac{n_i - F_i}{n_i}$$

将系统各组成单元的试验数从小到大排列为 $\{n_{(1)}, n_{(2)}, \cdots, n_{(k)}\}$，并取系统等效试验数 n 为

$$n = n_{(1)} = \min\{n_{(1)}, n_{(2)}, \cdots, n_{(k)}\}$$

则系统等效失败数 F 为

$$F = n_{(1)} \left(1 - \prod_{i=1}^{k} \frac{n_i - F_i}{n_i} \right)$$

记 $[F]$ 为不超过 F 的整数部分，取定置信度 γ，计算解得 R_1 和 R_2

$$\left. \begin{array}{l} \displaystyle\sum_{x=0}^{[F]+1} \binom{n_{(1)}}{x} R_1^{n_{(1)}-x} (1-R_1)^x = 1 - \gamma \\[4mm] \displaystyle\sum_{x=0}^{[F]} \binom{n_{(1)}}{x} R_2^{n_{(1)}-x} (1-R_2)^x = 1 - \gamma \end{array} \right\}$$

最后按 F 在 (R_1, R_2) 中进行线性内插，内插值即为系统可靠度置信下限 R_L 的近似值。

该方法适用于成败型试验数据单元的串联系统可靠性综合评估，使用简便。但对系统组成单元属非成败型试验数据时，必须通过另外的转换方法，将其转变为成败型数据，转换方法如下。

无论系统组成单元试验数据为何种类型，可以根据各自的原始试验数据得到各类型单元的可靠性点估计 $\hat{R}_i$ 与可靠度置信下限 $R_{iL}(\gamma)$，据此可将非成败型数据转换为成败型数据 (n_i^*, s_i^*)，(n_i^*, s_i^*) 即为第 i 个单元转换后的试验数与成功数，它由下列方程组解得

$$\begin{cases} s_i^* = n_i^* \hat{R}_i \\[2mm] \dfrac{1}{B(s_i^*, n_i^* - s_i^* + 1)} \displaystyle\int_0^{R_{iL}(\gamma)} x^{s_i^*-1} (1-x)^{n_i^*-s_i^*} \, \mathrm{d}x = 1 - \gamma \end{cases}$$

7.2.5.2　CMSR 法

CMSR 是针对修正极大似然法（MML）和逐次压缩（或减少等效试验权）法（SR）的局限性而提出的综合使用 MML 和 SR 法的改进方法。

（1）基本要求

对于经历飞行验证、单机和分系统具有地面试验数据的卫星系统，推荐采用 CMSR 法进行系统可靠性评估；建立系统综合评估的可靠性框图模型，根据单机、分系统可靠性评估报告等收集单机、分系统可靠性评估结果数据；收集系统级相关数据，并按照规定方法与单机、分系统数据进行相容性检验。

（2）计算方法

综合单机、分系统和系统数据，进行系统可靠度点估计或系统可靠度置信下限的计算。根据系统是否存在无失效单元，CMSR 方法的应用分为两种情况。

①不存在无失效单元、系统可靠性评估应用 MML 方法

m 个单元串联，每个单元均有失效，第 i 个单元的试验数据为（s_i，n_i），n_i 为单元 i 的试验次数，s_i 为单元 i 的成功次数，串联系统可靠度的点估计 $\hat{R}$ 和方差 $D(\hat{R})$ 分别为

$$\hat{R} = \prod_{i=1}^{m} \frac{s_i}{n_i}$$

$$D(\hat{R}) \approx \sum_{i=1}^{m} \left(\frac{\hat{R}}{\hat{R}_i} \right)^2 \frac{\hat{R}_i(1-\hat{R}_i)}{n_i}$$

将 m 个单元串联综合结果等效于系统试验 n 次，成功 s 次，n、s 取值用下式计算

$$n = \frac{\displaystyle\sum_{i=1}^{m} \frac{n_i}{s_i} - 1}{\displaystyle\sum_{i=1}^{m} \frac{1}{s_i} - \sum_{i=1}^{m} \frac{1}{n_i}}$$

$$s = n \prod_{i=1}^{m} \frac{s_i}{n_i}$$

在给定置信度 γ 的情况下，根据 n、s 及 γ，查 GB 4087.3 即得 m 个单元串联系统的可靠度下限 R_L。

②存在无失效单元，系统可靠性评估应用 SR 方法

当存在 n_i 绝对最小且 $s_i = n_i$ 的单元（即 m 个单元中试验次数最少的单元无失效），则需要将无失效单元的数据与相邻有失效单元的数据进行压缩，转化为有失效的数据。

设 m 个单元的试验中，有 j 个单元无失效。将 m 个单元试验数按照从大到小的顺序进行排序：

有失效单元：$n_1 \geqslant n_2 \geqslant \cdots \geqslant n_{m-j} (n_i \neq s_i; i = 1,2,\cdots m-j)$

无失效单元：$n_{m-j+1} \geqslant n_{m-j+2} \geqslant \cdots \geqslant n_m (n_i = s_i; i = m-j+1, m-j+2,\cdots, m)$

后 j 个无失效单元相当于一个单元进行了 n_m 次试验，成功 s_m 次，即（s_m，

n_m），将（s_{m-j}，n_{m-j}）和（n_m，n_m）进行一次压缩后得到（s'_{m-j}，n'_{m-j}）。

当 $s_{m-j} \geqslant n_m$ 时，则

$$\begin{cases} s'_{m-j} = s_m \\ n'_{m-j} = \dfrac{n_{m-j} n_m}{s_{m-j}} \end{cases}$$

当 $s_{m-j} < n_m$ 时，则

$$\begin{cases} s'_{m-j} = \dfrac{s_m s_{m-j}}{n_m} \\ n'_{m-j} = n_{m-j} \end{cases}$$

根据数据（s_1, n_1），（s_2, n_2），…，（s_{m-j-1}, n_{m-j-1}）和（s'_{m-j}, n'_{m-j}），计算出系统等效试验数 n 和成功数 s，在给定置信度 γ 的情况下，根据 n，s 以及 γ 可得系统可靠度下限 R_L。

7.2.5.3　PRA 法

PRA 法是一种综合运用多种事件链建模和不确定性分析技术，定量评估复杂系统可靠性和风险，为系统全寿命周期可靠性评估和风险管理决策提供支持的结构化、集成化的方法。

（1）基本要求

1）对于新研、首飞等风险较高的卫星或运载火箭系统，宜采用 PRA 法进行系统可靠性评估；

2）定义目标和范围，进行系统分析，确定任务后果状态；针对系统任务过程动态性、相关性、多态性特点，综合运用事件树、故障树（含动态故障树）、马尔科夫链、Petri 网等进行事件链建模和故障建模；

3）充分利用 FRACAS、现场和试验数据、仿真分析数据、通用数据库、领域专家判断等，收集和整理故障树底事件或事件链基本事件的相关数据信息；

4）在系统模型和数据的基础上进行模型量化与集成，得到对后果风险的点估计值；利用蒙特卡罗仿真等方法，将基本事件的不确定性传播为后果的不确定性，并进行灵敏度分析，以适当的方式（如图表形式）表达评估结果；

5）对风险影响因素进行重要度排序，以适当形式表达风险评估结果。

（2）计算方法

在事件链模型和故障模型的基础上，将故障模型各基本事件的不确定性分布传播到事件链中间事件，如图 7 - 3 所示，进而传播到事件链最终后果并进

行综合集成，运用蒙特卡罗仿真等不确定性分析（传播）技术，实现对系统可靠性的综合评估。

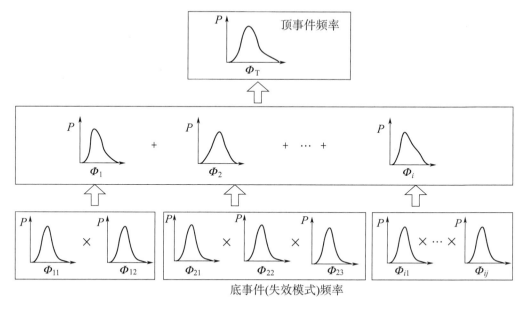

图 7 - 3　故障树上的不确定性传播

风险重要度计算方法，用以评估风险值对基本事件概率变化的灵敏度。设风险表达式为

$$R = f(x_1, x_2, \cdots, x_i, x_j, \cdots, x_n)$$

式中　R ——风险；

　　　x_i ——基本事件 i ，其概率为 p_i 。

常用的风险重要度计算方法包括 Fussell - Vesely 法、风险降低当量法（RRW）、风险增加当量法（RAW）等。

①Fussell - Vesely 法

Fussell - Vesely 法用于计算含有基本事件 x_i 的最小割集在总风险中的重要度。

事件 x_i 的 Fussell - Vesely 法计算公式为

$$I_{x_i}^{FV} = \frac{\Pr(\bigcup\limits_{j} MCS_j^{x_i})}{\Pr(\bigcup\limits_{j} MCS_j)} = \frac{\Pr(\bigcup\limits_{j} MCS_j^{x_i})}{R_0}$$

式中　$I_{x_i}^{FV}$ ——事件 x_i 的 F - V 重要性量度；

　　　$\Pr(\bigcup\limits_{j} MCS_j^{x_i})$ ——包含事件 x_i 的最小割集的并集的概率；

$$\Pr\left(\bigcup_j \mathrm{MCS}_j\right) = R_0 \text{——期望的风险基线。}$$

②风险降低当量法

RRW 法用于计算当基本事件 x_i 设为 0 时的总的风险变化值。它度量了当事件一定不发生时总风险的降低值。RRW 法计算为

$$I_{x_i}^{\mathrm{RRW}} = \frac{R_0}{R \mid \Pr(x_i) = 0}$$

式中　$I_{x_i}^{\mathrm{RRW}}$ ——事件 x_i 的 RRW 重要性量度；

　　R_0 ——期望的风险基线；

　　$R \mid \Pr(x_i) = 0$ ——在事件 x_i 确定不发生条件下的风险。

RRW 法与 Fussell－Vesely 法的关系如下所示

$$I_{x_i}^{FV} = 1 - \frac{1}{I_{x_i}^{\mathrm{RRW}}}$$

式中　$I_{x_i}^{\mathrm{RRW}}$ ——事件 x_i 的 RRW 重要性量度；

　　$I_{x_i}^{FV}$ ——事件 x_i 的 F－V 重要性量度。

Fussell－Vesely 法和 RRW 法用于识别出哪个部件可靠性提高了，对于降低系统风险的效果最为明显。

③风险增加当量法

RAW 法用于计算当基本事件 x_i 设为 1 时的总的风险变化值。它度量了当事件一定发生时总风险的增加值。RAW 法计算公式为

$$I_{x_i}^{\mathrm{RAW}} = \frac{R \mid \Pr(x_i) = 1}{R_0}$$

式中　$I_{x_i}^{\mathrm{RAW}}$ ——事件 x_i 的 RAW 重要性量度；

　　R_0 ——期望的风险基线；

　　$R \mid \Pr(x_i) = 1$ ——在事件 x_i 确定发生条件下的风险。

RAW 法用于评估风险模型中哪个基本事件对于系统风险的影响最大，当 RAW 值最高的部件发生故障时，其产生的负面影响最大。

风险重要度计算可以支持风险影响因素的重要度排序，以适当形式表达风险评估结果，促进风险的沟通和交流，需要时，提出降低风险的措施。

第三篇　案例篇

—

第8章 卫星平台可靠性增长案例

8.1 卫星基本情况介绍

航天器是指在地球大气层以外的宇宙空间（太空），执行探索、开发或利用太空等特定任务的飞行器，如人造地球卫星、载人航天器、空间探测器等。我国自 1970 年成功发射东方红一号卫星以来，经过几代航天人的不懈努力，实现了航天器从实验到应用、从对地观测到深空探测、从无人到载人的巨大飞跃。目前我国已形成通信、导航、遥感、空间科学实验、深空探测、载人等多领域多系列航天器，在我国科技进步、经济社会发展、国防建设等方面发挥了重要作用。

卫星按运行轨道高度，可分为近地轨道、中高轨道和高轨道卫星；按轨道类型，可分为地球同步轨道、太阳同步轨道、极地轨道、赤道轨道和地球倾斜轨道卫星等；按用途可分为通信卫星、遥感卫星、导航卫星、科学卫星、技术试验卫星。通信卫星分为固定通信广播卫星、移动通信卫星等；遥感卫星分为光学遥感卫星和微波遥感卫星等；导航卫星分为有源和无源导航卫星等。卫星工程属于复杂的系统工程，是以卫星系统为核心及其与运载器、发射场、测控系统和应用系统相互接口配合的大型航天系统工程的总称，也是航天器设计、制造、测试、试验、发射、运行、管理和应用的航天器系统综合性工程。

卫星一般由执行特定任务的有效载荷和提供保障服务的卫星平台组成。有效载荷是指卫星上直接完成特定任务使命的仪器、设备或系统。不同用途的卫星装载不同的有效载荷。有时，卫星除装有主任务有效载荷外，还搭载其他一些有效载荷，实现任务扩展或附带进行相关科学和技术试验。卫星有效载荷种类繁多，按照用途大致可分为科学探测和实验类、信息获取类、信息传输类及信息基准类。科学探测和实验类有效载荷是用于空间环境探测、天体观测和空间科学实验的各种仪器、设备、系统以及实验生物等。信息获取类有效载荷是用于对地观测的各类遥感器（如可见光照相机、多光谱相机、微波辐射计、合成孔径雷达和无线电侦察接收机等）。信息传输类有效载荷是用于中继无线电通信的仪器、设备和系统，主要包括各种通信转发器和通信天线。信息基准类有效载荷是用于提供空间基准信息和时间基准信息的各种仪器、设备和系统。

卫星平台是由支持和保障有效载荷正常工作的所有服务系统构成的组合体。按服务功能不同，卫星平台可分为结构、热控、控制、推进、供配电、测控、数据管理（或综合电子）等分系统。结构分系统主要用于支撑、固定星上各种设备和部件，传递和承受载荷，并保持卫星完整性和完成各种规定动作功能。热控分系统用于控制卫星内外热交换过程，使其平衡温度处于要求范围。供配电分系统主要用于产生、存储和调节控制电能，并实现整星电源分配、加热器供电、火工品供电、设备间电连接；供配电分系统又可分为一次电源子系统和总体电路子系统。控制分系统主要在推进分系统发动机和推力器的配合下实现轨道和姿态控制。推进分系统主要用于存贮推进剂，并通过发动机或推力器工作为卫星轨道姿态控制提供推力和力矩。测控分系统是遥测、遥控和跟踪子系统的总称：遥测子系统用于采集星上设备的状态参数，并实时或延时发给地面测控站，实现对卫星工作状态的监视；遥控分系统用于接收地面遥控指令，直接或经数管分系统送给设备执行，实现地面对卫星的控制；跟踪子系统用于协同地面测控站，测定卫星运行的轨道参数。数据管理分系统用于存储各种程序，采集、处理数据以及协调管理卫星各分系统工作，国内外新型卫星平台均将数管分系统、控制分系统的控制器和执行机构驱动、供配电分系统的配电和火工品等计算处理和分配管理功能进行统一整合，形成综合电子系统。

可靠性是卫星品质的主要指标，保证卫星正常工作的核心是可靠性问题。可靠度是卫星重要的总体指标，也是分系统和单机产品的重要技术指标，它决定了各级产品满足上级产品要求的能力，最终决定了整星实现用户在轨任务要求的能力。因此可靠性工作在卫星工程研制中，占据重要地位，贯穿于卫星各阶段、各级产品的研制。

卫星可靠性技术是可靠性方法与各类单机产品设计、分系统设计及整星设计技术的有机结合，包括可靠性设计、可靠性分析、可靠性试验及可靠性评估技术等。

本章以东方红四号平台（DFH - 4 平台，以下简称东四平台）为例，介绍系统级航天产品可靠性增长方面的工作情况。东方红四号平台卫星如图 8 - 1 所示。

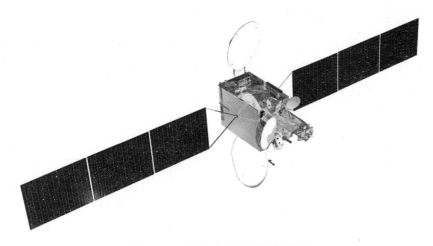

图 8 - 1　东方红四号平台卫星

8.2　东四平台概述

东四平台由测控分系统、数据管理分系统、供配电分系统、控制分系统、推进分系统、热控分系统和结构分系统 7 个分系统组成，采用三轴稳定的控制方式，主要性能指标见表 8 - 1。

表 8 - 1　东四平台主要性能指标

序号	指标名称	设计指标
1	起飞质量	5 400 kg
2	载荷质量	700 kg
3	整星功率	10 500 W
4	有效载荷功率	8 000 W
5	母线电压	100 V
6	与运载火箭接口	1194A 接口，可适应长征三号乙 (CZ - 3B)、Ariane - 5、Proton、Sealaunch 等运载火箭
7	设计寿命	15 年
8	可靠性	0.82

东四平台要求具备长寿命、大容量、高可靠等特点，采用模块化、通用性、先进性和可扩展的设计思想。东四平台研制完成在轨飞行后，发现与国际大型通信卫星平台的国际先进水平还具有一定的差距，后期通过持续的可靠性增长工作，提升了东四平台卫星可靠性和在轨服务稳定性。

东四平台系统级的任务可靠性框图如图 8 - 2 所示。任何分系统的失效都会导致平台系统的失败，因此平台系统级可靠性框图为分系统串联模型。需要说明的是，不同任务阶段系统级可靠性框图（最低层次为分系统）是相同的，而各分系统的可靠性框图（最低层次为设备）根据不同任务阶段和不同的工作模式是不同的。

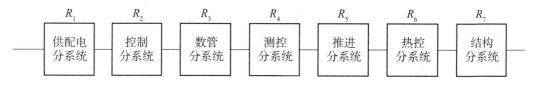

图 8 - 2　东四平台的任务可靠性框图

东四平台卫星从发射到寿命末期的任务阶段划分为两个阶段，卫星各级产品根据其工作模式应完成两个任务阶段的可靠性分析工作。两个任务阶段定义如下：

阶段 I：从发射至在轨测试结束，时间长度为 960 h。从发射至地球同步轨道阶段，时间长度为 240 h（10 天）；在轨测试阶段时间长度为 720 h（30天）。

阶段 II：阶段 I 末期至服务寿命末期。是卫星在地球同步轨道的整个寿命阶段，时间长度为 15 年。

各阶段环境剖面说明和预计用环境因子取值具体见表 8 - 2，其中发射阶段和转移轨道阶段，预计用环境因子的取值为通信卫星统一要求。

表 8 - 2　环境剖面说明和预计用环境因子取值

卫星任务阶段	符号	环境剖面说明	预计用环境因子取值	任务时间
发射阶段	M_L	噪声、振动、过载、电磁、低真空（抛罩后）、冲击(分离时)	40	1 h
转移轨道阶段	M_F	真空、热、电磁、空间辐射、冲击	4	239 h
同步轨道阶段（在轨测试）	S_F	真空、热、电磁、空间辐射	根据标准 GJB - 299C、MIL - HDBK - 217F 确定取值	720 h
同步轨道阶段（服务寿命）	S_F	真空、热、电磁、空间辐射		15 年

8.3 可靠性薄弱环节分析

在东四平台卫星经过多年的飞行验证及在轨考核的基础上，结合在研、在轨质量问题，应用 FMEA、FTA 等可靠性设计与分析工具，对东四平台进行了再分析、再设计，梳理了东四平台薄弱环节。并以此为基础，开展了东四平台的可靠性增长工作。通过 FMEA、FTA 等发现并消除了供配电和控制分系统的 15 个单点故障模式，对难以消除的单点项目列为可靠性关键项目进行了严格控制。

8.3.1 可靠性薄弱环节分析方法应用

8.3.1.1 FMEA

在东四平台初样阶段 FMEA 工作的基础上，结合在研、在轨故障案例，后续东四平台卫星开展了多轮 FMEA 迭代分析工作，识别并消除了多项系统级单点故障模式，约定层次划分如图 8-3 所示。

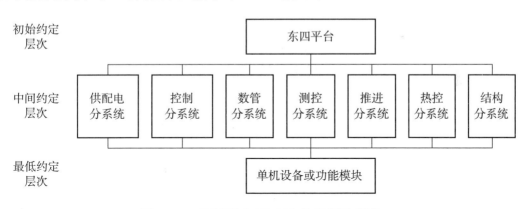

图 8-3 卫星平台 FMEA 约定层次划分

通过 FMEA 工作，识别了整星Ⅰ类、Ⅱ类故障模式及Ⅰ类、Ⅱ类单点故障模式，针对识别出的故障模式，确定了在轨故障检测方法及在轨故障纠正措施。对于无法在轨处置的故障模式制定了地面控制措施，对研制过程进行严格控制落实。

硬件 FMEA 结果表明东四平台所有Ⅰ、Ⅱ类故障模式发生概率等级均为 E 级，风险评价指数为 12 以上，均为可接受的范围。针对星箭接口 FMEA 识别出的分离插头 PSK 信号对 100 V、28 V 短路的故障，制定了相应的控制措施。大型试验和总装过程的 FMEA，得出风险最高的过程为加注过程，在加注过程中引入多余物可造成推进分系统推力下降。

8.3.1.2　FTA

结合 FMEA 结果及卫星阶段Ⅰ、阶段Ⅱ任务分析，对影响卫星任务成败和系统安全的在轨不期望事件进行了再梳理与再分析，确定了以下 8 项顶事件进一步开展 FTA：整星供电能力下降；遥测丢失；遥控指令无法执行；卫星姿态异常；轨道控制失败；星上产品爆炸；卫星高速旋转；化学推进剂泄漏。

图 8-4～图 8-8 为顶事件"整星供电能力下降"部分 FTA 示例。

通过 FTA，识别了影响卫星业务连续运行及系统安全的Ⅰ类、Ⅱ类故障。

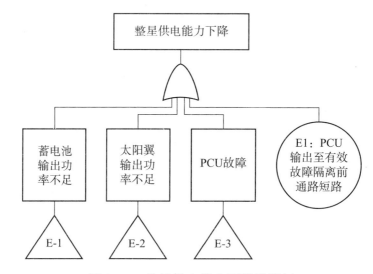

图 8-4　整星供电能力下降故障树

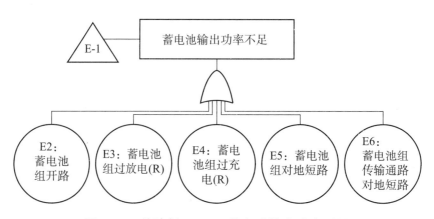

图 8-5　故障树 E-1：蓄电池输出功率不足

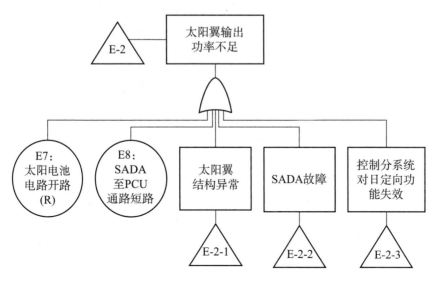

图 8-6　故障树 E-2：太阳翼输出功率不足

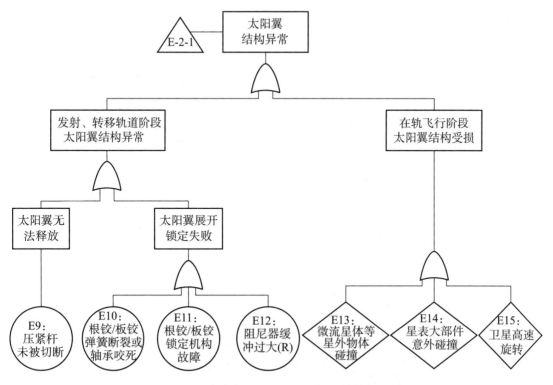

图 8-7　故障树 E-2-1：太阳翼结构异常

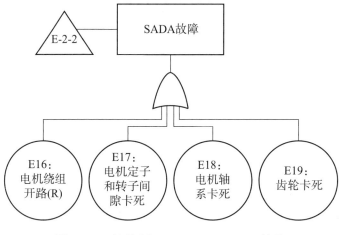

图 8-8　故障树 E-2-2：SADA 故障

8.3.1.3　关键项目识别与控制

关键项目是指故障发生后，造成人身、财产受到严重危害，导致系统（或分系统）功能、性能不能满足用户要求，严重影响研制进度，并造成航天器不能接受的风险的项目。一般指设备及设备以上级产品（硬件、软件）或功能。东四平台卫星开展了关键项目识别与控制工作，确定了卫星关键项目清单，制定了控制措施，并在卫星研制全过程进行了严格控制。

关键项目的识别准则为：

1）故障发生后将直接导致系统破坏或人员伤亡的项目；

2）危害度为 Ⅰ 类或 Ⅱ 类的单点失效项目；

3）故障模式严重性为 Ⅰ 类、Ⅱ 类且发生概率大于 1×10^{-5} 或失效率大于 100 fit 的硬件、软件项目（Ⅰ 类故障：灾难性的，故障将导致分系统功能丧失或基本丧失，进而使型号任务失败或出现不可接受的任务降级或人员伤亡、财产重大损失或使型号工作寿命缩短为设计寿命的一半以上。Ⅱ 类故障：关键性的，故障将导致分系统主要功能明显下降，对型号任务完成有严重影响或型号寿命降低 1/4 到 1/2）；

4）故障发生将导致评价航天器系统完成任务的重要信息丢失的项目；

5）需要鉴定或未经飞行试验考核的项目（包括新技术、新产品、新工艺、新程序），且一旦故障发生将严重影响分系统或系统功能或性能的项目；

6）地面难以试验验证、且在飞行试验中一旦发生故障将严重影响系统相关任务完成的项目；

7）具有有限寿命期（使用次数、循环周期、使用有效期）或对环境条件敏感（包括抗辐照能力差）的硬件，一旦发生故障将导致分系统或系统功能或性能失效；

8）在产品质量与可靠性方面有不良历史的项目；

9）发生故障后对研制进度有严重影响的项目；

10）难以采购的项目，价格昂贵、一旦故障发生将造成重大经济损失的项目；

11）重要的通用单机发生重复性故障的。

8.3.2　东四平台可靠性薄弱环节

通过开展可靠性再分析、质量问题归零及举一反三分析、单点故障模式分析等工作，识别出东四平台在系统设计、元器件、生产等方面存在可靠性薄弱环节。

8.3.2.1　空间环境防护与抗干扰设计薄弱环节

随着大规模集成电路和软件的大量使用，空间环境效应影响问题较多。特别是卫星遥测、遥控、控制、载荷等分系统受单粒子效应、表面充放电和内带电效应引起的干扰问题频发，严重影响了卫星的稳定性和用户使用性。

指令通道抗干扰能力不足，以空间环境干扰为外在因素、设备接口抗干扰能力不足为内在因素的异常发生次数较多；在较早型号上发生次数较多，随着设计不断完善，后续型号发生的频次逐步减少。但也存在引进的多功能组件在单一型号上频发增益挡跳变异常，器件的抗单粒子翻转能力不足，软件的冗余设计均需在可靠性上进一步提高，且已有型号抗干扰能力的改进措施也有待进行下一步的在轨验证。

8.3.2.2　供电链路可靠性、安全性薄弱环节

大功率带来的高母线电压、高热耗问题，是国际航天界公认的难题。东四平台卫星供配电分系统在轨和地面试验过程中均发生过故障，出现过卫星掉电、电源短路放电打火等故障，供电链路的可靠性、安全性还要进一步梳理。例如某卫星在热真空试验第二循环升温过程中，通信舱母线掉电，短时间后，母线电压恢复正常。经排查，故障原因为某设备主份电源板保险丝检测点与机壳间距过小，在后续试验过程中因应力释放导致检测点焊点与机壳凸台形成短路，但保护电路无法对短路故障进行隔离，继而引发母线对地放电，引起了母

线电压的异常下降。

8.3.2.3　元器件故障模式识别及控制薄弱环节

据统计,东四平台系列卫星因器件原因导致的在轨异常数约占总异常次数的 1/4,也曾因器件原因导致星上计算机丧失备份功能。例如,由于未识别到某器件输出通道内部与电源端存在低阻通路的故障模式,导致某多功能组件发生指令联动异常。该器件在使用之初是按无单点失效模式设计的,即不会由于单点故障而出现常高输出的模式。器件故障主要包括随机失效、使用或防护不当失效及自身设计或工艺问题 3 类。此外,随着星用电子产品逐渐向高密度、小型化发展,型号大量选用了高密度封装元器件以及微小间距电连接器,部分 PCB 及 PCB 组装件等元器件电气安全绝缘防护工艺存在问题,可能导致短路失效故障。

8.3.2.4　关键单机和分系统在轨可靠性薄弱环节

从在轨质量问题分析及 FMEA、FTA 分析结果可以看出,控制、推进、电源是在轨故障多发及Ⅰ、Ⅱ类故障比较集中的分系统,且故障影响等级高,故障后果严重。

控制、推进分系统的故障往往导致卫星失控,无法完成姿轨控任务,甚至寿命缩减或终止。对于地球同步轨道卫星,控制、推进分系统的故障可能造成卫星无法定点或不能保持轨道精度;推进剂的泄漏将直接威胁卫星寿命。对于遥感卫星,有效载荷要求卫星高精度、高稳定度控制,99% 的任务需要通过姿态机动来实现,对姿控分系统和陀螺等关键单机依赖性强,可靠性要求高。电源分系统也是故障多发且影响巨大,一次电源或二次电源严重故障时可直接导致卫星退役。

8.3.2.5　生产过程薄弱环节

可靠性是设计出来的,也是生产出来的,生产过程的可靠性问题已经成为卫星产品从研制向批量生产和应用转型的重要制约因素,需要系统地研究型号产品生产过程中的可靠性问题,加大工艺及过程可靠性问题攻关力度。由于过程控制不严,可能会导致污染物、多余物等问题,影响卫星的可靠性与安全性。卫星各类产品,包括电子产品、机电产品及电源产品等在装联、试验、包装和贮存及卫星总装等过程中,均存在产生多余物的风险。多余物导致的卫星在研、在轨质量问题也时有发生,例如多余物引起的某卫星太阳帆板驱动机构堵转等。

8.4　可靠性薄弱环节改进

8.4.1　空间环境防护与抗干扰设计

针对卫星空间环境防护与抗干扰能力设计不足的问题，从系统层面和单机层面开展了薄弱环节改进，系统层面改进措施如下。

空间环境防护方面，完成了整星环境背景分析、整星辐射剂量一维和三维分析，确定了星体内部各区域辐射剂量。根据分析结果和工程使用要求，对重要单机进行了详细的三维辐射剂量分析，根据内部元器件的辐射剂量有针对性地采取了局部屏蔽措施。

东四平台电子设备系统复杂，微电子器件集成度高，为了保证卫星的正常工作和在轨安全，建立表面电位分析系统，开展了对东四平台卫星表面电位的工程分析工作，并提出东四平台卫星的表面电位控制设计方案和验证方案。东四平台卫星表面电位分析与验证工作的基本思路是：根据卫星的工程特点和表面材料状态，将卫星表面划分为若干典型区域，根据每个典型区域的材料和接地状况，有针对性地分别采用长条材料端点接地、薄膜材料背面接地、圆形材料圆心接地等多种充电模型，采用简化的工程分析方法，进行卫星表面电位的最坏情况（包络）分析；逐步推动和促进我国表面电位分析软件的研究工作。

东四平台卫星表面电位分析的主要成果有：

1）完成了卫星表面电位分析区域的划分工作，将卫星表面划分为多层、OSR、白漆、太阳电池盖片共 4 类 100 余个，并明确了各区域电位分析所需的相关工程数据；

2）完成了基于长条材料一端接地、圆形材料圆心接地、块状材料背面接地、块状材料不接地等分析模型的建立，并分别建立了利用欧姆定律、电流平衡方程等进行表面电位分析的方法，取得了初步的分析结果；

3）在初步分析基础上，提出通过控制卫星表面接地、表面材料电阻率的方法，进行卫星表面电位控制与防护的措施，并给出相应的定量依据。

单机层面，从元器件选用和接口抗干扰设计两方面开展了设计改进：

1）优先选用翻转阈值高的器件，如采用专用芯片 ASIC 或反熔丝类 FPGA，对于不得不采用的基于 SRAM 的 FPGA，可通过三模冗余＋定时刷新的设计，提高抗单粒子的阈值。同时在系统设计过程中，应具备针对单粒子事件的快速响应机制，在轨发生异常时，第一时间进行复位或者重新加电，将对整星的影响降至最低。同时在太阳活动高峰期提前预警并加强在轨监视。

2）开展干扰源机理的研究，结合国内外相关设计方法，完成接口抗干扰设计规范；对单机指令接口抗干扰设计进行复查，对未采取抗干扰措施或抗干扰能力不足的接口电路要进行设计改进和试验验证。

8.4.2　供电链路可靠性、安全性设计

针对太阳电池阵开展了空间静电放电（SESD）防护设计，SESD 被认为是引起 20 世纪 90 年代国外 GEO 大功率通信卫星高压太阳阵在轨失效的主要原因之一。SESD 由电荷积累引起，会诱导高压太阳电池阵发生二次放电，二次放电可使材料热解、熔化，进而造成电源系统永久性短路。为了满足卫星 100 V 母线需求，东四平台太阳电池阵的输出电压设计不小于 103 V。工作电压的提高增加了太阳电池阵与空间带电环境的耦合机会，存在空间静电放电风险。

对于高压太阳电池阵，充放电主要发生在玻璃盖片、互连片、聚酰亚胺薄膜三者之间。为了确保太阳电池阵的安全，采取了以下措施避免太阳电池电路产生持续放电：

1）在太阳电池边缘填涂 RTV 胶，由于 RTV 的存在，在 ESD 产生的等离子体和太阳电池之间建立了一个势垒，可以阻止二次弧光放电及热解，提高放电的阈值电压，从而降低放电的可能性；

2）减小相邻电池串之间的电势差，将两个电池串间的电势差限制在 52 V 左右；

3）减小每个电路的电流，限制每个电路的并联片数，使每个电路的电流值小于 1 A，从而大大降低了 ESD 的发生概率；

4）为了避免 ESD 及微陨石或空间碎片的撞击造成单元电路短路而导致整个分流电路失效，在单元电路之间增加了 ESD 防护二极管，单元电路之间实施了有效的故障隔离，可以预防功率损失。

供电链路方面，进一步开展了供电安全设计与复查工作。针对一次供电母线保护、供电安全间距等提出了明确的要求，并开展了专项供电安全设计复查及实物检查。系统层面对卫星一次母线供电接口保护情况、整星熔断器配置、整星接地状态、电缆网的供电安全等进行确认与检查，单机层面对整星一次母线供电的全部有源单机内部印制板、元器件、机箱布局布线、整星电缆网二次绝缘实施、整星熔断器设置等进行确认与检查，确保供电安全设计与实现满足要求。

8.4.3　元器件采购、试验和使用

针对识别出的元器件失效导致卫星失效的潜在薄弱环节，继续深化元器件的筛选技术研究，严格过程控制，特别是对于新品元器件、目录外元器件加严控制；吃透技术，正确使用元器件，加强敏感元器件的静电防护设计；加强对国产元器件的技术攻关和技术完善，提高元器件设计与工艺水平。

东四平台制订了本型号特有的《电子元器件质量等级和筛选条件要求》，用于元器件质量控制与筛选。共形成了 72 份国产元器件质量条件，简称为东四条件；优选压缩品种和生产厂家，制定了元器件/部件的订购和引进计划；订货条件在原有通信系列卫星要求的基础上，增加了半导体器件内部水汽含量的要求、半导体器件 DPA 中的 SEM 要求、抗辐射能力要求，扩大了 DPA 要求范围并且要求更加严格。

此外，继续深入研究适用于宇航元器件的过程控制技术，实现元器件可用性评价；针对高可靠、长寿命元器件完善结构分析技术、破坏性物理分析技术和可靠性评估与预计技术，掌握典型元器件高可靠、长寿命评价要素及方法，为元器件的正确选用提供指导。

8.4.4　关键单机及分系统可靠性薄弱环节改进

（1）DC/DC 电源模块可靠性薄弱环节改进

DC/DC 电源模块具有输入电压高、输出功率大、负载种类多、结构复杂等特点，针对高压线路安全性、性能稳定性、工艺等方面存在的薄弱环节，运用新技术、新方法、新工艺等手段进行了改进和提升，提高了产品可靠性。

针对 DC/DC 电源模块产品高压安全性能进行了改进，通过增加安全距离确保高压线路的安全性，通过改进机箱内部结构排除损坏电缆的因素，优选高压电缆导线提高绝缘强度，对不可增加间距的高压线路采取加强绝缘或二次绝缘处理。稳定性裕度方面，推导出 DC/DC 电源模块电路闭环调整特性的传递函数，从中发现影响产品增益裕量和相位裕度的潜在问题和缺陷并给予解决，改进电源模块在闭环调整稳定裕度方面存在的薄弱环节，提高产品的工作稳定性。工艺方面，规范 DC/DC 电源模块中高压印制电路板的电装工艺，优化产品内部电缆走向，完善和固化产品固封工艺，提高产品整体的工艺规范性和可靠性。

（2）惯性姿态敏感器可靠性薄弱环节改进

针对影响陀螺寿命与可靠性的关键因素进行了梳理，识别出了轴承加载精度不高、马达筛选工艺及多余物控制等方面的潜在薄弱环节，针对以上薄弱环节进行了改进和提升，提高了产品可靠性。

通过对陀螺马达和陀螺本体在生产、测试流程中的研究，制定轴承精确加载、LSD测试等规范，并对装配和筛选工艺进行研究和改进，在通过生产线验证后进行固化，提高产品的成品率和批次间质量稳定性。多余物控制方面，梳理陀螺设计、装配、测试等全过程各工序上可能存在的多余物来源，从原材料、设计、工艺和生产等方面规定多余物的控制要求，从测试方面规定陀螺多余物的筛选方法，并将以上措施在生产过程中进行验证，形成多余物筛选规范。

（3）供配电分系统可靠性薄弱环节改进

通过对东四平台供配电分系统在轨和地面试验发生的故障进行分析和梳理，识别出了集中供电方式下的配电安全性、供电接口绝缘及故障隔离、免更换的新型火工品限流电阻器性能、一次电源设备可靠性设计不足等薄弱环节，针对以上薄弱环节进行了改进，提高了产品可靠性。

设备供电安全方面，对整星供电链路进行全面梳理，并从设计及工艺上将有效的故障隔离措施之前短路的可能性降到最低。首先在供电线束布线设计时应注意热防护要求、隔离安装、活动部件的安装，使电缆束远离火工装置等危险源；其次是采取加强绝缘或双重绝缘的设计并在研制过程中有效实施，从而避免单点故障的发生；再次，供电链路上的重要单机如SADA-M及蓄电池组连接继电器盒等可采用机壳浮地的安装方式（机壳与星地之间通过高阻接地以泄放静电），避免内部电源正线与机壳短路引发严重的次生灾害。

针对东四平台使用的多种不同种类与规格的限流电阻器开展了真空下的失效模式摸底试验及机理验证工作，进行了不同工艺状态及过载状态共六种工况试验，深入分析了各型电阻器在真空环境中、特定过载条件下的阻值变化规律，确定了各类电阻器真空功率过载失效模式，规范了限流电阻器的使用。

针对一次电源设备太阳电池阵15年寿命环境适应性、蓄电池组性能特性稳定性等问题开展了改进与验证工作。针对太阳电池阵进行地面试验验证，包括热环境考核、辐照试验和复合应力后的静电放电试验，验证了其在大功率、长寿命、高母线电压卫星上应用能力；对蓄电池的电性能、压力、自放电率、充放电量比和涓流电流的温度特性进行系统的验证，总结了电池各项特性随温度的变化规律，细化了蓄电池组地面使用中充电容量控制要求，确保使用安全；开展覆盖在轨工作环境条件的多项寿命试验，掌握电池电性能和压力随循环寿命的变化规律，确定在轨工作全寿命期间电池压力的调整方案，完善在轨管理技术，确保 15 年寿命期间运行稳定。

8.4.5　过程生产薄弱环节改进

（1）洁净、污染控制

东四平台卫星编制了《卫星产品洁净度控制大纲》，对卫星及其产品设计、生产、总装、贮存、运输、吊装、测试、试验、发射准备过程中洁净度控制的一般要求进行了规定。此外，按照相关标准的规定，针对污染敏感的部组件产品和易释放污染物的产品，制定防污染控制措施，如蓄电池组封闭隔离、敏感器安装保护罩等。对于推进系统的推力器、管路、阀门、贮箱等污染敏感的产品，从设计、地面经历环境两个方面制定和采取防污染措施。对于热控 OSR 片的防污染，采取平时粘贴保护膜进行保护；热真空试验前和进场后对其污染情况（主要是灰尘附着情况）进行检查，根据需要使用酒精进行清洁。对于光学敏感器件，如地球敏感器、星敏感器、太阳敏感器等安装保护罩防尘，仅在需要对其进行光学测试时，才打开保护罩。此外，整星管路制作、焊接和推进系统装配工作均在洁净度优于 1 万级的洁净间进行。

（2）多余物控制

对于电子类产品，在产品验收时，由专人对产品合盖前工艺照片进行检查确认，确保无多余物；对机械产品，特别是对清洁和多余物控制有特殊要求的推进系统等产品（贮箱、气瓶、阀件、管路等），对零、部、组件每道工序完成后和装配前去毛刺和清洁处理记录情况进行确认。此外，通过编制详细的焊接工艺规程对推进管路制作过程进行防多余物控制。管路焊接完成后，对推进系统管路（包含分舱接头、10 NG 推力器和 490 NG 发动机管路）进行多余物吹除。

在整星 AIT 过程中，重点进行操作过程的多余物控制和检查。操作过程中所有连接件和垫片、热缩套管、绑扎带、操作工具数量和规格均在工艺规程中进行了明确规定，操作前后均进行数量清理，避免产生多余物。对于暂时不连接的设备和电缆网空插头均罩红色保护罩进行防护，对未连接的波导口均粘贴 3M 胶带进行多余物防护，对于设备自带的保护罩，如地球敏感器、数字太阳敏感器保护罩均及时进行安装，防止多余物。对于发动机喷口保护盖，仅试验前取下无防护,在其他过程中,包括力学试验时如果取下保护盖,均须及时罩上防多余物袋。

8.5　可靠性增长验证

东四平台为了满足长寿命、高可靠的要求,针对高承载、大功率、高热耗等特点,完成了电性星、结构星、热控模拟舱、合练星、热试车星的工作,并进行了一系列可靠性试验,主要有:

1)热控模拟舱热平衡试验:考核和验证了在最大能力下,卫星热设计的合理性和可行性,并为修正热数学模型提供了依据;

2)主结构静力试验及超载试验,验证了结构设计的合理性,表明结构可以适应将来扩展型的研制要求;

3)充液、空箱状态力学试验:验证了整星刚度和关键部件的动力学特性,卫星结构可以承载 5 200 kg 以上的发射重量;

4)推进系统地面热试车试验:获得了推进系统性能数据、混合比和水击压力峰数据,验证了力学试验后的点火功能和系统的匹配性及推进剂余量的测算方法。

针对卫星在轨服务 15 年寿命要求,对星上使用的有寿命限制的设备、部件和材料进行了寿命试验考核,主要包括机械活动部件加速寿命试验、推力器点火试验、热控涂层寿命试验、材料相容性试验、材料老化试验、氢镍蓄电池组恒定 DOD 加速寿命试验、氢镍蓄电池组全模拟寿命试验、压力容器寿命试验、热管 2 万小时寿命试验、陀螺仪寿命试验、太阳帆板驱动机构加速寿命试验等。

为了提高环境应力筛选效果,对单机的环境应力筛选条件进行了加严。在原来单一的高温老炼的基础上,增加了温度循环老炼要求。实际应用效果表明,温度循环应力比单一的温度条件更容易激发出产品的潜在故障,暴露设计缺陷。

空间环境防护设计方面,东四平台卫星对 49 种关键器件及 74 种原材料的抗辐射能力进行了摸底试验,获取了重要的设计数据。卫星各级产品以分析和试验结果为依据进行了严格的抗辐射设计。

开展了空间静电放电模拟试验,对太阳电池样品进行了不同工作电流、不同束流密度等各种工况下的抗静电放电性能模拟和评价试验。试验结果和东四平台卫星在轨运行情况表明，太阳电池阵输出电流稳定，均未发生二次弧光放电，证明了太阳电池阵采取的静电防护措施能够有效避免二次弧光放电对太阳电池阵造成的灾难性损失。

8.6 可靠性评估

在东四平台可靠性薄弱环节分析、改进及验证的基础上，综合应用可靠性设计分析数据、地面研制试验数据、可靠性增长验证数据及在轨飞行数据等开展可靠性评估工作。东四平台可靠性评估采用金字塔式系统可靠性评估思想，综合利用可靠性模型组成单元之间的横向信息，对平台寿命末期可靠性进行评价。金字塔式系统可靠性评估的基本原理是根据已知的系统结构函数，利用系统以下各级的可靠性信息，自下而上逐级进行单机、分系统直到系统级的可靠性评估，得到平台寿命末期的可靠度置信下限。

根据东四平台可靠性评估方法，确定可靠性评估数据来源如下：

1）供配电、测控和推进分系统可靠性预计及可靠性评估结果，可靠性评估结果包括可靠度的点估计、置信下限估计及对应的置信度；

2）数管和热控分系统可靠性预计结果，直接采用 0.982 和 0.990；

3）控制分系统单机的可靠性预计结果、地面可靠性试验数据及在轨飞行数据；

4）控制分系统其他设备的可靠性预计结果。

使用 CMSR 法对平台可靠度进行评估，根据分系统可靠性评估结果，可知已获得了测控、控制、供配电及推进四个分系统的可靠度点估计及置信下限，为此将这四个分系统作为平台评估中的独立"单元"进行处理。东四平台可靠性框图如图 8-9 所示。

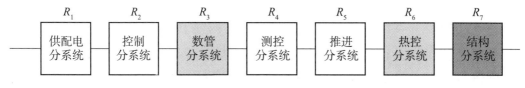

图 8-9 东四平台可靠性框图

平台可靠性简化模型中的基本单元共分为三种类型：

1）第 I 类：供配电、测控、推进及控制分系统，这 4 个单元通过单独的可靠性评估得到了点估计和置信下限，通过可靠度点估计和置信下限反算得到等效成败型数据，用于平台可靠性评估中各单元的综合。

2）第Ⅱ类：数管分系统、热控分系统，这2个基本单元未开展单独的可靠性评估，本节中将利用其可靠性预计数据作为先验数据，将其作为基本单元采用 Bayes 方法开展单元评估，并将其评估结果用于平台可靠性评估中各单元的综合。

3）第Ⅲ类：结构分系统，将其可靠度视为1处理。

本节采用 CMSR 方法进行可靠性评估。

可靠度的点估计为

$$\hat{R} = \hat{R}_1 \hat{R}_2 \hat{R}_3 \hat{R}_4 \hat{R}_5 \hat{R}_6$$
$$= \exp\left[\frac{z_1}{H_1} + \frac{z_2}{H_2} + \frac{z_3}{H_3} + \frac{z_4}{H_4} + \frac{z_5}{H_5} + \frac{z_6}{H_6} \right] \tag{8-1}$$

方差估计为

$$D(\hat{R}) = \hat{R}^2 \left[\frac{D(\hat{R}_1)}{\hat{R}_1^2} + \frac{D(\hat{R}_2)}{\hat{R}_2^2} + \frac{D(\hat{R}_3)}{\hat{R}_3^2} + \frac{D(\hat{R}_4)}{\hat{R}_4^2} + \frac{D(\hat{R}_5)}{\hat{R}_5^2} + \frac{D(\hat{R}_6)}{\hat{R}_6^2} \right] \tag{8-2}$$

其等效任务数 H 和等效失效数 z 分别为

$$H = -\frac{\hat{R}^2 \ln \hat{R}}{D(\hat{R})} \tag{8-3}$$

$$z = -H \ln \hat{R} \tag{8-4}$$

在置信度下，可靠度置信下限 R_L 计算如下

$$R_L = \exp\left[-\frac{\chi_{1-\gamma}^2 (2z+2)}{2H} \right] \tag{8-5}$$

数管与热控分系统的可靠性评估应用 Bayes 方法开展，经统计，数管与热控分系统共计在轨飞行时间为 12 771 h。通过 Bayes 方法对数管、热控分系统可靠度进行评估，计算得到各分系统等效累计试验数与等效累计失效数。测控、控制、供配电、推进4个分系统开展单独评估，根据得到的可靠度点估计与置信下限，应用成败型单元可靠性评估方法的反推算法，反算得到各分系统等效试验数与等效失效数。

根据各分系统等效试验数与等效失效数据，采用 CMSR 法开展可靠性评

估，计算得到置信度 0.6 下东四平台 15 年寿命末期的可靠度点估计与置信下限分别为 0.913 2 与 0.906 9。

　　通过东四平台的可靠性增长，识别并改进了可靠性薄弱环节，验证了寿命与可靠性指标。

第 9 章　运载火箭可靠性增长案例

9.1　概述

运载火箭是由多级火箭组成的航天运载工具，是第二次世界大战后在导弹的基础上发展起来的，用途是把人造卫星、载人飞船、空间站、空间探测器等有效载荷送入预定轨道。

我国从 20 世纪 60 年代中期到本世纪初，先后成功研制了 CZ－1、CZ－2、CZ－2C、CZ－2D、CZ－2F、CZ－3、CZ－3A 系列、CZ－4 系列等多型运载火箭。本部分重点介绍 CZ－3A 系列运载火箭可靠性增长案例。

CZ－3A 系列运载火箭贯彻了"系列化、组合化、通用化"的设计思想，在充分继承原有长征型号成熟技术的基础上，采用了百余项新技术，使我国运载火箭的地球同步转移轨道（GTO）运载能力得到大幅提升，提高了我国运载火箭的适应性和可靠性，增强了在国际商业发射市场上的竞争能力。

CZ－3A 系列运载火箭包括 CZ－3A、CZ－3B 和 CZ－3C 三种构型，覆盖不同运载能力的需求，各构型示意图如图 9－1 所示。

(a) CZ-3A　　　　　　(b) CZ-3B　　　　　　(c) CZ-3C

图 9－1　CZ－3A 系列运载火箭

CZ - 3A 运载火箭是不带助推的三级火箭，继承了 CZ - 3 运载火箭的成熟技术，采用了新设计的液氢液氧第三级，可以对有效载荷进行大姿态调姿定向，并提供可以调整的卫星起旋速率。CZ - 3A 运载火箭于 1994 年 2 月首次发射，GTO 运载能力从 CZ - 3 运载火箭的 1 450 kg 提高到了 2 600 kg。

CZ - 3B 运载火箭是在 CZ - 3A 运载火箭基础上捆绑 4 个助推器组成的三级火箭，于 1996 年 2 月首次发射，使我国运载火箭的 GTO 运载能力达到了 5 500 kg。

CZ - 3C 运载火箭是在 CZ - 3A 运载火箭基础上捆绑 2 个助推器组成的三级火箭。它于 2008 年 4 月首次发射，GTO 运载能力为 3 800 kg。

CZ - 3A 系列运载火箭的研制成功，是我国运载火箭技术的一大突破与跨越，促进了我国航天高科技的发展，保持了我国航天大国的地位。示意图如图 9 - 1 所示。

CZ - 3A 系列运载火箭可靠性增长工作具有以下特点。

（1）问题导向

CZ - 3A 系列运载火箭可靠性增长工作的目标是确保飞行任务成功，开展可靠性增长的线索主要是产品在研制、试验、总装、出厂测试、靶场测试及飞行过程中发生的质量问题、故障隐患或薄弱环节，使可靠性增长工作做到突出重点、有的放矢。

（2）覆盖全面

CZ - 3A 系列运载火箭参研单位从设计、生产、总装与出厂测试、靶场操作与测试、飞行等全过程开展薄弱环节识别、分析和改进，使可靠性增长工作覆盖全流程、全要素，使可靠性增长工作做到"哪里有薄弱环节、哪里就有可靠性增长活动"。

CZ - 3A 系列运载火箭从总体、分系统、单机、软件到零部件，结合各层次产品特点，有效应用可靠性设计、分析、试验和评估方法，通过进行产品设计改进、试验验证和可靠性评估，使可靠性增长覆盖各层次产品。

（3）持续开展

自 20 世纪 90 年代起，CZ - 3A 系列运载火箭持续开展系统、分系统及单机产品可靠性增长工作，使型号可靠性得到不断提升。在 CZ - 3A 系列运载火箭开展可靠性增长工作过程中，逐步摸索形成了测试覆盖性分析方法，"五交集"分析方法，Ⅰ、Ⅱ类单点故障模式识别与控制等方法，在不断识别型号存在的可靠性薄弱环节的同时，沉淀、固化相关分析方法，形成长效机制并推广应用于其他航天型号。

9.2　可靠性薄弱环节分析

薄弱环节识别与分析，是开展可靠性增长工作的前提和基础。对 CZ - 3A 系列运载火箭按研制流程，从设计、生产、总装与出厂测试、靶场操作与测试、飞行等环节逐一开展薄弱环节识别与分析工作，梳理运载火箭存在的可靠性薄弱环节，以便有针对性地开展可靠性增长工作。

9.2.1　设计薄弱环节

9.2.1.1　运载火箭总体设计薄弱环节

通过开展可靠性分析、飞行遥测数据分析、维修性分析等工作，CZ - 3A 系列运载火箭总体设计上的薄弱环节主要包括：

1）CZ - 3A 系列运载火箭于 20 世纪 80 年代开始研制，受当时工业水平的制约，CZ - 3A 系列运载火箭飞行可靠性指标为 0.9；随着近年来工业水平的发展、成功飞行子样的不断积累以及不断提高的发射任务可靠性要求，运载火箭的飞行可靠性指标需要进一步提升；

2）通过运载火箭实际飞行测量数据的不断积累，部分测量参数的统计包络曲线存在超出相应的试验条件（验收量级或鉴定量级）的情况，说明箭上产品的地面环境试验没有完全覆盖飞行环境条件，存在隐患，箭上产品的环境条件需进一步修改完善，环境适应能力有待提高；

3）受限于运载火箭内部狭小的空间环境，部分产品在运载火箭上的安装位置不利于操作人员进行安装调试或更换，一旦出现问题，更换产品时间较长、工作量较大，严重时将会影响运载火箭总装、测试及发射进度，维修性有待提高；

4）CZ - 3A 系列运载火箭在成功进行了多次飞行试验后，已获取了较为全面、准确的飞行参数，为进一步简化测量系统产品构成、提升可靠性和运载能力，测量参数可以进一步优化和调整。此外，运载火箭的测量手段略显单一，缺乏图像视频测量方式。

9.2.1.2　分系统设计薄弱环节

通过开展质量问题归零及举一反三、Ⅰ、Ⅱ类单点故障模式分析、"五交集"分析等工作，发现 CZ-3A 系列运载火箭控制系统和增压输送系统等分系统存在薄弱环节。

（1）控制系统薄弱环节

经Ⅰ、Ⅱ类单点故障模式分析，CZ-3A 系列运载火箭控制系统一、二级伺服系统控制回路（包括一、二级伺服机构和一、二级功率放大器）单机存在单点模式，其中伺服机构伺服阀曾经在地面测试过程中发生过卡死故障，一、二级功率放大器元器件若发生故障将直接导致系统对伺服机构失去或部分失去控制能力，这两种故障一旦发生将直接影响飞行成败。

（2）增压输送系统薄弱环节

CZ-3A 运载火箭通过遥测数据分析曾发现飞行中三子级氧箱冷氦增压系统工作出现异常，一是冷氦气瓶压力小幅下降后上升，二是三级飞行中氧箱压力异常。通过 FTA，识别出三级冷氦增压系统的 3 个单机共存在 4 个单点故障模式，其中减压器故障飞行中出现过一次，冷氦压力调节器故障飞行中出现过两次。三子级冷氦增压系统需要在消除单点故障、提高系统可靠性方面进一步开展工作。

9.2.1.3　单机薄弱环节

通过开展飞行结果分析、质量问题归零及举一反三、Ⅰ、Ⅱ类单点故障模式分析、"五交集"分析、可靠性评估等工作，识别出存在可靠性薄弱环节的单机产品包括控制系统箭载计算机、惯组、配电器、伺服机构，增压输送系统蓄压器、管路、阀门，分离系统火工品、包带、低冲击分离装置等，下文以自生增压管路和低冲击分离装置为例进行介绍。

（1）自生增压管路薄弱环节

CZ-3A 系列运载火箭一、二级自生增压管路材料大量采用了铝合金材料 5A06，其蠕变温度为 194 ℃。根据飞行遥测数据显示自生增压管路的最高工作温度已近 350 ℃，远高于铝合金材料的蠕变温度。另外铝合金材料 5A06 常温下的强度极限为 315 MPa，而铝合金材料在 350 ℃ 工况下强度极限仅为 58.4 MPa，较常温降低了 88% 左右。因此自生增压管路在实际飞行的高温环境中，存在可靠性薄弱环节。

（2）低冲击分离装置薄弱环节

低冲击分离装置是针对星箭分离冲击过大而研制的新型分离装置，其可以减小产品分离时产生的冲击，但由于燃气内弹道不够优化、摩擦面涂层制备工艺不够成熟，产品的分离解锁裕度和分离可靠性不高，分离可靠性评估值为0.999 83，而传统低冲击分离装置的可靠性评估值在 0.999 9 以上。因此低冲击分离装置需进一步开展改进工作，提升其分离解锁裕度和可靠性水平。此外，该产品生产合格率不足 50%，难以适应高密度组网发射要求。

9.2.2　生产薄弱环节

型号产品可靠性是设计出来的，也是生产出来的，生产阶段的工艺可靠性、质量一致性和稳定性也制约着产品实际可靠性水平。通过对质量问题归零及举一反三、超差数据分析和成功数据包络分析等识别出生产薄弱环节有以下两方面：

1）运载火箭结构系统壳段、贮箱和增压输送系统阀门、管路等结构类产品在生产过程中，经常出现产品部分性能参数超过设计要求值的情况，需要通过办理"超差质疑单"让步使用，虽然各超差项经分析均不影响产品实际使用，但依然存在质量隐患。

2）以增压输送系统阀门为代表的部分产品性能指标要求高，在运载火箭飞行过程中参与指令执行、对力热环境较敏感，存在生产质量稳定性不足、合格率不高、产品报废率较高的问题，不但严重影响产品交付数量和研制进度，也将造成经费损失。

9.2.3　总装与出厂测试薄弱环节

通过开展易错、难操作项目识别与分析，质量问题归零及举一反三，测试覆盖性分析等工作，识别出总装与出厂测试薄弱环节有：

1）在运载火箭总装过程中，人工操作环节容易出现问题，存在一些易错、难操作、盲操作项目，影响型号测试、总装过程的操作性与可靠性。

2）运载火箭出厂测试是运载火箭总装完成后、进入发射场前的一项十分关键的工作，是对运载火箭总装后各系统各项性能指标的一次综合检查，由于条件制约，存在出厂测试不覆盖发射场测试的项目，需要提高型号测试覆盖性。

3）在运载火箭出厂测试过程中，总体及各系统产品会产生大量的生产、测试数据，需要对这些数据进行判读以判断是否符合要求，而在很长一段时间内数据判读方式还是相对原始的手工记录、人工传递、人工判读的方式，在数据量大、进度要求紧、判读准确性要求高的情况下，人工数据判读方式不满足高密度发射任务需求，需提高数据判读可靠性。

9.2.4　靶场操作与测试薄弱环节

通过发射任务需求适应性分析、发射场故障归零及举一反三等工作，识别出靶场操作、测试阶段薄弱环节有：

1) 在运载火箭靶场操作、测试阶段，随着 CZ - 3A 系列运载火箭持续的高密度飞行试验取得成功，发射场操作、测试工作日渐成熟，同时近年来发射任务越来越密集，靶场操作、测试阶段的测试项目简化和发射场工作流程优化、提升运载火箭的发射任务适应性显得十分必要，以提高靶场操作可靠性。

2) 在运载火箭射前准备阶段，工作人员还需进行射前状态准备与测试检查确认，发射前端需要人员登上发射塔架进行操作，存在安全隐患。2016 年 9 月 1 日，SpaceX 公司猎鹰 9 号火箭在卡纳维拉尔角发射场执行 AMOS - 6 卫星发射任务的射前静态测试准备时发生了爆炸，损毁了 LC - 40 发射平台，由于其采用了诸多自动化的技术，实现了发射前端的无人值守，未造成人员的伤亡。

9.2.5　飞行试验薄弱环节

通过开展飞行试验遥测数据分析和落区安全性分析，在运载火箭飞行试验阶段，存在的薄弱环节主要为：运载火箭助推器和芯级发动机残骸可能坠入的落区范围比较大，对落区内安全控制和人员疏散等工作提出了较高的要求，落区内的地面人员和设施存在一定的安全隐患，需进一步提高落区安全性。

9.3　可靠性薄弱环节改进

9.3.1　设计薄弱环节改进

9.3.1.1　运载火箭总体设计薄弱环节改进

CZ - 3A 系列运载火箭总体针对识别出的可靠性薄弱环节开展了设计改进工作，提高了型号可靠性水平。

1) 根据运载火箭实际飞行试验测量数据，进一步完善了箭上设备力学环境试验技术条件，并针对控制系统数十种成败型单机开展试验验证，通过试验考核确保力学环境试验条件包络实际飞行力学环境；

2）针对部分单向阀、温度传感器等维修、更换不便的产品，更改了产品安装布局或更换推进剂温度测量方式，确保产品周边具有足够的人工操作空间，提高了运载火箭维修性水平；

3）根据多发成功飞行测量参数实际情况，结合测量参数需求，进一步优化调整了各系统测量参数，一方面保留必需的关键参数以便随时掌控运载火箭状态，另一方面删减部分测量参数，以进一步优化系统构成，提高可靠性，减轻运载火箭自重，提高运载能力。此外，为运载火箭安装摄像装置，增加图像、视频测量方式，丰富运载火箭测量手段。

9.3.1.2　分系统设计薄弱环节改进

以控制系统和增压输送系统为例，针对存在的设计薄弱环节，开展了各系统的可靠性设计改进工作，提高了系统的可靠性。

（1）控制系统薄弱环节改进

CZ‐3A系列运载火箭型号开展了控制系统一、二级伺服系统控制回路冗余改进工作，主要包括伺服机构中伺服阀三冗余改进和功率放大器冗余改进，同时在此基础上进行系统的线路设计，改进后控制系统进一步消除了单点失效模式，基本实现了控制系统的全冗余设计，该项改进对于控制系统乃至整个运载火箭的飞行可靠性提升起到了关键作用。

（2）增压输送系统薄弱环节改进

开展了三子级冷氦增压系统冗余改进工作，包括单机级产品可靠性改进、系统级冗余改进以及相关产品适应性改进，其中以提升可靠性为主的改进有：三子级冷氦增压系统由主增压路和备份增压路构成冗余增压系统、冷氦增压单路控制改为三路电磁阀加孔板的并联冗余控制、压力信号器采用双点双线等。改进后的三子级冷氦增压系统消除了单点故障模式，可靠性水平得到了明显提高，在后续飞行试验中工作稳定。

9.3.1.3　单机设计薄弱环节改进

以自生增压管路和低冲击分离装置为例，针对存在的设计薄弱环节，型号开展了单机产品的可靠性设计改进工作，提高了产品的可靠性。

（1）自生增压管路薄弱环节可靠性改进

针对自生增压管路开展了可靠性改进工作，主要包括铝合金材料改进为不锈钢材料、金属密封结构改进为双道榫槽或平面结构、碳钢镀锌螺栓改进为高温合金螺栓、卡箍及支架用毛毡改进为耐高温的陶瓷纤维带、角焊接口改进为对接焊接口等。改进后的自生增压管路抗高温环境适应性和可靠性显著提升。

（2）低冲击分离装置薄弱环节可靠性改进

开展了低冲击分离装置可靠性改进工作，开展了结构优化设计、涂层摩擦工艺性能试验和可靠性增长试验等工作，通过提升二硫化钼涂层原材料控制和工艺精细化控制工作，降低了分离装置临界解锁气压值和解锁气压散差，提升了低冲击分离装置的环境适应性和解锁可靠性，可靠性提升至 0.999 9。此外，新投产的产品生产合格率已提升至 89.3%，节约了生产成本，提高了产品研制效率，有利地支撑了运载火箭高密度发射任务。

9.3.2　生产薄弱环节改进

开展了生产薄弱环节改进工作，提高了产品的制造可靠性。

1）CZ - 3A 系列运载火箭一方面严格控制不合格产品、产品不合格参数，尽可能地减少产品超差数量；另一方面组织开展了贮箱点焊工艺、加注法兰制造工艺、异型接头焊接工艺、V 形卡块产品加工工艺等关键工艺攻关研究，改善影响产品加工精度的关键工艺水平，从根本上解决产品制造精度问题，提升产品制造可靠性。

2）CZ - 3A 系列运载火箭持续开展液氢保险活门、液氧安溢活门、压力讯号器等产品的工艺改进研究工作，通过改善工艺方法、优化工艺规程、新增工艺设备等方式进一步改进阀门等产品的生产、装配工艺，提高产品的质量一致性和稳定性，提升产品合格率。

9.3.3　总装与出厂测试薄弱环节改进

开展了总装与出厂测试薄弱环节改进工作，提高了产品的总装可靠性和测试覆盖性。

1）型号一方面开展总装测试易错、难操作项目梳理分析工作，明确各操作项目的操作重点、难点、易错点等，并组织针对性的学习培训；另一方面针对重点的易错、难操作项目，开展产品设计改进、装配工艺改进、测试流程优化等工作，变难为易，降低操作的难度和出现错误的可能性。如增压输送系统连通管两端通过增加明显的防差错标识防止错接，分离系统分离螺栓和捕获器安装孔间隙不同以防止错装等。

2）针对出厂测试覆盖性问题，组织实施了"测试覆盖性"再分析工作，进一步梳理和完善出厂测试项目，明确测试方法、测试状态、测试环境、测试设备、测试指标等。对于测试不覆盖项目，一方面通过应用新测试方法或设备，如控制系统自动化火工品回路自动测试、增加产品配套专用测试设备等，减少测试不覆盖项目，另一方面对于无法进行测试的产品或产品的某项性能，也可通过其他手段进行控制并进行分析确认，确保出厂测试环节项目全覆盖、数据可追溯。

3）针对数据判读问题开展了自动判读系统"数据驱动"研制生产工作，即开发适用于"数据驱动"工作模式的信息系统，实现型号产品质量数据的格式化采集、结构化集成、自动化判读、可视化呈现，提高质量工作效率、效益，实现产品质量"用数据说话"，为确保型号飞行任务成功夯实基础。通过知识和数据的重用、共享，进行型号产品过程监控、结果预示、质量评价、故障定位、优化改进和经营管理的决策及优化改进。

9.3.4　靶场操作与测试薄弱环节改进

开展了靶场操作与测试薄弱环节改进工作，提高了产品的可靠性和测试覆盖性。

1）开展了发射场工作流程分析和发射场工作覆盖性分析工作，进一步优化和完善运载火箭在靶场操作、测试阶段的工作流程和测试项目，细化落实在型号发射场相关工作文件中，并在型号队伍中进行了培训和宣贯，有效地提升了运载火箭发射场工作效率。

2）CZ-3A系列运载火箭实施了运载火箭加注及前端测试发射无人值守改进工程，由前端向后端转变，并对相关技术进行了研究和突破，实现了运载火箭发射前端无人值守。无人值守改进提升了我国运载火箭自动化测试发射水平，增强了运载火箭测试发射安全性，对我国航天发射自动化技术发展具有重要促进作用。

9.3.5　飞行试验薄弱环节改进

型号开展了飞行试验薄弱环节改进工作，提高了产品的飞行可靠性和安全性。为了解决运载火箭助推器落区的安全性，CZ-3A系列运载火箭研制了伞降落区控制子系统，通过在运载火箭助推器上增加伞降装置，利用翼伞的机动控制能力实现落区控制。伞降落区控制可以实现火箭助推器落区的精确控制，能够减小地面工作人员需要疏散和控制的区域面积，有效提高了运载火箭落区安全性。

9.4　可靠性增长验证

为确保因开展可靠性增长工作而进行的产品、流程等可靠性改进工作的有效性，型号针对涉及可靠性增长工作的产品、流程等均开展了验证工作。

（1）验证试验

对于能够通过试验验证的涉及可靠性改进的产品或流程，型号均安排了专门的试验进行验证。例如，在自生增压管路薄弱环节可靠性改进项目中，型号共选择了 4 件产品作为试验件，可靠性特征量为振动寿命，服从 Weibull 分布，以可靠度 0.999 7 为目标值，每件产品各进行了 3 个方向各 40 min 的振动试验，试验过程中针对卡箍安装螺栓断裂故障进行了设计改进，将原碳钢螺栓改进为高温合金螺栓。试验后自生增压管路即完成了可靠性改进，也通过试验验证可靠性指标可以达到 0.999 7。

（2）仿真分析

对于不便于通过试验进行验证的改进项目，型号通过数学计算、计算机模拟、三维数字模装以及工艺规程、测试流程、工作流程走查等方式完成验证工作。

（3）匹配试验

在薄弱环节改进项目完成验证性试验后，型号将改进项目所涉及的系统、产品、流程、工作项目等纳入上一级系统或流程，开展改进项目与运载火箭系统内其他产品、流程、工作项目等相容性、匹配性试验，确保经过薄弱环节改进的项目的适用性，如系统综合试验、系统匹配试验、全箭总装及出厂测试、发射场安装及测试等。

由于所有 CZ‐3A 系列运载火箭薄弱环节改进项目均来源于运载火箭研制和飞行试验过程中所经受的实际故障或分析得出的薄弱环节，因此上述薄弱环节改进项目均已成功应用于 CZ‐3A 系列运载火箭实际发射任务中，取得了十分显著的效果，同时相关产品、技术、流程、方法等也推广应用至其他运载火箭型号，形成"以点带面、举一反三、共同提高"的良好局面。

9.5　可靠性评估

9.5.1　可靠性框图

CZ－3A 系列运载火箭飞行可靠性框图如图 9－2 所示。运载火箭飞行可靠性模型为串联模型，由影响运载火箭飞行成败的各系统组成，各系统可进一步细化形成各自的可靠性框图，由其所属的影响运载火箭飞行成败的单机以串联、并联或其他方式组成。

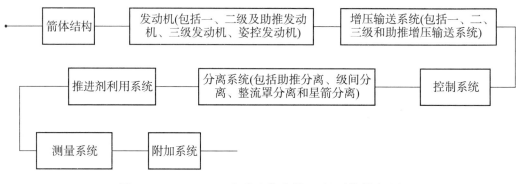

图 9－2　CZ－3A 系列运载火箭飞行可靠性框图

9.5.2　可靠性评估数据

凡与飞行可靠性有关的各种地面试验、飞行试验的数据，以及其他型号相似产品各种飞行试验和地面试验的数据均应收集。

液体发动机应收集的数据包括：

1）受试发动机技术状态；

2）受试发动机所处阶段和批次；

3）试车工况；

4）发动机任务时间；

5）投试发动机台数；

6）各台发动机试车实际时间；

7）各台发动机试车结束时的状态（成/败）及相关故障数；

8）试车性能参数测量值。

电子产品包括控制系统、测量系统、总体网及动力测控系统里的电子设备和电子元器件。电子产品需收集的数据包括：

1）受试产品技术状态；

2）受试产品所处阶段和批次；

3）试验条件（单项环境、综合环境）；

4）任务时间；

5）试验方式（定时截尾，有无替换）；

6）投试台数；

7）试验总时间；

8）试验中发生的相关故障数及相应的故障时间；

9）产品性能参数测量值。

机械产品包括箭体结构、地面机械设备等，需收集的数据包括：

1）受试产品技术状态；

1）受试产品所处阶段和批次；

3）试验加载性质（静载、动载）；

4）设计要求的载荷；

5）投试件数；

6）各试验件强度测量值。

机电产品，如伺服机构、火工装置等，需收集的数据包括：

1）受试产品技术状态；

2）受试产品所处阶段和批次；

3）试验条件；

4）试验方式（定数或定时截尾）；

5）任务参数（任务时间或任务循环数）；

6）投试台数；

7）试验中发生的相关故障数及相应的故障时间；

8）试验截尾时间或截尾故障数；

9）产品性能参数测试值。

火工品需收集的数据包括：

1）受试产品技术状态；

2）受试产品所处阶段和批次；

3）试验条件；

4）投试数量；

5）失败数量。

9.5.3　可靠性评估程序

CZ‑3A 系列运载火箭采用"单机→分系统→全箭"从下往上逐级评估的方式，最终确认是否满足可靠性技术指标要求。评估程序如图 9‑3 所示。

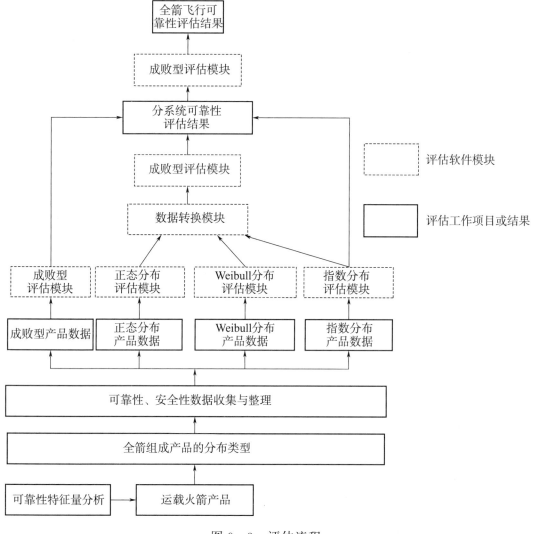

图 9‑3　评估流程

9.5.4　可靠性评估方法

9.5.4.1　成败型单元

设成败型单元产品的试验数据为 (n, s)，即共试验 n 次、其中有 s 次成功，则在置信度为 γ 时的可靠度置信下限 R_L 的计算公式为

$$R_L = \frac{s}{s + (r+1)F_{2r+2, 2s, \gamma}} \qquad (9-1)$$

9.5.4.2　指数寿命型单元

设指数寿命型单元产品的试验数据为 (n, r, T)，即共投入 n 个产品进行试验，试验中共有 r 个产品失效，试验总时间（所有产品试验时间总和）为 T，则在置信度为 γ 的可靠度置信下限 R_L 的计算公式为

$$R_L = \exp\left(-\frac{\chi_\gamma^2(2r+2)}{2T}t_0\right) \qquad (9-2)$$

式中　$\chi_\gamma^2(2r+2)$——自由度为 $2r+2$ 的 χ^2 分布的 γ 分位数；

t_0——任务时间。

9.5.4.3　Weibull 寿命型单元

设 Weibull 寿命型（双参数）单元产品的试验数据为 $(n, r, t_1 \leqslant \cdots \leqslant t_n)$，即共投入 n 个产品进行试验，试验中共有 r 个产品失效，则单元产品可靠度置信下限 R_L 的计算公式为

$$R_L(t_0) = \exp\left[-\frac{t_0^m \chi_\gamma^2(2r+2)}{2\sum_{i=1}^{n} t_i^m}\right] \qquad (9-3)$$

式中 m 为形状参数，是衡量寿命分散性的尺度，一般 $m > 1$，具体值应根据试验数据估计得到或根据工程经验判定。

9.5.4.4　应力—强度型单元

大多数情况下，结构部件强度试验未进行到破坏，或只有 1 个破坏强度数据，无法进行统计评定，此时可以采用安全系数估算法，计算步骤如下：

1）根据结构部件的设计安全系数 f、设计载荷值 C 计算出使用载荷值（最大值）L；

2）把结构部件强度试验截尾值（如 1.5 或 2 倍的 L），视作均值 $\bar{x}_s$；

3）根据结构部件的材料、结构形式、载荷性质等参照有关手册查出变差系数 C_{VS}（该值对应的置信度 $\gamma \approx 0.7$）；

4）t_R 计算公式如下

$$t_R = \frac{\bar{x}_s - L}{C_{VS} \cdot \bar{x}_s} \qquad (9-4)$$

5）由 t_R 查 GB/T 4086.1～6—1983 中正态分布函数表，可得置信度为

0.7 的结构可靠度置信下限 $R_L(0.7)$；

6）当需估算置信度 0.5 的可靠度置信下限 $R_L(0.5)$ 时，重复以上步骤，但 C_{VS} 应乘以系数 0.9。

9.5.4.5　系统可靠性综合评估

进行系统可靠性综合时，前提是需要组成该系统的各单元提供成败型数据，因此各类型单元产品的数据需要转换为成败型数据。

设系统在置信度为 γ 时的可靠度置信下限为 R_L，系统的等效成败型数据为 $(n^*，f^*)$，则求 $(n^*，f^*)$ 的方程为

$$\begin{cases} f^* = n^*\left[1 - R_L(0.5)\right] \\ \int_0^{R_L(\gamma)} x^{n^*-f^*-1}(1-x)^{f^*}\,\mathrm{d}x = (1-\gamma)\int_0^1 x^{n^*-f^*-1}(1-x)^{f^*}\,\mathrm{d}x \end{cases} \quad (9-5)$$

式中　　$R_L(0.5)，R_L(\gamma)$——分别为置信度为 0.5 和 $\gamma(\gamma > 0.5)$ 时的可靠度
　　　　　　　　　　　　置信下限。

采用 L–M 法进行系统可靠性综合评估。该方法是基于串联系统可靠性取决于组成系统的最薄弱环节这一事实，利用各组成单元的成败型试验数据对串联系统的可靠性进行综合评定。

设系统可靠性模型为串联模型，组成该系统的各单元的成败型试验数据为 $(n_i，f_i)$，$i=1，2，\cdots，L$，则系统等效试验数与等效失败数分别为

$$\begin{cases} n^* = \min(n_i,\cdots,n_L) \\ f^* = n^*\left(1 - \prod_{i=1}^{L} \dfrac{n_i - f_i}{n_i}\right) \end{cases}$$

按成败型试验数据 $(n^*，[f^*]+1)$、$(n^*，[f^*])$，由以下方程求得系统可靠度置信下限

$$\begin{cases} \displaystyle\sum_{x=0}^{[f^*]+1}\binom{n^*}{x} R_1^{n^*-x}(1-R_1)^x = 1-\gamma \\ \displaystyle\sum_{x=0}^{[f^*]}\binom{n^*}{x} R_2^{n^*-x}(1-R_2)^x = 1-\gamma \end{cases}$$

其中

$$\binom{n^*}{x} = \frac{n^*!}{(n^*-x)!\ x!}$$

式中　$[f^*]$——不超过 f^* 的整数部分；

　　　γ——置信度。

按 f^* 值在 $[R_1，R_2]$ 中线性内插，得到相应的系统可靠度置信下限的近似值 R_L

$$R_L = R_2 + (f^* - [f^*])(R_1 - R_2) \qquad (9-6)$$

9.5.5　可靠性评估结果

经评估，CZ-3A 系列运载火箭可靠性评估结果为 0.95，置信度为 0.7。

第 10 章　运载火箭发动机可靠性增长案例

10.1　概述

长征系列运载火箭常规一、二级发动机隶属于动力系统，为目前在役运载火箭（CZ-2C 系列、CZ-3A 系列、CZ-2D、CZ-4 系列）所采用，是运载火箭的核心部分，目前发动机结构可靠、工艺相对成熟、状态基本稳定，为圆满完成以载人飞行、探月工程为代表的 300 多次发射任务做出了重要的贡献，是我国开展航天活动的动力基石。

发动机于 20 世纪 60 年代开始研制，随着宇航型号发动机统一状态的实施，研究成果绝大部分应用在宇航型号发动机上。围绕着运载能力的提升、飞行使用剖面的不断拓展、交付使用数量的不断增多、研制周期的不断缩短，研制单位始终坚持"质量第一""可靠性第一""继承性和充分验证"的原则，坚持先进技术与现实水平相结合的设计思想，坚持"从严从难"地面热试车考核的试验途径，对地面和飞行试验中暴露出的薄弱环节，经过可靠性增长、共性薄弱环节改进及可靠性提升、质量提升工程等多种途径，实施"改进—试验—再改进—再试验"的反复迭代优化改进和考核验证，发动机的质量与可靠性水平、制造成熟度都得到不断提升，也促进了型号研制队伍可靠性设计和分析的能力提升，有力支撑了航天的快速发展，也为航天动力产品可靠性的增长方案提供了可以借鉴的范式。

10.1.1　产品基本功能

运载火箭一级发动机代号为 YF-21，由 4 台 YF-20 单机通过机架并联组成。二级发动机代号为 YF-24，由主发动机（下文简称主机）YF-22 和游动发动机（下文简称游机）YF-23 通过机架并联组成；游机 YF-23 的 4 个推力室可在安装位置做 ±60° 的切向摇摆，以提供飞行中的控制力矩。主机关机后，游机可按要求继续工作。

一、二级发动机推进剂均为四氧化二氮和偏二甲肼液体推进剂，采用泵压式输送方式、燃气发生器开式循环、固体火药启动器启动涡轮，一级单机和二级主机采用自生增压系统，通过燃气降温器和四氧化二氮蒸发器实现运载火箭的自生增压。发动机系统简单，结构合理，奠定了高可靠性的基础。

10.1.2　产品性能

一级单机推力和二级主机推力为 75 t，游机推力为 4.8 t。最长工作时间一级发动机 170 s，二级主机 300 s，游机 700 s。根据任务还可配套推进剂利用系统、辐射冷却铌合金大喷管游机推力室等组合件进行部分性能调整。

10.1.3　产品的寿命与可靠性指标要求

经过多年的可靠性提升和子样的不断加大，根据发动机地面试车试验和飞行试验情况，对一、二级发动机的可靠性进行了评估，在置信度 0.7 下，一、二级发动机可靠性评估结果均满足 0.995 指标要求。

10.1.4　产品工作条件和任务剖面

发动机工作环境条件如下：

1）环境温度：−35～+50 ℃；

2）推进剂温度使用范围：氧化剂 5～20℃，燃料 1～25 ℃；

3）环境压力：一级 0.1 MPa，二级 0 MPa。

发动机全任务周期剖面：接到箭体的点火指令后，发动机点火后迅速建立推力，出口火焰主要通过导流槽排出，部分回流火焰会短时间加热发动机底部。运载火箭逐渐飞离地面，回流火焰加热效应减小。飞行过程中，推进剂逐渐消耗，运载火箭过载逐渐增加，发动机启动阀门前压力逐渐上升，发动机工况逐渐严峻。随着运载火箭飞行高度的上升，外部大气环境压力逐渐降低，发动机比冲逐渐提升，同时发动机出口火焰羽流逐渐扩大，导致发动机底部热环境恶劣。整个工作过程中，发动机处于自身的振动环境中。分离时，一级关机过程中二级发动机启动，实现一、二级的热分离，二级发动机受到一级贮箱顶部反射火焰的瞬时热冲击。根据任务需求，二级主机工作一段时间后关机，游机继续工作，直至按照总体指令关机。在游机单独工作段，发动机振动环境较好。

10.2　发动机薄弱环节的识别与分析

发动机作为典型的航天产品具有很强的复杂性和系统性，主要从方法引导、问题引导两个维度建立了发动机薄弱环节的梳理与治理机制，并强调实施改进后的严格考核与验证。

10.2.1　方法导向，实施管理工具探索与实践

通常在综合使用 RBD、FME（C）A、FTA 结果的基础上开展液体火箭发动机的可靠性工作，首先在 RBD 中对系统结构进行分析，绘制产品的功能结构图/硬件结构图，接着通过 FME（C）A，找出系统和部件的故障影响关系并分析出关键故障，将关键故障模式作为故障树的顶事件进行 FTA，计算出最小割集等可靠性指标。

在发动机寿命期的各阶段，尤其在研制阶段，通过试验暴露设计和工艺上的薄弱环节和缺陷，制定提高可靠性的措施，是可靠性增长的第一步。一般从外部经验、生产经验、使用经验几个方面发现故障和薄弱环节，寻找发动机薄弱环节和缺陷的可靠性分析技术通常包括可行性研究、权衡分析、可靠性预计、FME（C）A 分析、Ⅰ/Ⅱ类单点故障识别与分析、不可检不可测项目梳理与分析、技术风险分析、FTA、热分析、潜在通路分析以及设计评审等，通过这些分析方法找出产品的薄弱环节并加以设计改进。当发动机的初步设计完成后，应借鉴寿命、筛选、力热环境等各种试验诱发产品故障，暴露产品薄弱环节，摸清产品性能与可靠性边界和裕度，并通过故障分析找出故障产生的原因，实施改进与再验证。综合各类分析方法侧重点，建立三类关键特性的识别与控制措施并落实，结合产品实现过程数据统计分析，构建产品成功包络线并实施控制，保证产品的质量一致性和工艺稳定性，从而达到提高系统可靠性的目的。

10.2.2　问题导向，开展薄弱环节与可靠性增长梳理与治理

以问题为导向，消除星箭产品的薄弱环节，提高卫星与运载火箭的质量和可靠性，持续实施薄弱环节的梳理与治理以及星箭可靠性增长工程，在解决型号"常见病""多发病"方面取得了立竿见影的良好效果，有力保障了我国航天器发射成功和在轨稳定运行，被誉为"星箭生命工程"。20 多年来，随着任

务形势的不断变化和认识水平的不断提高，任务重点与方向也在与时俱进，并逐渐形成体系。

宇航型号高密度发射以来，在飞行过程中相继出现了二级主发动机参数下降、二级游机涡轮泵转速异常下跳等故障，为强力推进液体火箭发动机的持续改进，制定了发动机薄弱环节治理的实施方案，通过强化推行产品关键特性的识别与控制、产品数据包的建设与完善、技术风险分析与质量可靠性关键环节的量化控制等多种手段和方法，识别出了在设计裕度、环境适应性、生产工艺稳定性、过程控制精细化等方面存在的一些问题和薄弱环节，形成了项目化的管理方式和"策划—实施—检查—改进"的工作机制，并在资源、队伍等方面提供保障。完成了宇航型号发动机产品三类关键特性再识别，对新识别出的发动机三类关键特性，重要尺寸、重要参数以及装配、试验过程质量记录进行了补充完善和进一步规范，通过建立多媒体记录样册、产品数据包等进一步完善了多媒体记录要求。建立了运载型号一、二级发动机组合件数据包，并从设计、工艺和过程质量控制等环节采取了控制措施，已全部以技术文件形式明确并全面落实，部分产品建立了关键特性成功包络范围。以去型号化、去任务为牵引的"产品化"为工作目标，重点围绕常规运载火箭一、二级发动机产品实际，开展了一次全面的薄弱环节梳理，提出了关键结构件模锻工艺改进、发动机铝合金铸件等可靠性增长工作，改进了试车、飞行中暴露的薄弱环节，减少了故障隐患，提升了发动机固有可靠性，确保了重大型号飞行任务的圆满成功。

10.2.3　小结

薄弱环节治理工作是一项长期、系统和不断迭代的工作，通过策划与实践证明了此项工作的开展，能够有力促进产品实现过程控制的强化和质量与可靠性的提升，同时也在精细化质量管理要求的落实、良好质量文化氛围的营造方面发挥了重要作用，有力地保证了后续全部宇航型号发射任务和整机试车的百分之百成功。当前，随着改革的不断深化，对进出空间、利用空间和控制空间的能力提出了更高、更广泛和更为迫切的需求。在此背景下，积极组织进一步开展发动机的可靠性增长工作，不断提高发动机可靠性和发射成功率。

10.3　发动机薄弱环节改进与完善

围绕发动机的薄弱环节，主要通过关键材料的代料与改进、设计与工艺技术改进研究、检测与过程控制的提升三个维度实施发动机可靠性的增长。

10.3.1　关键材料的代料与改进

发动机沿用了大量的 20 世纪所设计某型产品技术状态，现在随着时间的推移，大部分零件材料标准都已被更新的标准代替了，部分厂家也进行了更迭，组织生产时很难采购到图纸规定的材料。围绕目前现行有效的标准材料及其厂家研制能力开展了材料的代料研制与改进。例如，开展了二级游机涡轮泵弹簧式端面密封石墨材料重新研制、游机涡轮泵传动轴材料改进及橡胶代料等关键材料研究与可靠性提升工作。

长征系列二级游机涡轮泵氧化剂端弹簧式端面密封石墨原供应商已于 20 世纪 90 年代末破产重组转型，不再提供该石墨材料，为此开展了石墨代料研究工作，明确端面密封石墨材料应满足机械物理性能指标、与氧化剂介质相容性的研究目标，并通过介质运转试验、涡轮泵联试和整机试车考核。通过组织对多家供应商研制的石墨机械物理性能测试和研究，分析认为原有常规石墨材料的技术指标并不能覆盖石墨作为密封材料的性能参数，在此基础上增加发动机专用指标，并对指标进行了量化和分析，为代料石墨材料提供性能指标要求；同步开展了包括机械物理性能指标、石墨材料元素分析、石墨材料微观结构分析、介质相容性试验、石墨加工工艺性试验、端面密封介质运转试验等验证工作；优选石墨搭载了多次二级游机涡轮联试和整机试车，验证了密封和摩擦磨损性能，综合各项验证结果，认为新研制石墨具有良好的密封性、批次稳定性和可靠性，满足使用要求，可以替代原石墨用于长征系列游机涡轮泵端面密封使用，后续批产产品质量稳定、性能优良，解决了研制原材料瓶颈，并已应用于相关发动机。

二级发动机游机涡轮泵传动轴是保证涡轮泵可靠工作的关键部件，通过关键特性识别，其材料机械性能和关键尺寸为设计关键特性。传动轴原采用材料机械性能尽管可以满足使用要求，但生产过程中存在淬火温度控制要求苛刻、工艺保证难度大、易出现回火脆的问题。对照评判准则，属于"尽管经过地面及飞行验证考核，但设计指标对应于任务实际需求裕度较小（或处于临界）或设计工艺性差，难于保证"，存在可靠性隐患。通过开展材料改进论证和研究，并进行涡轮泵联试和整机试车考核，新材料成功用于飞行任务。

10.3.2　设计薄弱环节改进

充分开展设计源头改进，是提升发动机产品可靠性的最佳选项。多年来重点针对研制历史上遗留的禁限用工艺问题、结构可靠性薄弱环节、性能裕度不足等方面，运用新技术、新方法、新工艺、新材料等手段进行了多方面的改进与提升，产品可靠性得到了增长，产品质量水平更加稳定。

针对发动机研制历史中遗留的禁限用工艺问题，如弹簧和弹性紧固件的高强度弹性件镀镉或镀锌、部分高硬度轴类零件镀铬等开展替代研究，从根本上消除质量隐患。以二级发动机热环境为分析依据，对各型号的防火罩进行分析及改进研究，利用仿真技术对羽流流场进行计算，获得二级主发动机燃料主汽蚀管处全面的结构温度场，参考遥测温度数据进行模型修正，选取最高温度为可靠性增长改进考验目标，以满足环境适应性的最大包络。对紧固件材料性能进行对比分析，选用高温性能好的合金材料紧固件，自锁螺母表面镀银，对新材料生产的紧固零件进行高温试验验证。对螺栓强度进行强度校核，进行拧紧力矩计算，并根据计算结果进行试验验证，需要完成防火罩紧固件拧紧力矩试验、高温振动试验。针对结构改进后的防火罩，进行模拟装配试验验证和试车考核，其隔热性能比原状态的更好，达到防火罩在发动机工作环境温度下可靠工作 300 s、结构无破坏的目标，为发动机整机可靠性满足总体要求提供保障，消除参数下跳风险，并制定防火罩产品规范，完成防火罩产品数据包。通过二级发动机燃料主汽蚀管法兰防热结构的设计改进，消除热防护失效导致推进剂泄漏的薄弱环节。

针对一级发生器和二级主机发生器燃料进口管"管材＋支板结构"薄弱环节均发生过泄漏的问题，在不改变发动机总装空间布局、总装装配状态、发生器结构材料的情况下，从继承性和工艺性出发，经过对各种改进方案的理论计算和分析，分析氧化剂入口部位的应力状态，确定了将燃料进口管由"管材＋支板结构"改为"模锻无支撑结构"改进方案，进行结构模态分析和模态试验验证，保持燃料路流阻、结构模态基本不变，结构平均静应力和应力集中低于原结构，结构强度增加，消除了薄壁管路上的角焊缝，减少了燃料进口部位焊缝数目，焊接残余应力明显降低，发生器改进后，结构可靠性大幅提高。保持了发生器性能参数不变，改进结构经过多次热试车考验，试车发动机工作正常，参数正常有效，振动水平处于正常范围内，试车的圆满成功验证了燃气发生器方案改进合理有效，达到了可靠性增长设计预期目的。

管路泄漏故障是发动机发生概率较高、危害严重的问题。早期研制中为了防止管路泄漏，很多导管采用了焊接结构连接方案；但也还有一些不适宜焊接部位，仍然保留了一些诸如球头—喇叭口的老式结构。此类结构密封可靠性低，受操作人员人为因素影响大；尽管操作人员在发动机装配时倍加小心，仍然难以完全避免泄漏发生。为提高总装管路密封可靠性而进行结构改进，采用锥面—胶圈密封结构的技术对游机管路密封结构进行了可靠性增长，保证更改前后的管路走向、接头尺寸保持不变，因此质量分布、管路的模态和振型不会发生变化，管路装配也不会出现干涉问题，管路流阻保持不变，不会对发动机系统和性能造成影响。可靠性增长后，经过多次试车装配协调性试验、气密试验和 1 100 s 长程试车，试验表明气密可靠性明显增加，达到了可靠性增长目标。

转速线圈电连接器插座形式引线增加冗余设计，由单点单线改为多点单线，同时对引出线的焊接处采用了灌胶处理，提高了产品可靠性，只改变插座接口形式，不改变线圈的结构和性能，因此输出参数不会改变，也不涉及测试结果的变化，充分继承了原结构的可靠性，解决了转速线圈单点失效、绕线工艺量化控制不足、浸漆及灌胶效果不佳等设计和工艺的薄弱环节，提高了产品的可靠性及环境适应性，先后参加了 600 s 长程试车和飞行试验，满足使用要求。

10.3.3　铸造生产新工艺研究

发动机配套的启动阀门壳体、游机框架等零件采用了大量铝合金铸件毛坯，生产上一直沿用粘土砂手工造型和盐类熔剂手工处理铝合金熔体的传统铸造工艺，技术水平落后，工艺稳定性和生产过程可控性差，铸件生产交付存在以下瓶颈问题：铸件尺寸波动范围大，重要尺寸经常超差；铸件表面粗糙，夹砂、砂眼等缺陷多；手工打磨工作量很大，废品率高；铸件内部夹杂物缺陷较多，在液压强度试验和气密性检查试验中经常泄漏，严重影响产品可靠性。

通过研究由树脂砂造型、氩气精炼和锶变质熔炼铝合金的铸造生产新工艺，确定相关工艺参数，研制了壳体等典型铸件的工艺装备，制造出壳体等典型铸件的实物，进行切削加工及相关检查试验，并通过了地面热试车考核，最终形成一套可以生产高品质、高可靠性铸件的工艺文件和工艺装备条件，应用到液体火箭发动机制造中，替代现有粘土砂造型和钠盐变质熔炼铝合金的制造工艺。成果已应用于一级发动机启动阀门壳体、二级发动机启动阀门壳体等铸件产品生产，降低了铸件废品率与工人劳动强度，提高了生产效率，制造成本降低 39％以上，该技术已成功推广应用于新一代运载火箭液氧煤油发动机。

10.3.4　涡轮泵转动轴系整体动平衡

现役长征系列运载火箭发动机涡轮泵原平衡工艺，仅在装配前对轴系关键零件，如涡轮转子、离心轮、诱导轮，单独进行动平衡，没有对转动轴系进行整体动平衡，转动轴系装配后的剩余不平衡量散差大，过大的剩余不平衡量有可能导致涡轮泵轴承损坏、端面密封失效、管路连接件破坏，影响涡轮泵的可靠性。

为了保证现役长征系列运载火箭发动机高可靠性和高密度发射要求，实现产品精细化管控，研究了涡轮泵转动轴系整体动平衡工艺。统计用原工艺方法平衡后组成的转动轴系剩余不平衡量值，确定技术指标基线；通过动平衡理论研究、仿真计算、工艺试验研究，研制工艺装备，建立涡轮泵转动轴系剩余不平衡量值的试验系统，总结零件剩余不平衡量对转动轴系剩余不平衡量的影响规律，确定涡轮泵转动轴系整体动平衡的工艺方法和工艺流程，确定校正模式及动平衡参数量化指标，并通过搭载热试车考核。实现现役长征系列运载火箭一、二级发动机涡轮泵转动轴系整体动平衡，使涡轮泵转动轴系动平衡剩余不平衡量值在原来的基础上降低 30％且量化可控，消除薄弱环节，提高涡轮泵的质量与可靠性，有力支撑了涡轮泵装配周期由原来的 14 天压缩为 7 天（效率提高了 1 倍）。

10.3.5　不断深化过程量化控制

液体运载火箭发动机实现过程较多采用了螺纹连接、焊接、锻造、铸造、热处理、表面处理等特殊过程，而且涉及橡胶、塑料、石墨和胶等多种非金属的制造、加工和使用的特殊过程。近年来，发动机研制及试验中多次暴露出由于特殊过程量化控制或细化不到位引起的质量问题。对此，先后策划开展了发动机螺纹连接部位拧紧力矩、对外接口、焊接的量化控制和多余物防控等专项研究工作，取得了显著成效。

首先，对常规运载一、二级发动机所有螺纹连接部位的结构形式、材料特性、表面状态等进行了梳理、分类，并进行了理论计算和大量试验验证，并与真实产品力矩校核值进行比对分析。经多轮次的专项分析总结及专家复核把关，经发动机装配及试车和飞行充分考核，在实践中逐步补充完善，最终形成了螺纹连接部位量化控制规范或标准。工艺上配备了各种专用的拧紧装配工装，总结了规范操作的"螺纹拧紧与校核控制六步工作法（即：准备、检查、安装、预紧、拧紧、校核）"，在最大限度上降低了人为因素导致的可靠性风险。目前，常规运载一、二级发动机全部明确了量化控制要求，针对不同的结构和部位，分别采取控制拧紧力矩、转角、装配间隙等手段，100％实现了螺纹连接部位装配量化控制。

其次，对发动机焊缝进行了全面梳理，对工艺与质量控制进行了分析，完善了121份工艺规程，总结、提炼了焊缝量化控制方法——"六步法"（即：焊前准备、试装及装配、定位焊、焊接过程、焊后检查、补焊返修），对每条焊缝制定一张量化控制表，共制定了2 778种焊缝量化控制表；通过对2 300多种发动机零件的表面处理工序进行梳理，分析、制定了73类表面处理量化控制表。

第三，系统策划各级多余物专项工作方案，通过梳理建立多余物防控体系，落实了各级各类人员的多余物防控责任制，将多余物防控工作落实到产品研制生产全工作流程；通过开展多余物去除工艺技术研究，补充完善多余物防控的相关标准规范59项和手段方法，不断提升产品生产的多余物防控能力；通过分析确认产品多余物敏感性，重点从设计、工艺和试验操作规程等文件的细化和完善入手，确认多余物控制要求、检查方法和工具，补充细化设计技术要求和工艺规程中的多余物控制要求和检查记录表格300余份，保障了产品无多余物隐患；通过编制多余物质量问题案例集和分专业的多余物控制培训素材，广泛开展形式多样的培训教育，大大提升了研制人员的多余物防控意识。通过全方位的监督检查，确认多余物预防与控制措施进一步落实，多余物引起的质量问题逐步减少。

总结力矩和焊接等量化控制工作研究成果，开展了发动机特殊过程量化控制的研究，重点对常规推进剂液体火箭发动机产品制造涉及的特殊过程（包括焊接、表面处理、热处理、锻造、铸造）的质量一致性和稳定性进行研究，探索特殊量化控制工作的流程、方法及管理要求等，并用量化控制样表的形式对每一种具体的特殊过程进行控制，逐步实现了发动机制造特殊过程100％量化控制。研究结果形成规范文件，全面指导航天产品（各型发动机）装配的质量量化控制工作，规范了发动机特殊过程量化控制工作，提高了发动机特殊工艺生产控制水平和生产质量稳定性。

10.3.6　提升过程检测能力

检验与检测是产品生产、研制过程中确保质量的最重要环节之一。一方面，需要开展精密测量仪器代替通用量具的手工测量工作，通过编程等手段实现产品尺寸的快速自动测量，提高测量效率。另一方面，解决发动机研制中存在的大量"不可检、不可测"问题，提高自动检测的覆盖性和检测数据的稳定性，提高精密测量仪器的工作效率。

根据不同产品外形结构、尺寸分布、精度要求、测量部位表面质量等特性，以常规一、二级发动机主阀门壳体、游机框架等 10 多种典型产品，开展了典型零件自动化检测技术研究，探索适宜的自动化检测方案，完成了自动化测量方法的设计、快速装夹检测工装设计、数控检测程序编制、检测重复性精度验证等工作。每一种产品分别形成自动化检测方案，通过包括测量设备的选择、最佳测针选择、路径优化设计、最佳坐标系建立、元素测量方法等研究，完成了所有专用测试装夹工装的生产、试用。掌握了一般产品几何尺寸、形位公差自动化检测方案的设计方法、解决流程，提高了检测效率、检测覆盖性、检测一致性。

用精密测量仪器代替通用量具的手工测量工作，通过编程等手段实现一次性快速、稳固装夹，完成所有产品可测项目的快速自动化检测。为仪器代替人工测量开辟了一条新途径，解决手工测量存在的"不可检、不可测"问题，提高自动检测的覆盖性和检测数据的稳定性，提高精密测量仪器的工作效率，打通测量的效率瓶颈。项目实施后，产品检测后直接得到量化的实测数值，对测量结果进行标准化输出设计，实现了测量数据的包络分析，实现了测量结果与标准要求比对，并以不同颜色方式显示超差程度，根据实测数据做出合格与否的判定。复杂产品类检测效率提高 5～21 倍，批量产品类检测效率提高 12～20 倍，复杂型面轮廓产品类检测效率提高 4～12 倍。提高了产品检测项目的覆盖性，检测结果结构化储存，便于自动化提取，可自动提取数据形成质量管理数据包，为发动机的可靠性评价奠定了技术基础。

10.4　可靠性增长验证

一、二级发动机在研制过程中考虑到性能及结构的裕度，发动机及各组合件结构可靠性设计安全系数均在 1.5 以上，进行了安全系数 1.5 以上的液、气压强度试验，在满足总体需要的前提下，留有一定可靠工作裕度。发动机系统的复杂性和试验验证的难度，要求各个组合件在可靠性增长后开展充分的试验验证，为整机的可靠性打下良好基础；通过整机级的可靠性增长试验，在结构、环境条件、载荷模拟更加真实的情况下考核系统协调性、匹配性，并进一步验证组合件可靠性。

10.4.1　可靠性增长试验方法

我们在液体火箭发动机可靠性增长方面经过长期的实践，形成了具有一定特色的、工程上较为实用的工作思路。概括为：组合件级试验和整机级试验相结合；初样阶段试验和试样阶段试验相结合；增长试验和鉴定试验相结合。

组合件级试验和整机级试验相结合：对发动机各个组合件开展足够的可靠性增长试验，为整机的可靠性打下良好基础；通过整机级的可靠性增长试验，在结构、环境条件、载荷模拟更加真实的情况下考核系统协调性、匹配性，并进一步验证组合件可靠性。例如，在载人航天发动机研制中，就对涡轮泵、阀门、总装管路、燃烧稳定性进行了大量试验，充分暴露和改进薄弱环节，再通过边缘工况试车法进行整机试验，最终使我国第一种载人航天发动机的可靠性、安全性达到了令人满意的结果。

在发动机初样和试样研制阶段中（有时甚至从模样阶段即开始考虑），均进行组合件、整机级可靠性增长试验。这样，可以使产品设计、生产过程中的薄弱环节及早暴露，并将改进措施纳入研制计划，适应发动机研制阶段需求。另外，分阶段可靠性试验还有一个优点，就是前一阶段遗留的问题在后续阶段解决，为产品设计改进留有余地。

增长试验和鉴定试验相结合：简单说，即采取鉴定试验方案，根据给出的产品阶段可靠性目标值，以鉴定试验方式确定试验指标与项目。试验完成后，对产品的可靠性进行评估。在可靠性增长试验过程中，分阶段进行可靠性增长试验结果分析与评定，为了能对产品可靠性增长情况进行比较和监控，须将可靠性增长定量化，建立可靠性增长的数学模型。发动机可靠性增长试验分析与评定，涉及复杂的理论与大量的数据处理，目前没有形成相应的规范和标准，也没有工程化的软件工具支持，迫切需要制定相应的运载火箭发动机可靠性增长试验评定的标准规范以及研制相应的工程软件。

10.4.2　组件级验证

按照产品测试覆盖性、试验充分性和技术状态控制中验证充分的要求，对可靠性增长项目首先必须要考虑做好组件级的验证试验。针对问题机理采用仿真、缩比试验等方法进行研究分析，对工作结构可靠性和性能可靠性采用批次鉴定或验收试验进行产品实物状态的验证考核，对涉及产品寿命或隐含缺陷等可靠性采用寿命加速或筛选试验进行摸底和剔除，尽可能识别出产品的薄弱环节，摸清产品的可靠性边界与裕度。

针对常规液体发动机振动问题，从理论研究和工程应用两方面，开展了试车和飞行振动数据的统计分析、推力室燃烧场仿真计算及试验研究、振荡燃烧机理及影响因素研究、工艺影响因素的识别及改进研究、推力室结构模态特性和耦合机理研究、供应系统与燃烧耦合机理研究，以及抑制大振动改进措施研究等工作。从实际情况考虑，在经费和时间安排上，直接采用全尺寸推力室来验证改进的有效性很不现实，通过采用缩尺件试验、工艺试验以及搭载热试车等方式进行了充分验证。在目前国内外研究燃烧稳定性工作情况来看，采用缩尺试验件进行试验验证已经成为一项重要研究手段。缩尺试验件验证试验可以获得与实际燃烧室燃烧不稳定性有关的大量信息，有助于研究和发展稳定性分析技术，具有结构简单、成本低、风险小等突出优点。缩尺技术的关键是必须保证物理现象的相似，并存在着各子过程之间强烈的交互耦合，因此如何选取合适的缩尺试验件模型成为研究中的关键点。缩尺试验件能够代表推力室喷注器单元的主要特性，身部结构能够代表推力室纵向声学特性，国内首次进行了泄漏状态下的燃烧点火试验测试，试验结果达到预期目的，有效地揭示了燃烧过程的演变机理，说明了压力振荡产生的过程。

从端面密封研制经验和试车结果来看，密封材料性能对端面密封的工作可靠性有至关重要作用，不同的密封材料在同一种密封结构和密封工作环境下其密封性能表现不同。依据长征系列二级游机 YF-23F 涡轮泵工况设计端面密封地面台架试验，开展了端面密封批次可靠性试验验证技术研究。以关键零件和关键材料为组批依据，通过提高转速、降低密封前流量、加严工况等措施对端面密封进行批抽检运转试验，对试验结果中密封腔压力、石墨磨损量和密封泄漏量等参数进行分析，研究试验参数和结果与密封性能的关系，确定了批次可靠性试验的转速、流量、时间等重要试验参数，明确了试验产品装配、气检和试后检查等验收方法，准确评估了端面密封批次可靠性。

寿命试验是为了验证产品在规定条件下、处于工作（使用）状态或贮存状态时的寿命，即要了解产品在一定应力条件下的寿命。根据工作状态、贮存状态，产品寿命试验分为工作寿命试验、贮存寿命试验。对于高可靠性产品而言，寿命试验时间很长，为便于快速评价产品的寿命和可靠性，进行加速寿命试验。按照增加应力的方式，加速寿命试验可以分为恒定应力、步进应力、序进应力加速寿命试验三种。对于与一、二级发动机技术状态差异的零、部、组件，进行加速贮存延寿试验。针对状态差异，重点开展非金属件的加速贮存试验研究。对橡胶材料和含橡胶制品的组件产品试验件进行加速老化试验，按照统计方法对数据进行处理和贮存寿命评估。如对发动机启动阀门加速老化后，经内外观检查、气密性检查、液流电爆试验和分解检查，证明经加速老化后，启动阀门各项性能指标满足技术文件要求。

10.4.3　系统级验证

发动机在研制过程中进行了大量的性能和高工况、长程、高混合比的可靠性试车，并经过了多次飞行试验验证。通过额定工况试车及飞行试验考核表明，发动机性能在额定工况变化范围内具有较高的设计裕度。通过边缘工况、长程可靠性试车表明，在偏离额定工况、大于两倍的工作时间情况下，发动机结构仍具有较高的设计裕度。

由于一、二级发动机不能重复使用，为了验证发动机性能参数稳定性及结构可靠性，需进行两倍工作时间的批抽检试车考核，抽检试车覆盖实际飞行的启动、关机过程，以及启动阀门前压力、推进剂温度、振动等条件，保证试验考核充分。

对可靠性增长工作引起发动机技术状态变化项目，经过三次地面可靠性热试车试验验证后方可交付，为进一步增加验证子样，细化接收准则和风险预案，结合型号任务搭载相关型号的抽检试车试验验证。对最终确定交付的产品技术状态严格控制技术状态变化，确保均经过充分的地面试验和试车及飞行考验，按程序完成了工程更改申请审批工作，并将这些状态变化落实在发动机图样上。

在载人航天等发动机研制过程中，在可靠性要求高、但试车次数有限的情况下，进行可靠性试车时，不仅考虑发动机的工作时间，还要合理确定发动机的试车工况（参数变化范围），试车时人为地使发动机在偏离额定点的所谓极限工况下工作。用这种边缘工况试车法，可以在有限的试车次数里更为全面地考核发动机在不同条件下的环境适应性及可靠性，考核发动机在偏离额定条件后是否存在振动加剧、燃烧不稳定和热交换能力变差等方面的问题。同时采用四倍工作时间的长程试车法，检验发动机能够适应的工作范围，充分暴露发动机存在的可靠性薄弱环节，并加以改进，来实现发动机固有可靠性的增长。

10.5　可靠性评估

航天产品按照系统可靠性进行评估最符合实际，液体运载火箭发动机或发动机组件如涡轮泵、推力室、发生器、阀门、总装组件的主要失效模式的可靠性就是各组成单元的可靠性。通常先评定各单元可靠性，再按系统可靠性综合评定方法得到液体火箭发动机或其组件的可靠性。但在进行液体火箭发动机可靠性或发动机组件可靠性评估时，由于进度等要求，受到有关试验数据是否具备、可靠性信息是否充分的限制，工程上往往将液体火箭发动机可靠性或发动机组件可靠性用寿命特征量来反映，从而简化按照单元可靠性来评估。

评估性能可靠性时，充分利用可靠性增长、鉴定、验收、飞行试验信息的数据，注意外部干扰因素、测量误差、调整方法误差和发动机系统性能的固有误差的影响，对各种误差精度与可靠性影响进行分离和分析，明确性能误差形成原因，以便采取措施，提高性能可靠性。

一、二级发动机采用多个发动机串联工作模式，发动机的结构可靠性特征量（试验时间）服从双参数 Weibull 分布，各组成单机采用 Weibull 分布模型进行可靠性评估，系统综合采用 L－M 方法。在可靠性增长试验初期，由于发动机仍处于暴露问题、不断改进的状态中，双参数 Weibull 分布的形状参数未知且处于不断增长过程中，采用形状参数未知的方法进行分布参数和发动机结构可靠度评估；发动机进入研制后期或应用阶段，设计、生产工艺及材料等固定，或对于在基本型发动机基础上拓展功能的改进型，双参数 Weibull 分布的形状参数可根据前期评估结果选取，此时则采用形状参数已知的方法进行结构可靠度评估。

10.5.1　小子样可靠性建模

在国内液体运载火箭发动机研制中，由于可靠性预计工作不充分，研制中子样少、周期紧、经费有限等特点，发动机可靠性试验信息成为"稀缺资源"，难以在可靠性增长试验前获得有模型可靠性增长试验的起始点。通常基于传统的统计估计方法和 Bayes 估计方法建立增长模型，Duane 模型和 AMSAA 模型是最常用、连续性的可靠性增长模型，可评定、预测系统的可靠性，把可靠性增长定量化。但传统的可靠性增长模型不适宜研究小子样、高可靠性系统，一般采用无模型的可靠性增长试验，即无明确的可靠性增长规划。为减少试验费用、缩短研制周期和降低风险，对可靠性增长试验进行综合规划，提出了采用双参数的 Bayes 可靠性增长模型，综合利用产品研制过程中全程试验信息，并结合可靠性增长跟踪曲线来规划可靠性增长过程，动态评定可靠性水平。这种方法能在小样本下，科学、合理地评定液体运载火箭发动机的可靠性水平，指导可靠性增长规划。

在任务可靠度先验分布确定的基础上，结合发动机产品的少量现场试验数据，运用 Bayes 动态建模等方法，对可靠性增长试验下可靠性参数及试验结果进行分析。基于动态建模方法先给出可靠性增长分析的动态模型，然后运用历次阶段试验中的可靠性增长数据建立动态参数的递推估计模型，在此基础上给出各阶段可靠性增长试验中可靠性参数的 Bayes 估计，进而得到现场可靠性增长试验下任务可靠度的先验分布。这样，结合少量的现场试验样本，运用 Bayes 方法对现场试验后产品的可靠性参数进行评定。

10.5.2　液体运载火箭发动机可靠性评估

经典的金字塔可靠性综合评估方法难以避免地进行信息压缩，但其评估结果往往是偏于保守。因此，考虑运用信息理论的基本原理，根据部件或分系统的试验数据提供的信息量与系统折合试验提供的信息量相等的原则进行信息融合，开展了发动机系统可靠性建模及验证评估技术研究。

以基于任务过程的发动机可靠性建模与评估及薄弱环节识别技术研究为基础，主要实施了发动机部组件可靠性验证评估技术研究、多种可靠性评估结果的信息融合技术研究等内容，建立了发动机可靠性建模及验证评估工具，实现了发动机的可靠性建模、模型数据的输入、针对模型的可靠性评估、薄弱环节识别等功能，编制了相关软件工具。采用发动机可靠性建模及验证评估技术进行了可靠性验证评估，发现不足、实施改进，并迭代完善、推广应用，形成发动机可靠性建模及验证评估实施指南。

研究提出了一种综合运用整机与部组件试验数据的液体运载火箭发动机的可靠性评估方法，采用"一分为二→双线计算→合二为一"的研究思路，如图 10-1 所示，实现了发动机整机试车数据与部组件试验数据在可靠性评估中的综合运用。"一分为二"是指将可用于发动机可靠性评估的相关数据信息一分为二，即分为"发动机整机信息"和"发动机部组件信息"两部分。"双线评估"即采用"基于任务过程的发动机可靠性建模与评估及薄弱环节识别技术""液体运载火箭发动机部组件可靠性验证评估技术"和"Weibull 可靠性评估方法"，分别运用"发动机整机信息"和"发动机部组件信息"，获得发动机的可靠性概率分布。

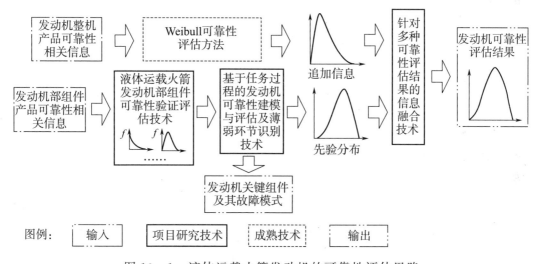

图 10-1　液体运载火箭发动机的可靠性评估思路

根据一级发动机、二级发动机的主要故障模式提出了相应的评估方法，针对发动机单机采用 Weibull 分布可靠性评估方法，多机工作采用 L-M 法进行评估。根据发动机地面试车试验和飞行试验情况，对发动机的可靠性进行了评估。

10.5.3　关键部组件可靠性评估

相比于系统级的可靠性试验，部件及分系统的试验信息往往较为丰富，以部组件的试验数据为输入，评估了各部组件的可靠性水平。发动机的关键部组件，包括推力室、燃气发生器、涡轮泵、阀门等。液体运载火箭发动机部组件单元可靠性评估流程中的关键步骤包括：可靠性分析、确定各故障模式的可靠性评估方法、明确数据采集范围等。

发动机启动阀门作为关键组件安装在泵前管路，起着隔离推进剂与发动机的作用，其工作可靠性直接影响任务成败，历史上曾出现过锁位失效故障。为解决问题、提高可靠性，为某型火箭研制了冗余锁位机构的双锁启动阀；后为满足载人航天高可靠要求又进行了适应性改进，目前已应用于各型发动机。按照型号 0.999 9（$r=0.75$）的可靠性要求需要一万多台试验产品子样，太不经济，为此开展了专题研究。结合产品原理、结构和应用实际经验，重点就产品锁位及锁位后的压降满足要求，分析识别出锁销弹出时间、允许锁销弹出时间、阀门开启角度下的压降三个主要特性参数，并策划试验、测量三个特性参数结果，定量评定阀门锁位可靠性。在电爆管使用稳定可靠情况下，考虑试验参数偏差，进行必要的修正，依据现有数据，按照正态分布方法，采取 GB 48885—85 查出阀门锁位可靠度为 0.999 5（$r=0.95$），评估计算出阀门锁位可靠度为 0.999 9（$r=0.75$）。

结合发动机系统可靠性建模及验证评估技术研究，对二级发动机开展了部组件单元可靠性评估研究，排序在前五位的分别为：游机启动器输出能力不足、游机框架结构破坏、主机涡轮泵结构破坏、游机涡轮泵双端面密封失效、主机启动器输出能力不足。

10.5.4　关键部组件试验稳定性评估

液体火箭发动机大多数部组件都需要通过液流试验来确定产品的性能参数或控制指标，但液流试验系统相对复杂、不确定因素多，为确保这些试验系统长期稳定地运行，试验检测参数可靠、可信，借鉴发动机系统研究经验，首次对液流试验系统进行了系统的理论研究，以一、二级发动机部分关键部组件典型试验系统为研究对象，以典型试验产品历史数据统计分析结果为依据，建立性能稳定的标准件，并以此为基础开展试验系统稳定性研究的统计分析工作；以试验结果的不确定度评定为基础，基于数理统计原理建立的稳定性评估的方法，将统计控制技术的原理适应性地运用到稳定性控制和监视中，利用数学模型对影响试验系统稳定性的因素进行理论分析，利用统计控制图及线性回归方法，获得对试验系统测量水平稳定性的预测及控制方法。获得由系统自身特征参数引入的固有影响和由测量过程引入的过程影响的评价结果，分析了渐进式建立合格控制限的理论依据，并以此作为分析测量过程和结果稳定性的基础，得到统一的液流试验系统稳定性评估方法。试验测量稳定性结果不确定度分析的置信水平为 0.95，建立控制限及稳定性监视结果分析的显著性水平不高于 0.05，即置信水平大于 0.95。

　　建立了数据库和稳定性专用监视软件，与试验数据管理平台接口后，将实现对试验产品数据的全息动态管理，提升了液流试验系统稳定性分析和监视的自动化水平，实现了液流试验系统稳定性的实时监控和预警。建立了典型液流试验系统的小偏差分析模型、集中和分布参数的动态特性模型，这些模型建立和分析方法的运用，不但加深了试验工艺人员对试验系统的认识，提供了分析、研究试验系统的理论工具，也可以推广应用于其他相似系统或工程实践中，为科学、有效地控制研究对象的能力或效果，提供有益的借鉴。通过事先采取各种措施将影响产品试验数据的因素加以识别控制，对试验系统进行稳定性技术研究，有效排除试验系统隐患，确保被试产品数据质量。

第 11 章　卫星电源分系统可靠性增长案例

11.1　概述

卫星的蓬勃发展离不开电源技术的有力支持。电源系统是卫星的关键分系统之一，它担负着为卫星的其他分系统和有效载荷提供能量的重要任务，是卫星全部仪器与设备升空后唯一的能量提供者，是卫星完成预定任务的前提和保证，其功率、寿命、可靠性等性能指标是影响整个卫星成败与否的关键因素。因此，不断追求更高电源品质与更长的系统寿命成为卫星电源技术发展永恒的主题。

某型低轨卫星电源分系统产品主要由太阳电池阵、锂离子蓄电池和电源控制器组成，详细构成如下。

1）太阳电池阵由两个结构相同的太阳翼组成，每翼包括上侧板、中心板和下侧板 3 块太阳电池板。太阳电池板由电池串、隔离二极管、互连片、电连接器、导线及板间电缆等组成。

2）整星配置两组锂离子蓄电池，单个蓄电池组由串并联的锂离子蓄电池单体、电连接器等组成。

3）电源控制器由 S4R、充电调节电路、放电调节电路、MEA 电路、BEA 电路组成。

本章针对某型低轨卫星电源分系统产品开展共性薄弱环节改进及可靠性提升工作，突破和解决卫星电源可靠性和寿命等共性问题，以实现提升卫星电源高可靠、长寿命能力。开展卫星电源分系统薄弱环节分析梳理工作，优化卫星电源分系统设计，提高卫星供配电安全性，提高控制器的比功率，降低电源分系统损耗，对增加有效载荷、提高卫星整体性能和效益、满足未来空间任务的长寿命及高可靠需求有着深远意义。

11.2　可靠性薄弱环节分析

11.2.1　太阳电池阵薄弱环节分析

无论是低地球轨道还是高轨道（如地球同步轨道）的卫星，太阳电池阵直接暴露在外层空间环境，外部空间环境对太阳电池阵的影响主要体现在以下几个方面。

（1）辐射损伤效应

在宇宙空间中，太阳电池不可避免会受各类宇宙粒子的辐射，导致电池性能衰退，严重影响太阳电池的可靠性和使用寿命。

空间辐射导致的电离作用使半导体中的电子–空穴对增加，导致二极管性能降低；位移作用的结果使得硅材料少数载流子的寿命不断缩短，造成漏电流增加及性能退化，上述作用会导致太阳电池的输出功率下降。此外，带电粒子和紫外线辐射对太阳电池屏蔽物造成辐射损伤，如使屏蔽物变黑，将影响太阳光进入太阳电池，也会导致其功率下降。

（2）静电放电影响

在空间环境中（主要为等离子体环境），太阳电池阵表面会在电子、离子作用下积累电荷（表面充电），不同材料之间产生电位差，当电位差超过一定的阈值时会产生静电放电现象。工作在低压模式的太阳电池阵发生静电放电的损伤较小，而高压太阳电池阵会为静电放电提供能量，引发持续放电，造成太阳电池阵失效，继而造成航天器失效的灾难性后果。

1997 年，先后有劳拉公司的两颗卫星由于静电放电导致太阳电池阵发生故障，造成输出功率减小 20% 以上；2003 年 JAXA 的 ADOES-Ⅱ（LEO）对地观测卫星也因高压太阳电池阵放电造成整星报废；另外，欧洲可回收卫星 EURECA 的太阳电池阵在经航天飞机取回后发现，受近地轨道等离子体作用，太阳电池阵表面存在静电放电痕迹，其中有部分太阳电池串发生持续放电，太阳电池阵基板绝缘烧毁，造成太阳电池功率损失。为此，国外开展了大量太阳电池阵静电放电的研究，进行了大量的实验室模拟试验，形成了太阳电池阵静电放电触发机制理论，并提出了一些缓解太阳电池阵静电放电的措施，主要有被动防护措施和主动防护措施两种。被动防护措施主要是采用增加电池串间距、减小串间电压差的方法，在容易产生放电的区域涂敷保护胶等，这种方法在中低压太阳电池阵上能够一定程度避免灾难性的静电放电，但它不能解决高压太阳电池阵的静电放电问题。高压太阳电池阵需要采用主动防护措施，即在太阳电池阵的绝缘材料表面采用镀导电膜并接地的方法达到静电耗散的效果，目前最常用的导电膜为 ITO 材料，这种方法在高轨卫星的太阳电池阵上已得到应用。但目前这种蒸镀在玻璃盖片表面的 ITO 膜在低轨道环境中难以抵抗原子氧侵蚀，将造成 ITO 膜在长期飞行过程中逐渐失效，因此现有的静电洁净技术难以满足低轨 8 年应用要求，需要攻克 ITO 膜的原子氧防护技术。

（3）热致疲劳影响

一般低轨道遥感卫星太阳电池阵将频繁进出地球阴影区，由于空间外热流变化影响，使太阳电池阵处于冷热交变环境中，按照低轨道卫星 8 年设计寿命计算，太阳电池阵将有近 50 000 次高低温交变循环。

我国太阳电池阵电路传统焊接方式为软钎焊焊接，在数万周次的高低温交变条件下，软钎焊焊料热疲劳，导致焊点可靠性降低，从而影响整个太阳电池阵的功率输出，现阶段其焊接寿命只能满足 5 年。因此，对低轨卫星而言，必须强调太阳电池阵机械应力对可靠性的影响分析，并采取有针对性的可靠性措施。

（4）原子氧影响

近地轨道环境中气体组分主要有 O、N_2、O_2、Ar、He 和 H 等，其中氧原子是一种强氧化剂，对于一些金属材料、有机膜等具有很强的腐蚀作用。航天器在上述环境中高速运行时，与航天器碰撞的原子氧具有 5 eV 左右的动能，容易对航天器表面的材料或涂层产生剥蚀作用。氧原子的浓度随着高度的增加会迅速减小，因此低轨道卫星受到原子氧作用的影响较为明显。太阳电池阵安装在舱外，将直接受到原子氧的剥蚀，因此需要对敏感材料进行原子氧防护处理。

综合考虑上述因素，建立太阳电池阵 FTA 模型，进行太阳电池阵定性和定量分析，确定对太阳电池阵失效影响较大的底事件为辐照衰减和负载电压变化造成的耗损失效，以及电连接器失效、焊点脱落、二极管开路等元器件失效，开展下列工作可有效降低上述底事件的发生概率：

1）高压耐原子氧静电洁净太阳电池阵技术，可有效降低电池阵性能衰减；

2）基于新型材料的电阻焊接焊点失效分析，可降低焊点脱落的发生概率。

因此，开展太阳电池阵的 FTA 定性和定量分析以确定产品薄弱环节，并明确薄弱环节改进对产品可靠性增长的影响。

11.2.2　蓄电池薄弱环节分析

锂离子蓄电池正、负极活性材料均采用锂离子可以自由嵌入和脱出的具有层状或隧道结构的锂离子嵌入化合物，电解液则是由锂盐（如 LiPF6、LiBF4、LiClO4 等）与混合有机溶剂（如 EC、DMC、EMC、PC、DEC 等）组成的液相电解质体系。充电时，锂离子从正极脱出，嵌入负极；放电时，锂离子则从负极脱出，嵌入正极；即在充放电过程中，锂离子在正、负极间嵌入脱出往复运动。

在锂离子电池中，除了锂离子嵌入及脱出时发生的氧化还原反应外，还存在着大量的副反应，如电解液分解、活性物质溶解、金属锂沉积等。在长期充放电循环时，锂离子在正负极材料晶格内长期反复嵌入/脱出，造成晶格微观体积变化，产生内应力会加速晶格结构塌陷，电极材料体积在长期循环下产生较大变化，产生外应力，造成电极材料分裂或与集流体的剥离，从而导致蓄电池容量不可逆损失。因此，在充放电循环过程中锂离子蓄电池会出现容量衰减、性能下降或失效等现象。另外，当蓄电池设计、工艺不合理或使用条件不规范时，可能会在负极生成锂枝晶，经过长时间的充放电循环，锂枝晶不断地定向生长进而可能刺穿隔膜造成蓄电池短路，引发蓄电池安全性问题。

锂离子蓄电池的使用寿命主要取决于蓄电池的放电深度、工作温度、充放电循环次数等，其中蓄电池充放电循环次数的多少直接影响蓄电池的使用寿命，一般低轨遥感卫星蓄电池在轨 8 年充放电循环次数近 50 000 次，充放电循环次数多会影响锂离子蓄电池组可靠性甚至安全性。

根据锂离子蓄电池冗余备份特点，建立蓄电池 FTA 模型，进行蓄电池定性和定量分析。综合最小割集和重要度分析结果，对锂电池失效影响较大的底事件为：过充/过放电保护电路失效、单体开路、单体性能差异明显、电连接器短路、多原因造成的单体内短路、正负极材料造成单体性能失效等。主要开展下列工作以有效降低上述底事件的发生概率：

1）过充/过放电保护电路，专门开展了 BDR 输入过流保护、输出过压保护、输入欠压保护和输出限流保护电路优化，降低了底事件发生概率；

2）开展基于 NCA 材料的正极技术研究工作，减小了不可逆容量的损失率，提高了在充电状态下的热稳定性；

3）模拟单体内短路试验，验证了采用陶瓷隔膜可有效提升锂离子蓄电池的安全性能，预防内短路故障对蓄电池本身的影响。

上述措施可有效降低锂电池关键底事件的发生概率，提升锂电池组的可靠性。

11.2.3　电源控制器薄弱环节分析

电源控制器是典型的电子设备，理论分析和在轨数据均表明电源控制器存在二次电源转换效率退化的风险，会对电源分系统的供电安全造成隐患。此外，电源控制器还存在开路、短路失效等故障模式，这些随机出现的失效模式发生概率低但容易造成严重后果。电源控制器可靠性增长措施应针对二次电源转换效率提升及电源安全性保护方面。

根据电源控制器冗余备份关系，建立电源控制器 FTA 软件模型，进行电源控制器定性和定量分析。确定对电源控制器失效影响较大的底事件为多余物搭接和负载短路，以及控制转换电路异常、采样电路异常等，其他各底事件差异不大。从相对重要度角度看，提升 BDR 可靠度对提升系统可靠度的影响最大。电源控制器可靠性提升主要开展下列几个方面的工作。

1）通过提升二次电源模块可靠性、效率及自主保护能力，优化了输入欠压、限流、过流及输出过压保护电路，降低了控制电路输出异常的风险。

2）通过 BDR 模块的蓄电池输入过流保护及 BDR 输入端及输出端保护，优化了蓄电池输入过流保护、输出过压保护、输入欠压保护和输出限流保护电路，提高了 BDR 模块用电和变换供电通路的可靠性和安全性，从而最大效率地提高了单机可靠性。

11.3　可靠性薄弱环节改进

电源分系统通过可靠性建模及动态 FTA 分析手段，对电源系统及各单机进行可靠性、安全性薄弱环节分析，在明确薄弱环节的基础上，提出可靠性及安全性技术改进方案，有针对性地开展太阳电池阵、锂离子蓄电池、电源控制器及系统各项技术改进措施。

通过技术分析、仿真及试验手段验证技术改进的有效性，综合多项验证试验数据对系统可靠性进行评价，最终实现电源系统长寿命高可靠在轨运行，电源分系统可靠性改进总体方案如图 11-1 所示。

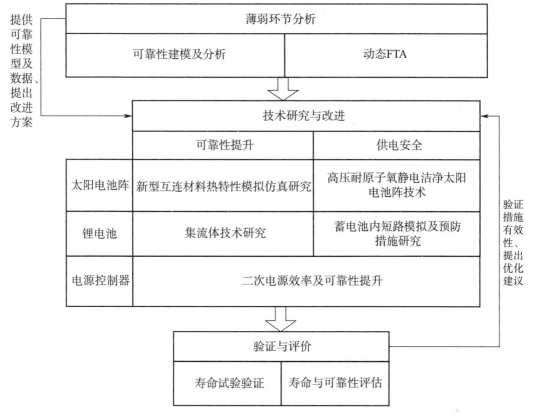

图 11 - 1　电源分系统可靠性改进总体方案

11.3.1　基于新型材料的电阻焊接焊点失效分析及改进

11.3.1.1　太阳电池阵新型互连材料热特性模拟仿真

为了确定改进设计后的新型互连材料（银/Kovar/银三层复合材料）在空间热环境下的特性，采用热仿真软件对互连片模型进行了分析。

分析结果如图 11 - 2 所示，互连片折弯处应变小于 0.2%，未进入塑性变形状态，表明该新型互连片的抗疲劳特性可满足 -100～+100 ℃的环境温度的使用要求。

11.3.1.2　太阳电池阵电阻焊接接头可焊性分析

采用 MSC. MARC 有限元软件对焊接过程进行模拟仿真分析，温度场以焊接电极端面为参照，呈椭圆状分布。温度主要集中于焊接电极顶部以及焊点附近的约一个焊脚的范围。对于热影响区域，应当评价焊点至焊脚边缘的区域范围，温度范围为 400～800 ℃。

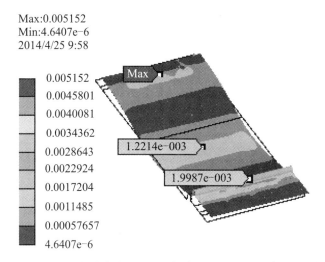

Max:0.005152
Min:4.6407e-6
2014/4/25 9:58

0.005152
0.0045801
0.0040081
0.0034362
0.0028643
0.0022924
0.0017204
0.0011485
0.00057657
4.6407e-6

Max
1.2214e-003
1.9987e-003

图 11-2　互连片总应变对比（折弯处小于 0.2%）（见彩插）

热影响区域的银可能处于如下两种状态。

1）温度 400~800 ℃，受压力 5~10 N，热影响时间百毫秒级：单质银仍然会保持原有成分特征，百毫秒级的热处理时间对于晶粒生长没有任何帮助，可以忽略不计，所以互连片热影响区的银的组织结构基本没有变化。

2）温度 400~800 ℃，无压力，热影响时间百毫秒级：单质银仍然会保持原有成分特征，百毫秒级的热处理时间对于晶粒生长没有任何帮助，可以忽略不计，所以互连片热影响区的银的组织结构基本没有变化。银箔厚度也不会变化，在这种状态下，热影响区的互连片力学性能将会保持一致。

为进一步确认互连片的热影响区域的影响，进行互连片的特性计算。根据焊点的剥离状态推测，互连片的剥离强度主要由互连片的撕裂强度提供。进行特性计算与试验，核算结果与实测数据吻合度较好，认为正常焊接工艺下的银互连片热影响区力学特性基本无变化。

采用制备的 Kovar 镀银互连材料冲压成型制作 Kovar 镀银互连片进行太阳电池焊接，并采用 AM0 光谱模拟器、超声扫面电子显微镜（SAM）、场效应扫面电子显微镜（FSEM）、微精密拉力机、显微镜等对焊接前后电池性能、焊点内部形貌、焊接截面以及焊点拉力等焊点质量进行表征，分析焊接电压、焊接压力、脉冲时间、焊接模式以及试验环境等对电池焊接性能的影响。通过分析，证明了新型互连片电阻焊接接头具有较好的可焊性，使用电阻焊接工艺可以有效保证焊点的强度。

11.3.2　高压耐原子氧静电洁净太阳电池阵技术

11.3.2.1　硅橡胶掺杂纳米炭黑改性高阻胶技术

为了使底片胶具备高阻导电能力，需要对目前的硅橡胶体系的底片胶进行改性，主要是加入导电填料改性，使其获得导电功能。

硅橡胶的改性有添加金属粉料和纳米炭黑两种途径，金属材料的导电方式为金属自由电子输运型，其缺点是不耐腐蚀，易氧化，长期使用稳定性差，阈值跨度窄；纳米炭黑的导电方式为 H 电子输运型，具有性能稳定，阈值跨度宽的优点，同时对聚合物基体有补强作用。

采用掺杂纳米炭黑的改性技术，填料为纳米乙炔炭黑，炭黑平均粒径为 20 nm。纳米炭黑的掺杂比例对导电性能的影响：纳米炭黑填料比例为 8% （质量百分比），体积电阻率为 6.5×10^6 $\Omega \cdot cm$，满足设计需求。

11.3.2.2　高透过率导电膜设计与制备

根据高压太阳电池阵设计要求，阵表面应具有载流子传输能力，即要求单体太阳电池封装用的玻璃盖片表面应具有半导体导电性能。因此，需要在玻璃衬底表面镀制一定厚度的透明导电 ITO 薄膜，当产生静电放电时，其表面的导电薄膜可将产生的电子或离子进行疏导以避免静电放电的发生。该结构 ITO 薄膜表面对太阳光谱的反射率可根据特征矩阵法计算出

$$\begin{bmatrix} B \\ C \end{bmatrix} = \begin{bmatrix} \cos\delta_1 & i/n_1 \sin\delta_1 \\ in_1 \sin\delta_1 & \cos\delta_1 \end{bmatrix} \begin{bmatrix} 1 \\ n_2 \end{bmatrix}$$

对于中心波长有

$$\delta_1 = \frac{2\pi}{\lambda} n_1 d = \frac{\pi}{2}$$

则该器件的光学导纳可计算为

$$Y = \frac{B}{C} = n_1^2 / n_2$$

由此可得器件反射率为

$$R = \left(\frac{n_0 - Y}{n_1 + Y} \right)^2 = \left(\frac{n_0 - n_1^2/n_2}{n_1 + n_1^2/n_2} \right)^2$$

根据以上反射率计算公式，可计算出玻璃衬底上镀制一层 ITO 薄膜后的反射率，取 ITO 折射率为 2.0，玻璃衬底折射率为 1.52，空气折射率为 1.0，则对应反射率约 20.18% 以上，即透过率为 79.82%，需要进行减反射膜系设

计，以提高玻璃盖片的光谱透过率。

　　由于 MgF$_2$ 薄膜是一种常用的减反射膜，而且在常规空间太阳电池封装中已广泛应用，同时一定厚度的 MgF$_2$ 薄膜具有良好的纵向电子迁移率。因此，以 MgF$_2$ 薄膜作为增透层，以 ITO 薄膜作为导电层，采用 TFCalc 光学仿真软件进行玻璃盖片膜系的设计，并对其膜系物理厚度进行优化，重新设计高透明导电玻璃盖片，玻璃盖片结构如图 11 - 3 所示。

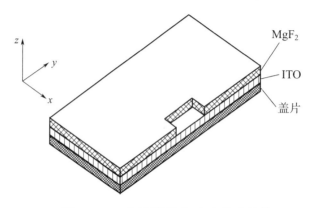

图 11 - 3　高透明导电玻璃盖片结构

　　根据玻璃盖片膜系的设计，应用电子束蒸发镀膜技术，首先在石英玻璃衬底上沉积透明导电 ITO 薄膜，以满足静电疏导要求；然后在 ITO 膜层的基础上沉积一层减反射 MgF$_2$ 薄膜。当采用合适的薄膜厚度时，盖片光谱平均透过率可达到较高水平，其 380～1 700 nm 光谱范围内的平均透过率高达 93.2%，如图11 - 4 所示，测得的方块电阻为 9×10^4 Ω/□。

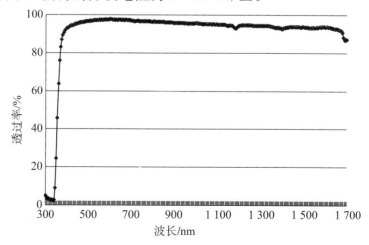

图 11 - 4　新型空间用太阳电池玻璃盖片透过率曲线图

对上述玻璃盖片进行原子氧试验，原子氧通量为 3×10^{21} atoms/cm^2，试验后测得的方块电阻为 9.3×10^4 Ω/□。

通过对太阳电池阵空间环境下静电放电机理分析，确定了高压耐原子氧静电洁净太阳电池阵技术方案，突破了硅橡胶掺杂纳米炭黑改性高阻胶技术，研制出满足设计要求的高阻底片胶和叠层电池片并完成了性能测试，制作了高压耐原子氧静电洁净太阳电池阵样件，通过了静电放电试验考核。

11.3.3　锂离子蓄电池集流体技术

11.3.3.1　表面形貌

石墨烯涂层铝箔是定制的一款新型集流体，可保证铝箔状态的一致性，涂层厚度单面约为 500 nm，面密度为 5.45 mg/cm^2，涂层表面呈灰黑色，均匀一致。图 11-5 是涂覆石墨烯层前后铝箔表面的 SEM 照片。涂覆前铝箔表面较平整，有机械加工留下的痕迹，表面物性基本一致。涂覆石墨烯层的铝箔，表面被片状的石墨烯均匀覆盖，粗糙度增加，与活性材料颗粒之间易形成相互交叉填隙的"啮合"界面，可以有效增强活性材料与集流体之间的接触粘结，降低界面电阻。

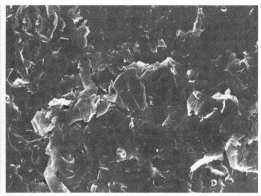

(a) Al　　　　　　　　　　　　(b) GC-Al

图 11-5　涂覆石墨烯层前后的扫描电镜照片

11.3.3.2　表面张力

使用浸润性测试记号笔（Diversified Enterprises，USA）对石墨烯涂层铝箔和常规铝箔表面张力情况进行测试对比，结果如图 11-6 所示。记号笔在 GC-Al 箔材表面的线宽比在 Al 箔上的粗，Al 箔上颜料线收缩明显，表明 GC-Al 箔材的表面张力比普通 Al 箔小，浸润性好，能够改善在涂布过程中的料层收缩，使浆料在集流体表面分布更均匀，更好地控制极片面密度。

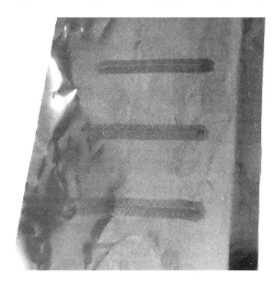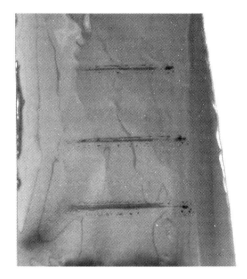

图 11-6　GC-Al（左）和常规 Al 箔（右）表面张力对比

11.3.3.3　循环伏安测试

分别以 GC-Al 和 Al 集流体为正极片，金属锂为对电极和参比电极进行循环伏安扫描，以观察集流体在一定电压范围内是否有电化学反应发生。图 11-7（a）是普通铝箔集流体的 CV 曲线，第一圈循环时电压正向扫描过程中在 4.25 V（vs. Li$^+$/Li）左右出现明显的氧化电流峰，是铝箔集流体在此电位下的氧化腐蚀电流峰。经过首次循环后，第二圈扫描，在该电位的氧化峰基本消失，这是由于铝集流体表面氧化沉积的钝化膜在一定程度上阻止了基体的进一步腐蚀。4.5 V（vs. Li$^+$/Li）之后急剧增大的氧化电流可能是因为电解液发生氧化分解反应。图 11-7（b）是石墨烯涂层铝箔集流体的 CV 曲线，通过比较发现，GC-Al 集流体首次正向扫描过程中 4.25 V 左右的氧化电流峰基本消失，证明是因为石墨烯涂层起到了对铝箔基体的保护作用。

综上可得，铝箔表面涂覆石墨烯薄层后，粗糙程度增加，与活性材料颗粒之间容易形成相互填隙交叉的"啮合"界面，可以有效增强活性材料与集流体的接触，同时，石墨烯涂层对铝箔集流体起到防腐蚀保护作用。使用石墨烯涂层铝箔后，LNCAO/石墨体系软包装全电池在模拟低轨循环和加速循环条件下的循环稳定性得到提升，可以得出采用石墨烯涂层铝箔后，蓄电池循环性能得到较为明显的改善。

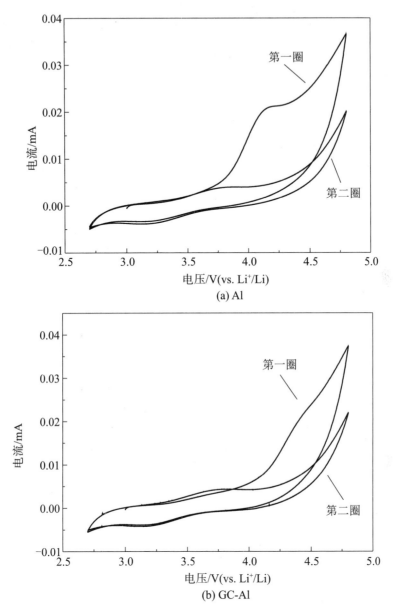

(a) Al

(b) GC-Al

图 11 - 7　集流体/Li 半电池的循环伏安测试曲线

11.3.4　锂离子蓄电池内短路模拟及预防措施研究

通过调研锂离子蓄电池安全性测试方法可知，目前的内短路测试技术只是通过间接模拟，如机械法、加热法等，尚无实质的内短路测试方法。进行模拟电池内部短路故障方法的研究可以真实地表现电池在发生内短路后的行为特点，对电池的安全性设计改进提供依据，同时电池行为在短路前是正常的，在需要短路时进行激活，因此就可以模拟不同寿命时期的电池短路状态和结果。

试验采用低熔点合金法模拟蓄电池内短路。

低熔点合金法通过在锂离子蓄电池内部加入一种低熔点合金的方式模拟内短路故障，合金熔点约 60 ℃。如图 11 - 8 所示，将锂离子电池内某两片正负极之间的隔膜中央裁出一个小孔，在正对小孔的负极片表面上用 PTFE 贴一块小隔膜，避免直接短路，再在小隔膜上用 PTFE 贴一块低熔点合金，尺寸为小孔＜低熔点合金＜小隔膜。除该组极片经过特殊处理外，电池内其他极片构成电堆的方式与正常电池相同，电池制造完成后，低熔点合金与正极接触，而由于小隔膜的存在不与负极接触，合金不熔化时，电池能够正常工作。需要短路时将整个电池加热至 60 ℃ 以上，此时低熔点合金熔化并向四周流动，当流出小隔膜范围以外时，将与负极接触使电池的正负极连通，发生内短路。

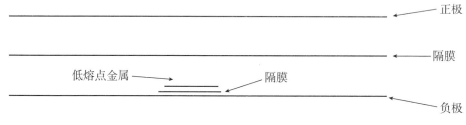

图 11 - 8　内短路装置原理图（低熔点合金）

使用 30 Ah 极片制备软包电池进行试验，首先将小隔膜与合金粘贴到负极片上，然后叠片制作成 3 负 2 正的极堆，软包电池容量约 1 Ah，叠片完成后使用绝缘表测量正负极耳间的电阻，阻值大于 100 MΩ。将极堆装入铝塑膜中，注液后封口，软包电池制作完成（如图 11 - 9 所示）。

共制备 3 只软包电池，定为 1♯、2♯、3♯，放置 24h 待电解液充分浸润后进行电性能测试，测试在烘箱中进行，完成后直接升温进行短路试验，其中 1♯ 电池将热敏电阻贴在短路合金的正上方，不使用夹具，2♯ 和 3♯ 单体使用夹具压紧，热敏电阻贴在夹具上，测试结果如图 11 - 10 所示。

电性能测试完成后，将烘箱温度设置到 80 ℃，升温过程中实时监测各电池的温度和电压变化，结果如图 11 - 11 所示，可以发现当电池表面温度上升至 65 ℃ 左右时电压开始出现明显下降。此时电池表面温度开始明显上升，偏离夹具表面温度，最大温差约 10 ℃，这说明在 65 ℃ 左右电池内的合金熔化，连通了电池正负极，发生了内部短路，短路产生的热量使得电池内部温度升高，但由于金属熔化后为液体且易于烧毁，因此很难形成持续、稳定的短路点，因此电池电压下降和温度的升高不剧烈。

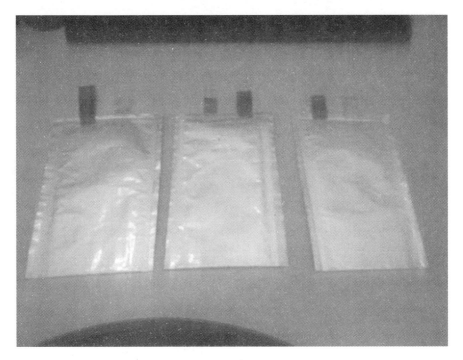

图 11-9　软包电池

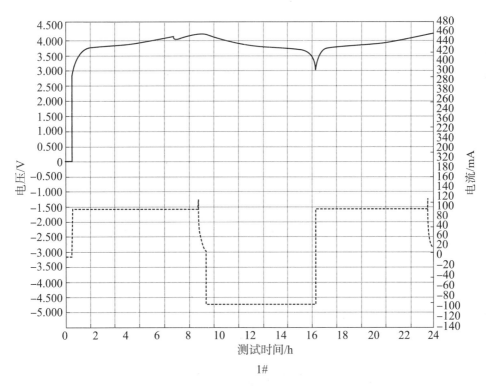

1#

图 11-10　软包电池电性能测试结果

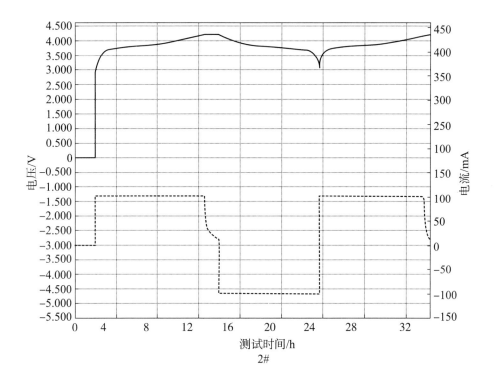

2#

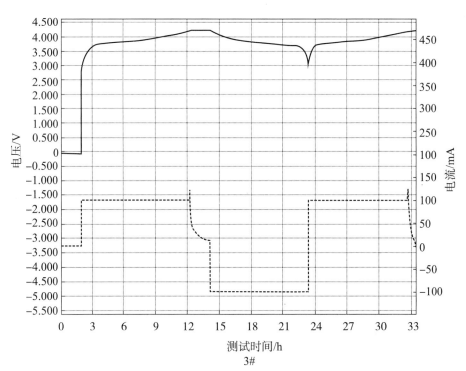

3#

图 11 - 10　软包电池电性能测试结果（续）

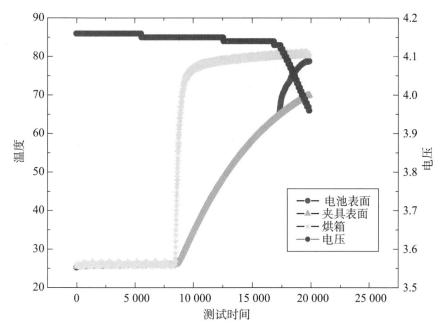

图 11 - 11　升温过程中的温度、电压变化（见彩插）

　　将试验电池放空电后，对其进行了解剖分析，可以发现合金已明显发生了熔化并流出小隔膜范围，连通了电池的正负极，发生了内短路，合金与负极接触部位已被烧毁，说明短路点无法稳定存在。电池隔膜有熔化的迹象，推断短路发生时此处温度应在 150 ℃左右。

　　从结果来看，使用低熔点合金法确实能够模拟电池内短路的状况，能模拟正负极间的短路点，试验结果表明，采用陶瓷隔膜可有效提升锂离子蓄电池的安全性能。

11.3.5　二次电源模块效率及可靠性提升

　　二次电源模块主要由 LCL 闩锁限流器、EMI 滤波单元、差模滤波单元、控制电路、辅助电源、保护电路、遥测遥控电路组成，其结构框图如图 11 - 12 所示。

　　二次电源模块各部分功能特点如下。

　　（1）LCL 闩锁限流器

　　闩锁限流器用在二次电源的输入极，以防止二次电源内部出现短路情况下对母线产生较大的影响。闩锁限流器替代传统保险丝的作用，对比传统的保险丝，闩锁限流器具有可靠性高、响应速度快等优点。同时，由于闩锁限流器具

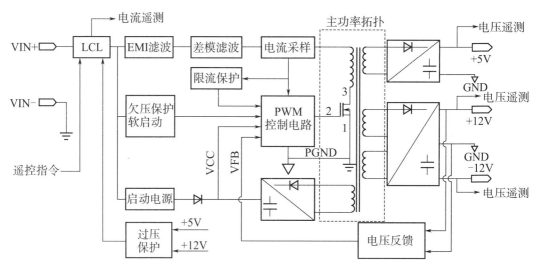

图 11－12　二次电源模块结构框图

有作用后保持关断的特点，因此可以作为过压保护、过流保护的动作电路。亦可通过遥控指令实现二次电源的开关机功能。

（2）输入 EMI 滤波器

输入 EMI 滤波器通过共模滤波的方式可以将二次电源对母线产生的尖峰毛刺滤除，减小二次电源正常工作时产生的反射给母线的尖峰电压，保证母线品质。同时，输入 EMI 滤波器也可以滤除母线电压本身产生的尖峰电压，避免由母线尖峰电压引起的二次电源不正常工作状态。

（3）输入输出全隔离

输入输出全隔离可以改善单机内部地线连接方式，避免二次电源地线对单机内部电路造成的不必要影响。

（4）欠压保护

由于二次电源模块的输入电压范围有一定的要求，当电压过低时可能出现二次电源不能正常工作的情况。这是由于输入电压过低时，输入电流过大造成电流采样幅值过大，从而引起反馈电路不稳定，进而造成输入电压过低时二次电源不能正常工作。而减小电流采样放大倍数则会引起二次电源在负载很小的情况下工作时电流环不起作用，引起轻载时二次电源不能正常工作的问题。为避免这两种情况的出现，必须引入欠压保护电路。

（5）缓启动电路

缓启动电路的作用是抑制二次电源开机时的浪涌电流，以避免浪涌电流过大对母线的冲击，以及抑制浪涌电流过大对二次电源内部元器件的冲击。

（6）保护电路

二次电源的保护电路包含：输入欠压保护、输入过流保护、输入限流保护、输出过压保护等功能。

（7）内置开关机使能功能

二次电源内部集成开关机使能功能，可直接通过遥控指令信号直接开通或关断二次电源。

首先对二次电源的功能特性进行分析；其次，从器件选用、过压保护、欠压保护、过流保护和限流保护等方面，提高二次电源的稳定性。经轻载和重载两种工况下测试，系统稳定。经测试输出纹波满足设计指标要求，满足任务要求。

11.4　可靠性增长验证

11.4.1　基于新型材料的电阻焊接热疲劳试验

为进一步考核 Kovar 镀银互连片焊点的可靠性，采用 Kovar 镀银互连片制作试验件开展高低温循环试验。试验件采用一块尺寸为 330 mm×430 mm 的基板，基板正面粘贴 4 串太阳电池组件，每串太阳电池组件有 10 片太阳电池，共计 40 片太阳电池，太阳电池尺寸分别为 40.0 mm×80.0 mm、40.0 mm×60.5 mm。太阳电池组件的互连片、组件连接片的材料分别为 20 μm 和 50 μm 的 Kovar 镀银材料。输出导线通过穿线孔引至基板背面，太阳电池组件的正端输出引线通过电阻焊焊接在 50 μm 的 Kovar 镀银连接片上，每串电池组件串联了一个 BZG1D 隔离二极管。试验件实物如图 11-13 所示。

高低温循环试验将试验件从室温状态放入快速温度变化试验箱中；快速温度变化试验箱中试验件的温度降至 -110^0_{-5}℃（程序设定环境温度为 -110 ℃）；温度达到后保温 5 min；转入高温阶段，试验件温度升至 $+110^{+5}_0$℃（程序设定环境温度为 $+110$ ℃）；温度达到后保温 5 min；以此作为一次温度循环，重复上述温度循环直到试验到达指定循环次数。

太阳电池电路试验板已累积进行了近 50 000 周温度循环，试验后太阳电池电路输出功率稳定，无明显变化，太阳电池电路导通，绝缘情况正常，无焊点脱焊，无碎片。

图 11 - 13　高低温循环试验件正面

11.4.2　锂离子蓄电池寿命试验验证

开展了锂离子蓄电池 LEO 循环寿命试验，已进行至近 10 000 周次，典型寿命曲线如图 11 - 14 所示。

全试验过程中，放电截止电压从初始的 3.88 V 左右衰减至 3.855 V 左右；所有单体放电终止电压均远高于规定的在轨最低电压需求。

根据蓄电池单体寿命评估方法，对大于 5 000 周次的单体的试验数据进行拟合，预计 8 年寿命末期蓄电池单体放电终压大于 3.455 V。

由单体寿命预测结果可知，单体循环寿命远大于任务要求，寿命末期放电终压也高于 3.3 V 指标要求。上述试验表明：

1）锂离子蓄电池单体电性能指标符合可靠性要求，完成了循环寿命考核，放电终压均在 3.85 V 以上（循环超过 10 000 次）。

2）锂离子蓄电池在安全试验过程中及试验后未发生漏液、起火、爆炸等现象，符合可靠性要求。

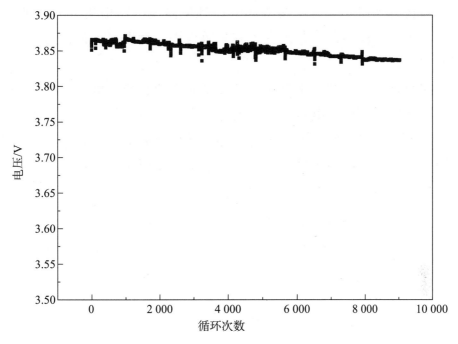

图 11-14　锂离子蓄电池单体 LEO 寿命曲线

11.4.3　电源控制器寿命试验验证

11.4.3.1　选择加速应力

加速寿命试验的目的是单独地或相结合地使用各种高环境应力或电气应力水平，以一种适当的方式确定或验证电源控制器的性能，并在一个缩短的试验时间内，确定电源控制器预期寿命的目的。

通过加速寿命试验，可以识别电源控制器的设计和制造缺陷，揭露主要的失效机理并把应力和性能之间的关系量化。对电源控制器适当进行加速应力试验并分析其结果后，能够对其寿命提出合理的估计。

加速寿命试验的基本原则是在不改变电源控制器失效机理的条件下，加大环境应力（如热应力等）以加快电源控制器失效，缩短试验时间，从所得的试验数据中，估计出电源控制器在正常工作应力下的可靠性指标。加速试验的作用并不限于加大环境应力促使电源控制器失效，还可以利用加大应力下的寿命与正常应力下的寿命之间的规律性，由前者推算出后者，故加速寿命试验可用于高可靠电源控制器的验收、可靠性数据确定和寿命评价。

需要强调的是，加速寿命试验只能是在不改变电源控制器失效机理的条件下，通过强化电源控制器的使用条件（如环境温度、输出功率等）进行试验，来推算出其预期工作寿命。若改变了其失效机理，就无法外推，这样就会失去加速试验的意义。

电源控制器的寿命主要受电应力和环境应力的影响。电源控制器是由集成电路、半导体分立器件、电感和变压器、继电器、霍尔传感器、阻容等分立元件组成的单机产品。同时，单机中每一类元器件所能承受的最大温度应力是不同的，因此加速寿命试验的最大应力水平的确定将因此受到限制。

试验选用温度应力作为加速应力。

11.4.3.2　选择加速模型

Arrehnius 模型是描述产品寿命与试验温度关系的一种失效物理模型，主要用于热激发失效机理，如金属间的扩散、化学反应等。由于本试验方案选用温度应力作为加速应力，故选用 Arrehnius 模型作为加速模型，其表达式如下

$$L(V) = Ce^{\frac{B}{V}}$$

11.4.3.3　计算预计的试验时间

在试验应力等级和产品工作方式初步确定的情况下，主要问题就是通过现有的理论方法确定不同应力下的试验时间。通过加速模型计算方法计算 XX - 3 DC/DC 变换器在不同温度应力下的加速系数，并由此进行应力—时间折合，以此为依据确定不同试验温度应力下合适的试验时间。

激活能与加速过程密切相关，一般是通过试验结果评估得出的。为了估计试验时间，必须求出加速系数，而加速系数则取决于激活能。由于无法获得目前类似产品的激活能，而单机内部 DC/DC 变换器的失效往往由其中可靠性最低的半导体器件决定。

电源控制器工作温度范围为 -15～50 ℃，为加严考核寿命，取基准温度为 50 ℃。由于电源控制器内部含有大量晶体管、功率 MOS 管等元器件，不建议工作温度超过 75 ℃，所以选择有代表性的 75 ℃作为温度加速试验条件。另外，考虑非真空压力环境偏差，使用正偏差 4 ℃。因此，加速寿命试验总试验要求约为 4 100 h。

按照卫星电源控制器全寿命周期工作情况，共开展高温光照分流与高温阴影恒压工况试验 4 128 h，满足试验要求，电源控制器性能没有异常，仍能满足卫星平台供电要求。

11.5　可靠性评估

11.5.1　可靠性评估模型

电源分系统可靠性评估模型主要考虑电源控制器、太阳电池阵和蓄电池组可靠性，在不考虑单机接口可靠性和单机间耦合影响的情况下，其可靠性框图如图 11 – 15 所示。

图 11 – 15　电源控制器可靠性框图

11.5.2　可靠性评估方法

采用 CMSR 方法自下而上计算电源分系统可靠度点估计及置信下限。按照各单机计算结果，由各单机可靠度点估计 $\hat{R}_J$ 和置信下限，可反算其等效任务数 η_J 和等效失效数 r_J，则系统可靠度点估计和方差为

$$\hat{R}_s = \prod_{J=1}^{N} \hat{R}_J$$

$$D(\hat{R}_s) = \hat{R}_s^2 \sum_{j=1}^{N} \frac{r_J}{\eta_J^2}$$

计算整机等效任务数和等效失效数，整机可靠度置信下限计算为

$$\eta_s = -\frac{\hat{R}_s^2 \ln \hat{R}_s}{D(\hat{R}_s)}$$

$$r_s = -\eta_s \ln \hat{R}_s$$

$$R_{Ls} = \exp(-\chi_\gamma^2 (2r_s + 2)/2\eta_s)$$

11.5.3　可靠性评估计算

根据电源分系统可靠性框图和各单机评估结果，建立低轨卫星电源分系统可靠性评估软件模型，如图 11 – 16 所示。

按照图 11 – 16 所示，计算电源分系统可靠度点估计和置信下限，结果见表 11 – 1。

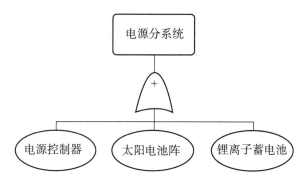

图 11 - 16　电源分系统可靠性评估模型

表 11 - 1　电源分系统可靠度评估结果

可靠度点估计		0.997
可靠度置信下限	0.7 置信度	0.989

　　从评估结果看，电源分系统可靠度评估和置信下限满足 0.98 的指标要求。

第12章 卫星单机产品可靠性增长案例

12.1 SADA 可靠性增长

12.1.1 基本情况介绍

SADA 主要用于驱动航天器的太阳帆板转动，实现太阳电池阵对日定向以尽可能多地获得能源，并在航天器本体和太阳帆板间传输功率和信号。

SADA 一般由电动机、轴承、齿轮减速器、导电环、零位指示/角度传感器及驱动控制器等组成。其中电动机作为动力源，直接驱动或通过齿轮减速器间接驱动轴系旋转，从而带动太阳帆板转动实现对日定向，通过导电环提供旋转电传输通道实现航天器本体（固定部分）与太阳帆板（转动部分）之间的功率和信号传输。

SADA 属于典型的机电一体化设备，涉及多个专业技术领域、学科，包括供配电、电接触、摩擦、机械机构与振动、电机及其驱动控制、空间环境及充放电效应等，是航天器上少数单点故障源之一，是影响航天器寿命和可靠性的关键单机产品，其可靠性至关重要。

太阳帆板驱动装置与太阳帆板和卫星本体同时具有机械、电气和热的接口，接口复杂，特别是需要承受太阳帆板展开时的冲击载荷；安装于卫星表面，在轨面临着真空、热、辐照以及带电粒子的充放电效应等恶劣的空间环境；在轨期间需要长期连续转动工作，轴承和导电环的摩擦磨损性能直接制约着产品寿命。因此在产品可靠性设计中，需要特别关注这些环节。

12.1.2 型号产品概述

东四平台 SADA 由一台步进电机、一套二级直齿轮减速传动系统、零位传感器、功率导电环、信号导电环以及轴承支承的旋转轴系等组成，如图 12-1 所示。

东四平台卫星配置两台 SADA，每台可传输 72 A 电流，在 100 V 母线电压下功率传输能力为 7 200 W，两台共传输 14 000 W，满足整星 10 000 W 的需要，设计寿命为 15 年，可靠性要求是发射后 960 h 内可靠度大于 0.999 8，在轨运行 15 年，可靠度要求为 0.97。

图 12 - 1　东四平台 SADA

12.1.3　可靠性薄弱环节分析

根据东四平台的应用工况条件和 SADA 产品特点，影响其可靠性的主要薄弱环节体现在以下方面：

1）在复杂的真空、热、辐照以及带电粒子的充放电环境等空间环境内，带电粒子的充放电环境更为复杂恶劣，具有更多的不确定性，对 SADA 导电环的电传输安全性存在着巨大的威胁，特别整星采用 100 V 母线电压加剧了这种威胁。

2）东四平台首次提出设计寿命需要达到 15 年的需求，SADA 的寿命不是简单的机械传动磨损，同时需要保证在寿命期间经过摩擦磨损的导电环仍能实现可靠安全的电传输，而这与整机的转动速度、导电环的载流工况等都有直接关系，需要对影响 SADA 寿命的因素进行充分识别和验证。

12.1.4 可靠性薄弱环节改进

（1）电传输可靠性、安全性

针对提升功率传输环节的可靠性、安全性问题，分别从结构设计、材料选择、工艺、应用方式等四个方面进行改进，实现对功率导电环正端和负端进行有效隔离，增大环间以及环与结构地之间的电气距离，提高绝缘、抗击穿及抗多余物搭接短路的能力以及加强空间充电防护，加强功率传输环节的多重绝缘设计。

改进措施主要包括：

1）增大极间安全间距，将正环负环分布在两面。

2）加大环间爬电距离，增加环间绝缘挡边高度。

3）防止尖端放电，将电刷片、零件上过线棱边圆角化设计；增加固定电刷片螺钉、固定压线片螺钉、压线片的无尖端毛刺处理要求等。

4）减少空间电荷积累，增加金属外壳屏蔽厚度，固定在非金属上的螺钉、螺母表面涂覆绝缘环氧胶，消除裸露的悬浮导体存在，降低绝缘材料电阻率，增加空间电荷积累的泄放速率。

5）多重绝缘防护设计，螺钉表面涂覆环氧胶，导线使用双层绝缘导线等。

6）优化电连接器的接点的排布，最大程度上进行功率传输的极间隔离，如图 12-2、图 12-3 所示在电连接器形成正负的最大限度隔离。

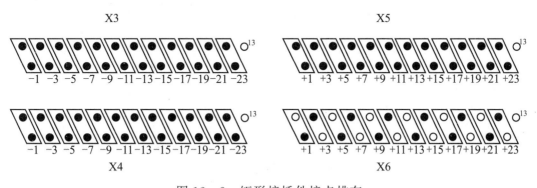

图 12-2 矩形接插件接点排布

（2）长寿命保障

针对 15 年的长寿命需求，分别从电刷材料的磨损率控制、电刷块焊接工艺优化以及提升轴承润滑薄膜寿命等方面进行改进，为剔除早期故障和实现稳定一致的长寿命性能提供保障。

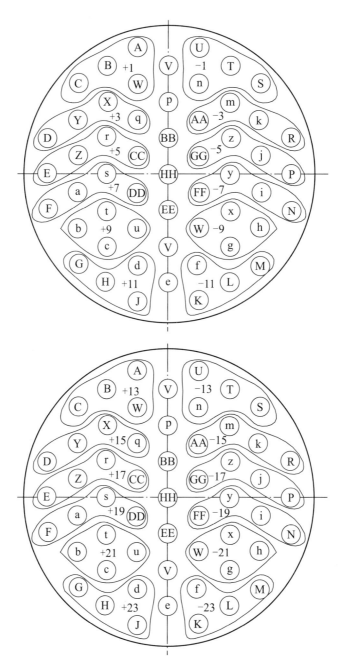

图 12-3　圆形接插件接点排布

改进的主要措施如下：

1）加强电刷材料的磨损率控制。针对提高 MoS_2 自润滑组分的分布均匀性，增加原料干燥处理，特别是使 MoS_2 不发生团聚；混合过程中采用陶瓷混料球，并限定每批次混合料配制量；压制过程采用较高的热压温度对材料进行烧结，促进材料组织结构的均匀化，改善 MoS₂ 的分布效果。

2）优化电刷块焊接工艺。针对电刷块采用 63Sn37Pb 共晶焊料焊接可能存在脆性相问题，改用含银焊料从材料上减少脆性相；针对焊缝内部焊料填充率低，改善辅助工装；针对焊缝厚度不一致，焊缝过薄处的脆性相析出严重，通过改进工装，提高刷块或刷片加工一致性。

3）提升轴承润滑薄膜寿命。加强镀膜工艺规范化。进一步提高薄膜滑动摩擦寿命，提高了本底真空度，有效减少了薄膜中的残留气体含量，降低薄膜缺陷，进一步提高薄膜致密性；优化工艺参数和改善薄膜的组织结构，进一步提高薄膜与基体的结合强度，优化薄膜的应力状态，使薄膜的耐磨性能获得了明显提高。

12.1.5　可靠性增长验证

针对在整星上应用存在的可靠性薄弱环节，生产了专门的样机，对上述的改进措施进行了验证。以下介绍两种典型的整机试验验证情况，分别是针对影响电传输可靠性、安全性的空间充放电效应试验和针对在轨长寿命保障的寿命试验。

（1）空间充放电效应的模拟试验验证

深层充电是指空间辐射环境中的高能电子穿透屏蔽层，在介质构件中沉积下来并建立电场的过程。当电场达到介质材料的击穿阈值时就会产生静电放电（ESD），放电不仅直接破坏或改变材料的物理性能，所产生的电磁脉冲还会对航天器内部的电子系统造成干扰，导致故障或失效。由于 SADA 一半安装在舱内，一半安装在舱外，很容易受空间充放电效应的影响。

采用卫星深层充放电实验模拟装置，采用电子加速器产生的高能电子在真空环境中对 SADA 进行辐照。试验中通过直流电源和电子负载为 SADA 提供模拟在轨运行的工作电压和工作电流，机构以巡航速度运转。利用非接触电位计测量其充电电位，利用电流探针对为 SADA 提供电压偏置的输入线进行非接触式的电流监测，通过监测电流脉冲和直流电源输出电流，判定 SADA 中是否发生放电。试验系统组成如图 12 - 4、图 12 - 5 所示。

试验过程中的监测项目如下：

1）电子辐照通量（pA）；

2）试件表面电位（V）；

3）监测真空（Pa）和试件放电情况（若有发生放电）；

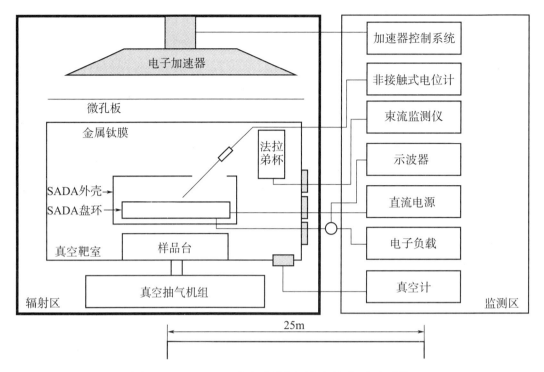

图 12-4　SADA 空间深层充放电效应试验系统

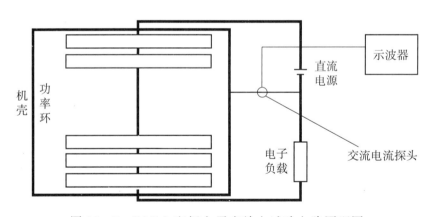

图 12-5　SADA 空间电子充放电试验电路原理图

4）SADM 功率环电压、电流；

5）机构转动功能、电机绕组电流、零位指示功能；

6）机构内部测温热敏电阻。

深层充放电试验过程中功率环进行功率传输模拟，按在轨太阳电池阵供电参数设定电流值，并模拟环间压差状态。通过多子样试验，验证了在 GEO 环境工作时驱动传动和电传输的可靠性和安全性。

（2）寿命试验验证

SADA 各摩擦环节均为固体润滑或干摩擦方式，在轨长期工作模式为巡航模式。从固体润滑角度讲，SADA 的寿命试验完全可针对磨损采取加速运转的方式进行。为充分验证 SADA 是否满足长寿命需求，掌握性能退化规律或特征，特安排 5 台子样进行寿命试验。

根据产品固体润滑的特点，3 台子样设计采用加速运转方式，为 6 min/r；为了验证低速运转下的寿命情况，2 台按照在轨实际工作最高转速（即应急速度）进行 1∶1 的寿命试验。

1）部分子样采取加速试验，从统计的角度说明平均寿命情况，可以提高结果的置信度，并且可以降低早期故障对试验进度的重大影响。

2）部分按照在轨实际工作最高转速（即应急速度）进行 1∶1 的寿命试验，一方面获得更加接近实际工况的验证结果，另一方面可以验证加速试验的有效性。

寿命试验阶段，全程在无油真空状态下进行，功率导电环模拟在轨功率传输状态，通过导电环串联通路进行电压、电流模拟，并使机构内部的热耗等效。试验过程中定期检测产品摩擦力矩、导电环电噪声以及转角精度等性能。寿命试验后进行了产品的解剖检查，进行了电刷压力、端跳等测试。

通过加速寿命试验和应急速度寿命试验的测试结果对比发现，不同条件下子样的导电环表面的磨损状况类似，最小驱动电流、电刷压力等指标的变化也类似，功率环的直流压降也没有因为机构的转速快慢而发生变化，可以证明加速因子选择合理，试验方法有效。通过加速寿命试验能够真实反映机构在轨运行的状况，从而验证机构的寿命是否满足任务指标的要求。

通过本次多因素加速寿命试验验证了 SADA 寿命满足航天器指标需求，并通过了大于一倍的寿命裕度验证，达到了预期目的，并为 SADA 可靠性评估提供了参考数据。

12.1.6　可靠性评估

（1）可靠性分析

明确 SADA 可靠性评估所涉及的主要故障模式和薄弱环节，主要开展以下工作：

1）分析 SADA 在地面试验和飞行中已识别的故障模式，明确故障原因和故障位置，定位薄弱环节；

2）SADA 的主要故障模式包括输出轴卡死、堵转，功率、信号传输异常等，尤其应注意导电环组件的失效；

3）针对主要故障模式和薄弱环节，开展可靠性评估建模和数据采集，不同故障模式可采用不同的可靠性特征量；

4）不具备可靠性评估条件的故障模式需要从设计、工艺保证措施及检测有效性等方面进行定性分析；

5）对薄弱环节的改进措施应进行有效性验证。

（2）可靠性评估模型

太阳电池阵定向驱动机构在轨运行包括巡航模式、捕获模式、保持模式等，评估主要考虑巡航模式。稳定运行阶段的主要故障模式是轴系、导电环组件的疲劳失效，采用 Weibull 分布模型

$$R_w = \exp\left[-\left(\frac{t}{\eta}\right)^m\right], \ t > 0 \qquad (12-1)$$

（3）可靠性评估计算

①计算形状参数 m

试验样本数 n，失效数 r，相应的等效失效时间为 t_1^*，t_2^*，$\cdots$，t_r^*，无失效产品的等效试验时间为 t_{r+1}^*，t_{r+2}^*，$\cdots$，t_n^*，根据失效情况计算 m 值。

1）失效数 $r \geqslant 3$ 时，求解式（12-2）可得 m 值

$$\frac{1}{m} + \frac{\sum\limits_{i=1}^{r} \ln t_i^*}{r} - \frac{\sum\limits_{i=1}^{n} t_i^{*m} \ln t_i^*}{\sum\limits_{i=1}^{n} t_i^{*m}} = 0 \qquad (12-2)$$

2）失效数 $r < 3$ 时，根据工程经验确定形状参数 m。对于地球同步轨道，m 取 1 左右；对于太阳同步轨道，m 可取 1~3；产品经过长期的试验和在轨验证，且其一致性较好的情况下，m 可取较大值。

②计算在轨运行可靠度

稳定运行阶段可靠度计算如下

$$T^* = \sum_{i=1}^{n} t_i^{*m} \qquad (12-3)$$

$$\hat{\eta} = \left(\frac{T^*}{r}\right)^{\frac{1}{m}} \qquad (12-4)$$

$$\hat{R}_w = \exp\left[-\left(\frac{t_0}{\hat{\eta}}\right)^m\right] \qquad (12-5)$$

$$R_{wL} = \exp\left(-\frac{t_0^m}{2T^*}\chi_\gamma^2(2r+2)\right) \tag{12-6}$$

其中，$\chi_\gamma^2(2r+2)$ 查 GB/T 4086.2 统计分布数值表得到。

③可靠性评估数据

SADA 在 15 年有限寿命期内，失效不属于耗损型失效，属于偶然性失效，采用指数分布进行评估，整机寿命试验数据、相似产品历史试验数据及在轨飞行数据均可用于评估。整理得到 SADA 累计运行 539.85 星年。

④可靠性评估计算

置信度取 0.7，得到 SADA 在轨运行的可靠度点估计和置信下限为

$$R = 0.980\ 9$$
$$R_L = 0.967\ 1$$

12.2　光纤陀螺可靠性增长

光纤陀螺作为一种新型全固态惯性仪表，具有传统机电仪表所不具备的优点。它仅由光学器件和电子器件组成，通过检测两束光的相位差来确定自身的角速度，因此光纤陀螺在结构和原理上具有可靠性高和寿命长的优点，三轴高精度光纤陀螺组合和四轴中精度光纤陀螺组合作为两款典型的型谱产品承担了国防科技重点工程配套项目。

目前在航天领域用的光纤陀螺方案分为采用 SLD 光源的中精度光纤陀螺和采用掺铒光纤光源的高精度光纤陀螺，两种陀螺的组成原理如图 12-6 和图 12-7 所示。

光纤陀螺组合的主要功能是测量卫星三轴相对于惯性空间的角速度，为姿态控制系统提供精确的姿态参考信息，实现卫星高精度、高稳定度的姿态控制。为应对"十二五"期间高密度发射的需求，针对光纤陀螺组合的可靠性薄弱环节开展了可靠性增长试验，以提升产品可靠性，形成技术状态一致的货架式产品，进而形成小批量生产的有利局面，实现产品化，对于提升卫星的可靠性和寿命具有重要作用。

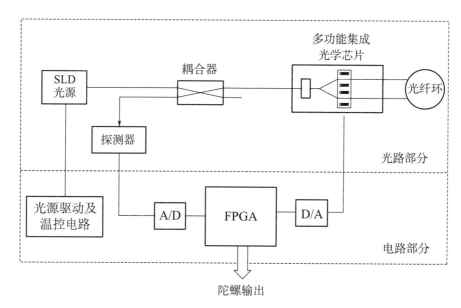

图 12 - 6　中精度光纤陀螺原理图

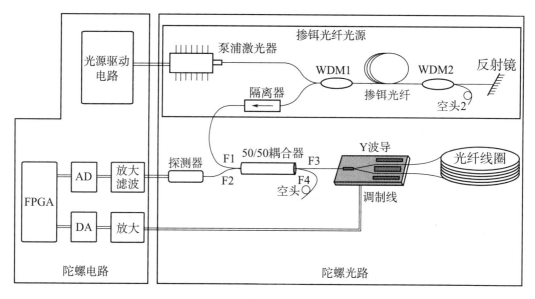

图 12 - 7　高精度光纤陀螺原理图

12.2.1　可靠性薄弱环节分析

（1）热设计薄弱环节分析

在卫星的使用环境下，光纤陀螺组合在热真空环境下工作，自然对流散热已经不存在，所以热的散出方式主要是传导和辐射。辐射散热缓慢，散热量小，因此在进行热设计时主要考虑的是传导散热，表 12 - 1 列出了各分部件的热功率。

表 12 - 1　各分部件功率明细表

部件	功耗/W
陀螺电路板	1.5
达林顿管 1	1
达林顿管 2	1
泵浦激光器	1
信号处理电路板	2
二次电源模块	3.5

　　表 12 - 2 列出了电路板大功率元器件的技术指标，图 12 - 8、图 12 - 9 为大功率器件在电路板上的安装位置。

表 12 - 2　电路板大功率元器件技术指标

序号	名称	功耗/W	最高降额温度/℃	数量
1	D/A 转换器	0.22	80	3
2	A/D 转换器	0.26	80	3
3	运算放大器	0.15	85	1
4	达林顿管 1	1	100	1
5	达林顿管 2	1	100	1
6	FPGA	1	80	1
7	运算放大器	0.25	85	2
8	单片机	0.2	85	1
9	PROM	0.15	85	1
10	三极管	0.25	85	2

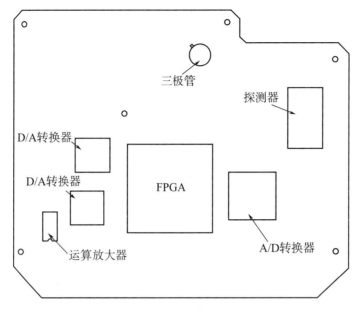

图 12 - 8　陀螺电路板大功率器件分布图

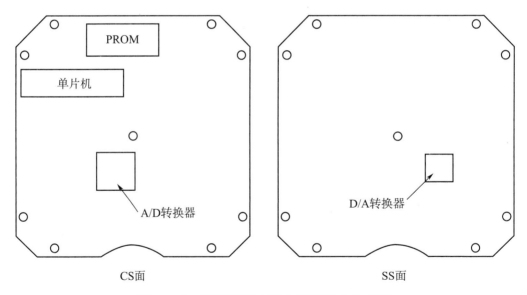

图 12 - 9　信号处理电路大功率器件分布图

可以看出，陀螺电路板上的大功率器件较多，陀螺电路板安装在电路盒中，电路盒又采用了金属减振器确保产品的力学环境适应性，减振器的引入加大了电路盒与本体之间的热阻，导致陀螺电路板的温度较高，长期在真空环境下工作存在可靠性薄弱点。

（2）抗辐照薄弱环节分析

光纤陀螺组合长期在轨工作会受到空间辐照的影响，针对低轨卫星的辐照环境，可靠性能够得到保证，但是针对寿命为 15 年的高轨卫星，需要进行分析和计算。根据在轨工作 15 年辐照剂量深度曲线（如图 12 - 10 所示），可以计算出光纤陀螺内各部分 15 年累计辐照总剂量。

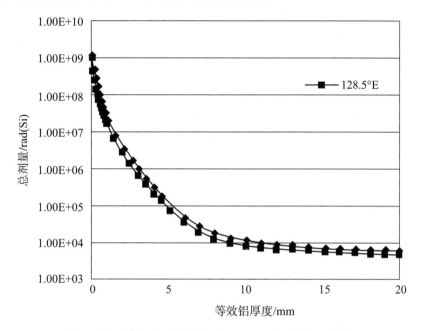

图 12 - 10　高轨卫星在轨辐照剂量深度曲线（15 年）

从光纤陀螺组合的辐照分析结果可以知道 8 年到达光路部分的总剂量大约为 7 krad（Si），光纤陀螺中光学器件已经经过试验验证，不存在辐照敏感的问题，主要是电子元器件需要重点考虑，光纤陀螺组合所使用的主要元器件及其辐射总剂量指标见表 12 - 3。

表 12 - 3　主要元器件及其辐射总剂量指标

序号	名称	辐射总剂量指标
1	PROM	300 krad(Si)
2	单片机	30 krad(Si)
3	可编程计数器	100 krad(Si)
4	三八译码器	300 krad(Si)
5	施密特反相器	300 krad(Si)

续表

序号	名称	辐射总剂量指标
6	总线缓冲器	300 krad(Si)
7	D 触发器	300 krad(Si)
8	或门电路	300 krad(Si)
9	数据锁存器 1	300 krad(Si)
10	数据锁存器 2	300 krad(Si)
11	FPGA	/
12	模拟开关	100 krad(Si)
13	计数器	100 krad(Si)
14	运放	100 krad(Si)
15	A/D 转换器	100 krad(Si)
16	D/A 转换器	100 krad(Si)
17	石英谐振器	300 krad(Si)
18	晶振	300 krad(Si)

结合辐照计算的结果和元器件的性能，光纤陀螺组合所选用的电子元器件均能够满足 15 年辐照环境的考验。FPGA 没有抗辐照指标，通过试验证明其抗辐照能力为 5~10 krad（Si），能够满足低轨卫星 8 年寿命，但是针对高轨长寿命卫星的辐照环境，该芯片必然会成为可靠性的短板，严重制约本型光纤陀螺组合的应用范围。

（3）复位电路薄弱环节分析

信号处理与接口电路的复位电路原理图如图 12 - 11 所示。

上电复位是由电阻 R10 和电容 C37、C38 组成的，上电时由 RC 电路产生的复位信号复位单片机 80C32、地检串行通信芯片 TL16C552 和看门狗计数器 JC4060R。各芯片对复位信号的要求见表 12 - 4。

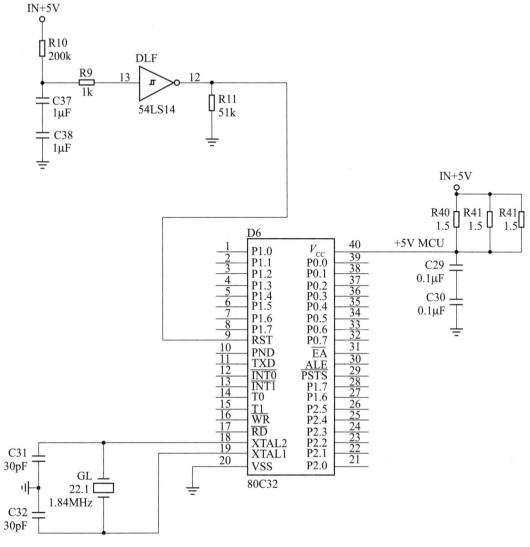

图 12 - 11　信号处理与接口电路的复位电路原理图

表 12 - 4　芯片有效复位信号参数参考值

芯片名称	复位类型	高电平幅值	电平持续时间
80C32	高电平	$0.7\,V_{cc}$	24 时钟周期 $1.08\,\mu s$
TL16C522	低电平	$0.8\,V$	$1\,\mu s$
JC4060R	高电平	$0.7\,V_{cc}$	$1\,\mu s$

　　电源上电复位过程：电源上电瞬间，施密特反相器 54LS14（D1F）前端电压为低，经过反相器后为高电平，信号通过积分电路后给电容充电，复位计数器 JC4060R；同时施密特反相器 54LS14（D1F）后端的高电平分别复位单

片机 80C32 和地检串行通信芯片 TL16C552，完成上电复位过程。

但是，单片机能够可靠地完成启动需要上电时保证严格的时序关系，这就是供电正常后晶振开始起振，晶振起振稳定后保持长于 1.08 μs 的复位信号，这样单片机才能够可靠启动，可以按照既定的时序完成指定的功能。通过示波器测试单片机上电过程中的复位信号如图 12 - 12 所示。

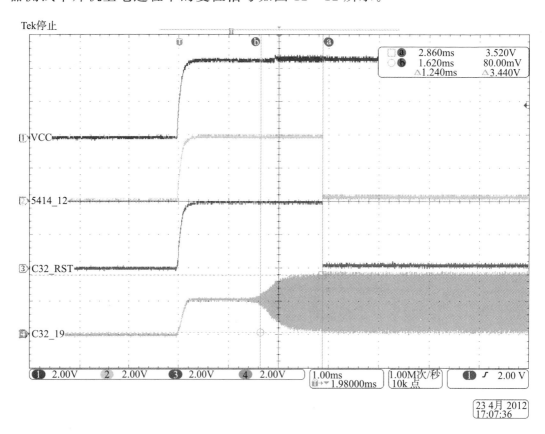

图 12 - 12　光纤陀螺组合上电复位信号波形（见彩插）

由图 12 - 12 可知，单片机上电到晶振开始起振时间需要大约 1.5 ms，晶振起振后复位信号能够持续 1.24 ms，而晶振起振后还需要稳定一段时间才能满足精度要求，这样给单片机复位的时间就不到 1 ms，当在高低温环境下晶振的稳定时间会有一定的漂移，这样给单片机复位的时间显得不是很充分。

（4）组合软件时序薄弱环节分析

光纤陀螺组合软件是产品的重要组成部分，用于光纤陀螺仪信号、温度信号和光功率信号的采集、变换和输出。组合内包含一套系统软件。组合设计时序如图 12 - 13 所示。取数指令由单片机串口接收，第一个取数指令为锁存陀螺数据指令，第二个取数指令为发送陀螺数据指令，第三个取数指令为发送陀螺状态指令。

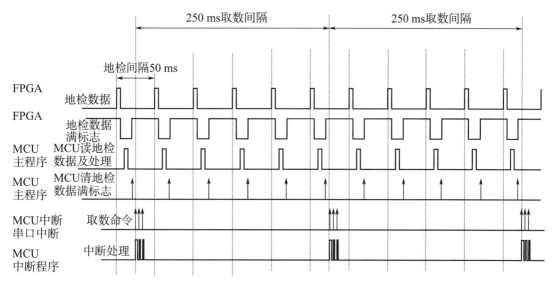

图 12 - 13　光纤陀螺组合设计时序

对软件地检模块时序进行具体分析如下：

1）地检模拟器向 ASIC 写入地检数据的周期为 32 ms；

2）16 个字节的地检数据全部写入 ASIC 需约 8 ms；

3）ASIC 芯片存储地检数据的 FIFO 长度为 16 字节，即只能存储一帧完整的地检数据；

4）主循环执行时间约为 50 ms；

5）上位机取数命令产生的串口中断周期为 64 ms，串口中断执行时间约为 10 ms。

对软件进行最坏情况分析，如图 12 - 14 所示。

如图 12 - 14 所示，当地检器正在向 ASIC 写入数据时，主循环向 ASIC 读取地检数据，此时只能读取到部分数据就向下运行了；在第二次写入地检数据时，16 字节的 FIFO 中还存有第一帧数据的后半部分，所以这次地检数据只能写入前半部分，后半部分就丢失了；当主循环再次向 ASIC 读取地检数据时，取到的 16 个字节前半部分可以和第一次的数据组成完整一帧数据，但只能读取到第二帧数据的前半部分；再下一次读数时，第二帧数据的前半部分就和其他帧数据的一部分组成了错误的一帧数据。

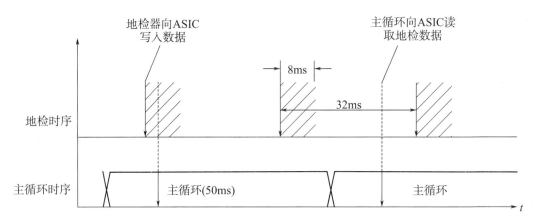

图 12 - 14　时序错误例图

鉴于地检模块在最坏情况下会出现错误数据，需要对地检模块功能优化和完善，提高软件的可靠性。

（5）裸管探测器安装工艺薄弱环节分析

裸管探测器的输出信号直接反映了光源输出光功率的情况，能够直观地判定光源是否出现失效、功率衰减、功率波动等异常现象。对于需要长期工作的陀螺，光源功率的衰减将影响陀螺的寿命和性能的稳定，若需要对光源输出功率进行调整，以稳定光路中传输的光功率，则裸管探测器的输出信号将是必不可少的判断依据。

裸管探测器易受静电击穿损坏，根据以往生产该型陀螺仪归零数据表明，每 10 只陀螺仪中就有 2 只陀螺仪因为裸管探测器损坏而出现返工返修，合格率仅为 80%。

工艺操作过程中除去固化、保护陀螺光路的部分硅橡胶，操作不慎容易损伤光纤，一般只能由经验丰富的熟练工人花数小时操作，加上加固的时间，需要三天。同时，也无法完全杜绝光路损伤的隐患，影响了陀螺仪的可靠性。

鉴于上述情况，在基于产品成熟的工艺状态基础上，需要优化器件的安装方法，完善生产检测工艺流程，降低裸管探测器的损伤率，从而提高陀螺仪的可靠性。

（6）CLCC 封装元器件电装工艺薄弱环节分析

CLCC 封装元器件为陶瓷封装、无引脚、本体底部和侧边有焊盘的镀金器件，实物照片如图 12 - 15 所示。

图 12 - 15　器件焊点示意图

根据航天电装标准要求，无引线芯片载体仅底部端接时最小焊点高度一般为 0.2 mm，元器件每个端部下面的焊料厚度差异不大于 0.4 mm。但 CLCC 封装元器件在底部和侧边均有焊盘，装焊完成后可形成两面焊点连接，目前对焊点高度的控制暂时借鉴为 0.2～0.4 mm。

前期工艺人员搜集两组（A/D 转换器 B9243、D/A 转换器 B9762）试验样本，分别使用机器回流焊接和手工装焊工艺，以对工艺改进前元器件焊接质量进行摸底。在公司内部开展温循试验，试验条件为 -50～100 ℃，极限保温各 2 h，温变率 10 ℃/min。试验过程中以 20 次温循为周期，每周期后将样品取出进行焊点通断检测及显微镜检测。

表 12 - 5　样本装焊工艺及验证信息

样本号	焊锡规格	装焊工艺	焊点高度	温循试验条件	CLCC 焊点试验结果
1	Sn63Pb37 锡膏 阿尔法	机器回流焊接，元器件未做抬高	0.09～ 0.10 mm	-50～100 ℃，极限保温各 2 h，温变率 10 ℃/min	CLCC44 在第 120 次后未出现裂纹长度大于 25% 的焊点，第 140 次温循后出现裂纹长度大于 25% 的焊点；CLCC28 未出现开裂焊点
2	Sn63Pb37 焊锡丝 阿尔法	手工电烙铁焊接，元器件通过聚酰亚胺薄膜抬高，焊接完成后撤出	0.10～ 0.13 mm		CLCC44 在第 160 次后未出现裂纹长度大于 25% 的焊点，第 180 次温循后出现裂纹长度大于 25% 的焊点；CLCC28 未出现开裂焊点

焊点开裂结果如图 12 - 16 所示。

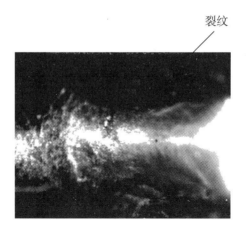

图 12 - 16　焊点开裂示意图

　　针对该类封装器件，如何确定焊接方案是确保产品可靠性的有效手段，为此需要开展 CLCC 封装器件电装工艺改进。

12.2.2　可靠性设计改进

　　（1）热设计改进

　　针对电路板上的大功率器件，需要建立大功率元器件热传导的通路，即将陀螺电路板上大功率散热元器件上方电路盒部分做成凹槽以接近元器件，二者之间的细小缝隙通过导热绝缘垫和导热硅脂填补，如图 12 - 17 所示。

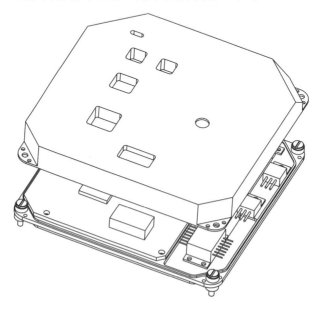

图 12 - 17　带凹槽的陀螺仪电路盒

通过这样的方式能够将大功率元器件的热量传导至电路盒，在此基础上，需要降低电路盒与本体之间的热阻。陀螺电路盒安装在本体上，每个电路盒都是通过减振器安装的，这样在各电路盒之间、最下层电路盒与底座之间存在缝隙，同样需要采用导热绝缘垫和导热硅脂填补缝隙的方式降低热阻，如图 12-18 所示。

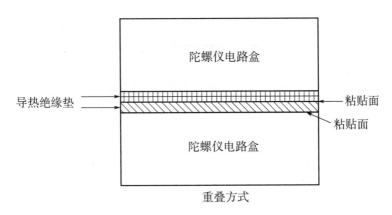

图 12-18　导热绝缘垫的安装方式

通过降低大功率元器件与电路盒、电路盒与本体之间的热阻，可以有效地将大功率元器件的热量传导至本体上，确保光纤陀螺组合在极限高温环境下满足一级降额的要求，从而提高光纤陀螺组合长期在轨工作的可靠性。

组合底座和相关结构件选用导热性能良好的铝合金材料，能快捷地将组合热量传导至星体，发热量较大的二次电源电路盒直接安装在系统底盖板上，如图 12-19 所示。底盖板外表面涂导热硅脂，直接与星体接触，与组合其他部件几乎不存在热交换。

对各导热面进行精加工，以增大热传导实际接触面积，在接触面之间涂导热硅脂，加速热传导速度。设计底座时，在不影响结构力学性能的前提下进行侧壁散热槽设计，如图 12-20 所示。诸多散热槽大大增加了散热面积，加速了热辐射。

（2）抗辐照设计改进

大部分电子元器件为高等级器件，且均有抗电离总剂量指标。同时，设计时充分考虑了器件在辐照情况下的总剂量效应和单粒子效应，并且从软件和硬件两方面采取了许多措施来保证陀螺组合的抗辐照性能。

在进行电子元器件的防辐照设计时，我们的主要措施有：

1）电阻、电容、二极管等选用宇航等级的产品；

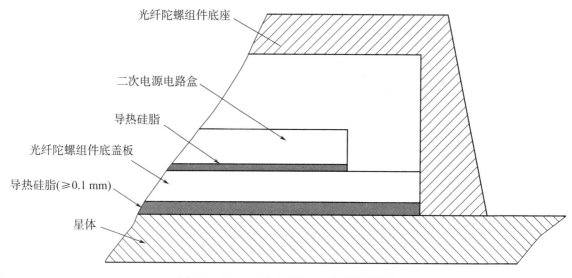

图 12 - 19　二次电源电路盒散热设计

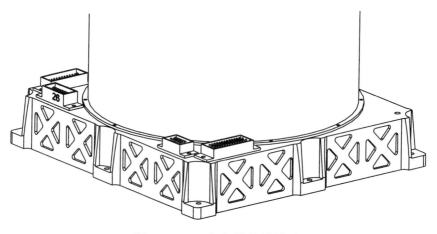

图 12 - 20　底座散热槽设计

2）TTL 电路采用双极型 54LS 系列对辐照不敏感的器件；

3）电路所有 CMOS 器件电源入口处串联限流电阻和并联滤波电容，防止出现因辐照造成闩锁损坏器件；

4）程序存储器件选用 PROM 器件，在软件中采取循环限次措施，严格限制处理器内程序操作地址，禁止对非法 I/O 地址进行操作；

5）采用看门狗技术，在程序跑飞的情况下进行复位处理。

针对 FPGA 这一辐照敏感器件需要进行元器件的替代，采用专用集成电路 ASIC 替代 FPGA，确保长期辐照环境下的适应性。

（3）复位电路设计改进

针对上电复位时序的可靠性薄弱环节，更改上电复位电容 C37、C38 由原来的 1 μF 改为 10 μF，如图 12 - 21 所示。这样可以提高上电复位的时间宽度，确保单片机、地检串行通信芯片以及看门狗计数器可靠地复位。

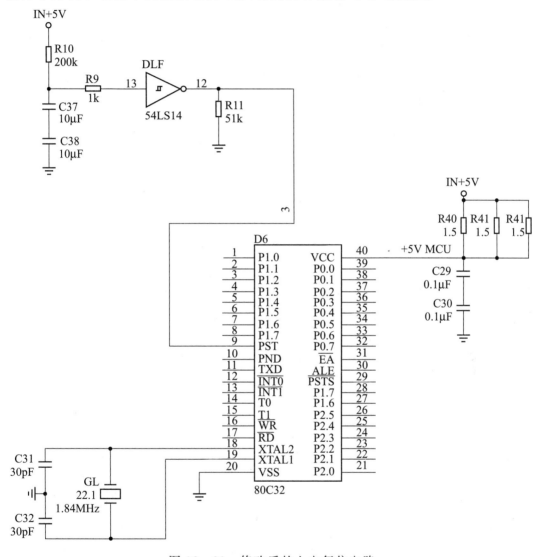

图 12 - 21　修改后的上电复位电路

（4）组合软件时序设计改进

根据 12.2.1 节分析，得出主要是由于主程序执行时间过长导致时序混乱而产生地检问题，故采取以下措施：取消陀螺配置模块的延时等待，每次主程序执行时间减少了约 35 ms，主程序执行时间降为约 15 ms，加上一个串口中断的执行总时间降为约 25 ms，保证了每次地检数据更新前都能及时完整读取。

修改后的时序图如图 12 - 22 所示。

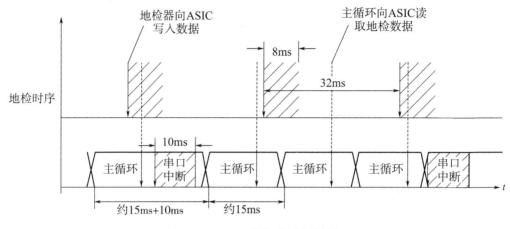

图 12 - 22　更改后时序例图

由图 12 - 22 可见，对于 32 ms 的地检周期，即使其间有串口中断，主程序总可以在下一次地检更新之前读取完 FIFO 中存储的地检数据，地检数据不会丢失和错帧。

（5）裸管探测器安装工艺改进

在现有成熟工艺状态基础上，优化工艺装配和过程检验流程，提高该器件的可靠性，采取以下安装方式，如图 12 - 23 所示。

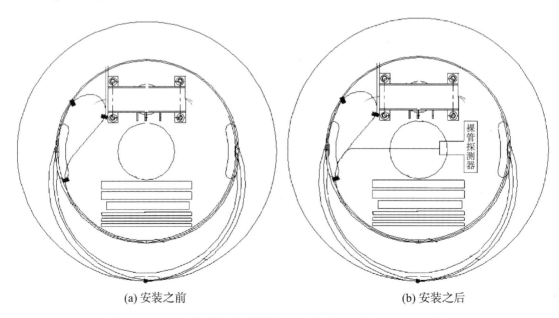

(a) 安装之前　　　　　　　　　　　(b) 安装之后

图 12 - 23　安装裸管探测器前、后的装配示意图（见彩插）

图 12 - 23（a）为安装裸管探测器之前的光路装配示意图，图 12 - 23（b）为安装裸管探测器之后的光路装配示意图。经过反复验证，确定光路中新增的探测器安装在光纤环底盘的中间部分。这个安装位置可以最大限度地利用光学器件安装面有限的空间，而且保证了装配工艺和光纤固化工艺的可靠性，改进了器件的使用可靠性。

（6）CLCC 封装器件电装工艺改进

机器回流焊接样本在 140 次温循后出现 2 级开裂焊点，手工焊接样本在 180 次温循后出现 2 级开裂焊点，手工焊接的 CLCC 焊点可靠性优于机器焊接的 CLCC 焊点可靠性。选取手工焊工艺，保证焊接可靠性。

12. 2. 3　可靠性增长验证

（1）热改进验证

为了验证热设计的合理性，开展了热平衡试验，通过监测内部大功率器件的壳温和热量集中位置的温度来确定热设计的技术状态。表 12 - 6 列出了边界温度控制在 55 ℃时热平衡后热电偶的监测结果。

表 12 - 6　热平衡后输出温度值

热电偶序号	粘贴位置及定义	平衡后温度值/℃
1	单片机（MCU）	70.6
2	A/D	71.9
3	E^2 PROM	70.1
4	计数器	70.8
5	分频器	70.3
6	差分放大器	69.5
7	二次电源	65.1
8	陀螺电路盒上	78.7
9	陀螺电路盒中	76.2
10	陀螺电路盒下	71.3
11	X 陀螺光路外表面	62.9
12	Y 陀螺光路外表面	61.6
13	Z 陀螺光路外表面	61.9
14	组合外罩上表面	58.4
15	接地桩安装位置	63.4

续表

热电偶序号	粘贴位置及定义	平衡后温度值/℃
16	模拟舱板 + X	54.6
17	模拟舱板 − X	54.5
18	模拟舱板 + Y	56.7
19	模拟舱板 − Y	54.6
20	模拟舱板 + Z	55.8
21	模拟舱板 − Z	55.5
22	光纤环(X 轴)	65
23	光源(X 轴)	78.5
24	探测器(X 轴)	85
25	光纤环(Y 轴)	64.5
26	光源(Y 轴)	70
27	探测器(Y 轴)	78.5
28	光纤环(Z 轴)	65
29	光源(Z 轴)	74.5
30	探测器(Z 轴)	84.5

由此可以看出，三轴高精度光纤陀螺组合通过合理的热设计保证了光纤陀螺光路工作温度的稳定，热平衡试验充分证明了热设计的合理性，通过监测内部大功率器件的温度可以看出，所有的器件都可以满足一级降额的要求，为在轨长时间工作提供有力的技术支撑。

（2）抗辐照改进验证

针对 FPGA 的辐照薄弱点，采用专用集成电路 ASIC 替代 FPGA 芯片，并经过电气性能的调试、各项性能指标的测试以及大量级的环境试验考核，试验结果表明更换 ASIC 芯片对单个陀螺的各项性能指标没有影响，其环境适应性满足设计要求。

采用装有 ASIC 芯片的光纤陀螺组合完成了所有性能指标的测试，测试结果满足设计要求。因此，针对高轨长寿命卫星完成了抗辐照设计改进，同时完成了试验验证，性能指标满足要求，结果满足型号任务要求。

（3）复位电路试验验证

为验证更改的有效性，针对上电复位的时序进行了测试，波形如图 12 - 24 所示。

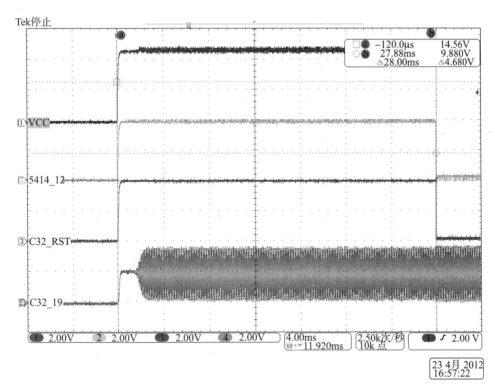

图 12-24　更改后的上电复位波形（见彩插）

由测量的波形可知，复位脉冲的持续时间为 28 ms，而晶振从上电到稳定后的时间大约为 2 ms，这样确保给单片机的有效复位信号宽度为 26 ms，可以保证单片机以及外围芯片上电后可靠启动，提高了光纤陀螺组合的工作可靠性。

（4）组合软件时序设计试验验证

以 50 ms 地检周期、250 ms 采样周期对组合各引脚测试波形，如图 12-25 所示。由第一通道可以看出主程序执行时间最长主循环约为 12.6 ms，由第二通道可以看出陀螺温度及光功率读取和处理所用时间约为 11 ms，由第三通道可以看出地检数据读取和处理时间约为 1.5 ms，由第四通道可以看出锁存陀螺数据指令中断执行时间约为 6.3 ms，发送陀螺数据指令中断执行时间约为 2.1 ms，发送陀螺状态指令中断执行时间约为 3.3 ms。

从图 12-25 可看出光纤陀螺组合时序完全满足总体要求，且有一定的设计余量。

（5）裸管探测器安装工艺试验验证

对裸管探测器工艺采取保护措施，并开展了鉴定级随机振动、正弦振动试验，验证了安装工艺的可靠性，减小了裸管探测器的失效率，提高了陀螺仪的

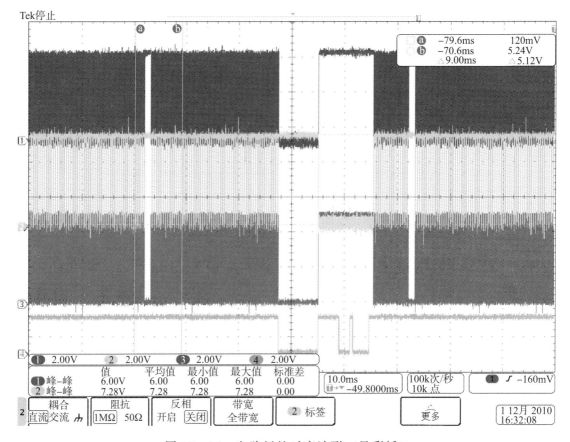

图 12 - 25　电路板的时序波形（见彩插）

合格率，降低了陀螺仪返工返修的风险，该工艺方案已经经过了单表级验证试验考核，目前已经在多个卫星型号上得到应用，已经装配完成近 100 只陀螺仪，尚未出现裸管探测器损坏现象。

（6）CLCC 封装器件电装工艺试验验证

设定温循试验条件为 $-50\sim+100$ ℃，极限保温各 15 min，温变率 10 ℃/min。同时，鉴定试验条件为 $-40\sim+60$ ℃、$3\sim5$ ℃/min、25.5 次循环，以及其惯组使用环境为 $-20\sim+50$ ℃。设定另一温循试验条件为 $-40\sim+75$ ℃，极限保温各 15 min，温变率 10 ℃/min。并制作了样本12 —手工焊接、样本 13 —机器焊接，进行第二种温度循环试验，以验证在该条件下 CLCC 焊点可否经受 500 次温循。温循试验过程中以每 50 次循环为周期对 CLCC44 封装元器件焊点进行检测，观察焊点开裂情况，并在 500 次温循后进行 CLCC28 的焊点检测。CLCC44 封装元器件在电路板上的连接失效率均接近或小于上述元器件自身失效率，可以满足型号使用寿命要求。

12. 2. 4　可靠性评估

12. 2. 4. 1　产品可靠性分析

针对上述设计改进对可靠性增长的贡献，对产品重新进行评估，用积累的数据按照评估模型得到初步结果，验证设计改进的有效性，在寿命期内可能出现器件耗损、参数退化等情况，建立以下模型开展可靠性评估。

12. 2. 4. 2　建立可靠性评估模型

（1）电路部分可靠性评估

若电路部分在改进过程中单独开展了相关试验，则基于 Bayes 的指数分布模型开展评估

$$R(t) = e^{-\lambda t} \tag{12-7}$$

电路改进主要体现在对先验信息的影响，根据元器件选用改进或电路结构改进，通过串并联模型和冗余模型可确定电路的可靠性预计值。

现场试验信息为 T_1，r_1，验前信息为 t_0，r_0，则指数分布验后特征量为

$$T = t_0 + T_1$$
$$r = r_0 + r_1 \tag{12-8}$$

指数分布可靠度计算公式为

$$\hat{\lambda} = r/T \tag{12-9}$$

$$\lambda_U = \chi^2_\gamma(2r+2)/2T \tag{12-10}$$

$$\hat{R} = e^{-\hat{\lambda}t} \tag{12-11}$$

$$R_L = e^{-\lambda_U t} \tag{12-12}$$

（2）陀螺仪的可靠性评估

单通道由 3 只陀螺仪表头构成。根据数据采集情况，不同层次和属性的数据采用以下方法进行综合。由于光学器件的失效主要由疲劳、老化、断裂等原因引起，陀螺仪表头寿命分布一般采用 Weibull 分布进行描述。

若存在光学组合的试验数据，可采用信息综合的系统级评估方法对表头进行评估。

1）统计 a 种组合的等效任务数 η_a

$$\eta_a = \frac{\sum_{j=1}^{J_a} T_{a(j)}}{t_{0a}} \tag{12-13}$$

式中　　t_{0a}——组合任务时间。

2）根据串联关系，由各组合计算整机等效任务数 η 和等效失效数 z

$$\eta = \frac{\sum\limits_{a=1}^{A} \dfrac{z_a}{\eta_a}}{\sum\limits_{a=1}^{A} \dfrac{z_a}{\eta_a^2}} \qquad (12-14)$$

$$z = \eta \sum_{a=1}^{A} \frac{z_a}{\eta_a}$$

（3）单通道可靠性评估

每个通道由二次电源、陀螺仪和数据处理电路构成，可独立工作。根据数据采集情况，不同层次和属性的数据采用以下方法进行综合。

①基于性能参数退化的评估方法

由于任务时间长，高精度光纤陀螺的精度（如噪声、零偏稳定性等）等关键指标可能出现退化情况。若在试验中对通道输出的性能参数进行采集，且分析发现有退化趋势，则可推测参数超出阈值的时间。

1）子样编号 1，…，n，存在退化的性能参数为 $x_{ki}(k=1,…,K)$，子样 i 在 t_{ij} 时刻的采样数据为 $x_{ki}(t_{ij})$；

2）对子样 i 的性能参数 x_{ki}，拟合退化轨迹 $x_{ki}(t)$；

3）确定参数 x_k 的失效阈值 D_k，解算 $x_{ki}(t)=D_k$，得样本 i 因参数 x_k 退化的失效时间 $t_{D(ki)}$；

4）子样 i 退化失效时间为 $t_{D(i)} = \min\{t_{D(ki)}\}(k=1,…,K)$；

5）样本退化失效时间为 $t_D = \{t_{D(1)}, …, t_{D(n)}\}$。

对试验中的未失效样本，可采用退化失效时间作为寿命终止时间，失效数为样本量。

②高温加速寿命试验数据评估

由于温度对电源、电路、光源等均存在影响，因此可从模块或通道层次开展高温加速寿命试验。其评估方法采用 Arrehnius 加速模型

$$R(t,V) = e^{-\frac{t}{CeB/V}} \qquad (12-15)$$

其中

$$B = E_a/K$$

式中　V——加速应力，一般为温度；

　　　B，C——待定系数；

E_a ——激活能；

K ——常数。

加速因子

$$AF = \mathrm{e}^{-\frac{Ea}{K}(1/V_0 - 1/V)} \qquad (12-16)$$

式中　V_0——额定应力；

V ——试验应力。

在无失效情况下，激活能可取薄弱环节的激活能值。计算加速因子后，可折算正常应力条件下的等效试验时间。

③单通道可靠性综合评估

组合和通道试验数据均可采集时，采用以下综合评估方法。

1）对第 $a(a=1，\cdots，A)$ 种组合，将其寿命数据均按指数分布折算

$$T_{a(j)} = t_{a(j)}^{m_a} \qquad (12-17)$$

其中，m_a 为第 a 种组合的形状参数，对指数分布 $m_a = 1$；$j = 1，\cdots J_a$，J_a 为 a 种组合的试验样本量。

2）统计 a 种组合的等效任务数 η_a

$$\eta_a = \frac{\sum\limits_{j=1}^{J_a} T_{a(j)}}{t_{0a}^{m_a}} \qquad (12-18)$$

式中　t_{0a} ——组合任务时间。

3）根据串联关系，由各组合计算光纤陀螺单通道等效任务数和等效失效数

$$\eta = \frac{\sum\limits_{a=1}^{A} \dfrac{z_a}{\eta_a}}{\sum\limits_{a=1}^{A} \dfrac{z_a}{\eta_a^2}} \qquad (12-19)$$

$$z = \eta \sum\limits_{a=1}^{A} \frac{z_a}{\eta_a}$$

4）将单通道寿命数据按指数分布折算

$$T_{s(j)} = t_{s(j)}^{m_s} \qquad (12-20)$$

式中，m_s 为单通道形状参数；$j = 1，\cdots J_s$，J_s 为试验样本量。

5）计算等效任务数 η_s

$$\eta_s = \frac{\displaystyle\sum_{j=1}^{J_s} T_{s(j)}}{t_s^{m_s}} \qquad (12-21)$$

式中　　t_s——任务时间。

6）组合串联数据与单通道试验数据相容性检验，假设检验显著性水平为 α（一般取 $0.01 \sim 0.1$），检验 (η, z) 与 (η_s, z_s) 的相容性。若 z/η 落在式 $(12-22)$ 所示区间内，则 (η, z) 与 (η_s, z_s) 相容；否则不相容。

$$\left[\frac{\chi_{1-\alpha/2}^2(2z_s)}{2\eta_s}, \frac{\chi_{\alpha/2}^2(2z_s+2)}{2\eta_s} \right] \qquad (12-22)$$

7）若 (η, z) 与 (η_s, z_s) 不相容，需审查检验各组合试验信息，尤其应检验退化失效数据的合理性，必要时仅保留寿命数据，重新计算 (η, z)；若仍不相容，需舍弃 (η, z)，仅保留单通道试验结果。

8）若 (η, z) 与 (η_s, z_s) 相容，则单通道可靠度点估计和置信下限分别为

$$\hat{R} = \exp\left[-\frac{z_s+z}{\eta_s+\eta} \right] \qquad (12-23)$$

$$R_L = \exp\left[-\frac{\chi_{1-\gamma}^2(2z_s+2z)}{2(\eta_s+\eta)} \right] \qquad (12-24)$$

（4）整机可靠性评估

光纤陀螺组合的可靠度从 0.96 提高至 0.99，需要采用加速寿命试验的方法得到相关数据，Weibull 分布具有普遍的适用意义，三轴高精度光纤陀螺组合可靠度服从 Weibull 分布。

光纤陀螺是一种光电产品，可以认为其寿命分布服从两参数 Weibull 分布，其分布的密度函数为

$$f(t) = \frac{m}{t_0} t^{m-1} e^{-\frac{t^m}{t_0}} \qquad (12-25)$$

式中　　m——形状参数；

　　　　t_0——尺度参数，在应力加速寿命试验时，t_0 即为该应力下的产品中值寿命。

故障概率函数为

$$F(t) = 1 - e^{-\frac{t^m}{t_0}} \qquad (12-26)$$

则可靠度 $R(t)$ 计算如下

$$R(t) = 1 - (1 - e^{-\frac{t^m}{t_0}}) = e^{-\frac{t^m}{t_0}} \tag{12-27}$$

在 Weibull 分布中，当形状参数 m 大于 3 以后，Weibull 分布就趋向于正态分布；当形状参数 m 等于 1 时，Weibull 分布就变成了指数分布。这样，根据加速寿命试验的数据就能够得到光纤陀螺组合的可靠度。

12.2.4.3　数据采集

进行数据采集、分析，开展可靠性预评估，判断产品目前的可靠性水平，为后续可靠性验证试验和（加速）寿命试验方案的制定提供参考。

12.2.4.4　可靠性评估计算

陀螺仪失效率预计值为 $\lambda_{FOG} = 2\,492.35\,\text{fit}$，二次电源、信号处理及接口电路失效率预计值为 $437.22\,\text{fit}$。

根据评估结果，对预计信息和试验数据进行相容性检验，确定能否利用先验信息进行评估，相容性检验结果见表 12-7。

表 12-7　光纤陀螺预计信息与试验信息相容性检验

组合	任务时间/次数	预计值	由试验信息确定的相容区间（$\alpha = 0.01$）
陀螺仪	5 年	2 492.35 fit	[105.6,678.6]fit
二次电源、信号处理及接口电路	5 年	437.22 fit	[3.82E−3,767.0]fit

从相容性检验结果看，二次电源、信号处理及接口电路试验信息与预计值相容，因此采用 Bayes 方法进行评估。预计信息等效任务时间为

$$t_{\lambda e} = 2.022\,32/\lambda_0 \times 10^9 = 4.625\,4\text{E6(h)}$$

则电路部分的等效任务时间和等效失效数为

$$T_e = T_{e1} + t_{\lambda e} = 9\,762\,124\,\text{h}$$

$$r_e = r_{e1} + r_{\lambda e} = 1$$

折算为等效任务数 $u_e = 222.879\,5$，电路部分可靠度点估计 $R_e = 0.995\,5$。

则由 $u_g = 1\,387.2$，$r_g = 2.243\,6$，$u_e = 222.879\,5$，$r_e = 1$，根据 CMSR 方法计算单通道等效任务数和等效失效数 $u_s = 286.622\,0$，$r_s = 1.749\,6$。

则单通道可靠度点估计和置信下限（置信度 0.6）分别为

$$\hat{R}_s = \exp\left[-\frac{r_s}{u_s}\right] = 0.993\,9$$

$$R_L = \exp\left[-\frac{\chi_{0.7}^2(2r_s + 2)}{2u_s}\right] = 0.990\,2$$

加速寿命试验单样本最长等效试验时间已大于 15 年。根据陀螺单通道评估结果，按照指数分布折算，三轴光纤陀螺组合 MTBF 为

$$\mathrm{MTBF} = \frac{2u_z t_0}{\chi^2_{0.99}(2r_z + 2)} > 15 \text{ 年}$$

第 13 章　运载火箭单机产品可靠性增长案例

13.1　箭载计算机可靠性增长

13.1.1　产品概述

箭载飞行控制计算机（以下简称箭机）是我国长征系列运载火箭的核心控制设备，它实时接收来自惯性测量装置和速率陀螺的脉冲信号以及卫星导航接收机发送的定位数据，经过输入录取后由飞行软件进行制导、姿控计算和轨道误差修正，输出姿态控制信号、时序信号和遥测量，控制各执行机构协同工作，从而达到使运载火箭按预定轨道飞行的目的。

以下是某型箭机产品的可靠性指标目标值：

1）飞行时间 625 s；

2）置信度：0.7；

3）飞行可靠性目标值：0.999 99。

13.1.2　可靠性薄弱环节分析与改进

（1）冗余设计——消除 I、II 类单点

箭机产品的控制对象是运载火箭，在发射飞行过程中箭机一旦发生故障，将导致运载火箭失控、任务失败、人员伤亡等 I 类灾难性的严重故障。根据运载火箭飞行控制短时间、强实时、高可靠的应用特征，箭载飞行控制计算机采用三模冗余容错设计，可以保证单一故障不影响箭机整机的飞行控制功能。

该型箭机产品整机由 3 块 CPU 板，公共接口板（COM）、DSP 智能接口板、电源板（PSB）以及底板（MB）组成。三单机共存于一个机箱内，其整机容错框图如图 13 - 1 所示。运载火箭起飞前，监控软件将飞行控制程序上传至箭机内部三个冗余单机并启动执行，在飞行控制软件和内部信号作用下，箭机进入三机表决工作模式。由于箭机三个冗余单机装定的飞行程序相同，在每个 20 ms 控制周期的起点，各单机开始执行相同的控制流程，录取外部状态指示信号、捷联惯组输入参数以及助推级综合控制器输入数据，经信息交换通道

完成三机数据交换；同时在自动录取信号控制下，三机录取逻辑自动完成速率陀螺数据的接收、解帧和交换。各冗余单机飞行控制程序在进行实时轨道运算前，可读取三套外部输入数据，通过三取二表决和数据合理性判别剔除瞬态故障输入，保证参数录取的正确性和飞行控制程序执行分支的相同性，其运算结果和控制指令也通过信息交换通道进行交换比对，从而保证三个冗余单机输出的正确性和同步性。

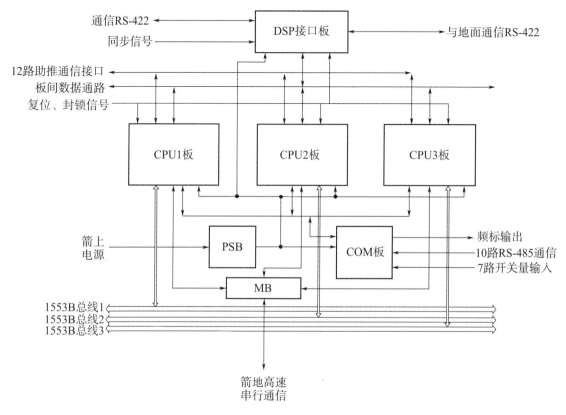

图 13-1　某型箭机产品整机容错框图

对该型箭机产品进行 FMEA 和 FTA，由于采用三模冗余容错设计，整机没有 Ⅰ、Ⅱ 类单点故障模式。

（2）热防护设计

由于箭机产品内部印制板上装焊着大量电子元器件，工作时电子元器件的功耗会引起整机温度上升。箭机产品热防护设计首先应尽可能选用低功耗器件以降低整机功耗，其次在设计阶段应尽早进行热仿真和温度摸底测试。针对该型箭机产品，其热仿真和温度摸底测试结果如图 13-2 所示。

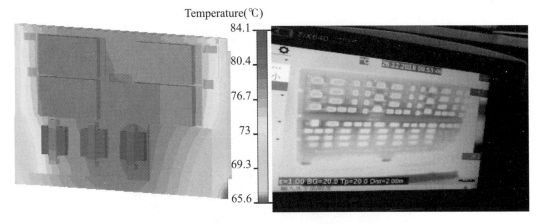

图 13 - 2　热仿真和热成像仪摸底结果图（见彩插）

根据热仿真和温度摸底测试结果并结合元器件手册，一方面对元器件进行合理布局，力求热功耗分布均匀，防止出现局部过热现象；另一方面通过调节元器件的散热路径和热阻，将元器件工作时产生的热量尽快传给机箱壳体。该型箭机的热防护设计将大功耗元器件尽量靠近机箱内壁布局以缩短散热路径；同时印制板采用三合一工艺，元器件骑装在金属约束板上，器件的下底面与金属约束板接触，将器件热量快速传导至金属约束板，再由金属约束板传导至机箱内壁，如图 13 - 3 所示。

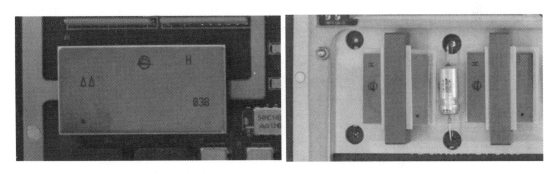

图 13 - 3　箭机内部器件骑装方式

（3）抗力学环境设计

该型箭机产品采用插板式机箱，共七块印制件插板和一块底板（MB）。从后面板向前面板方向依次为 3 块 CPU 板、COM 板、DSP 板、PSB1 板和 PSB2 板，各插板通过双 96 芯连接器与 MB 底板实现电气互连，对外连接器安装在前面板，通过软连线焊接在 MB 底板的焊盘区，整机内部结构如图 13 - 4 所示。

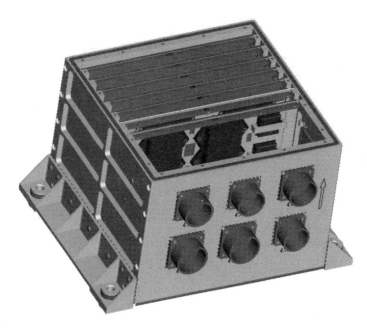

图 13 - 4　箭机结构组装示意图

该型箭机的抗力学环境设计从板级和整机级两方面考虑。板级采用三合一阻尼印制件的形式，并安装有上加强条和中加强条以提高印制板刚度。整机外装四个阻尼减振器，减振器的固有频率在 40 Hz 至 60 Hz 之间，减振后产品上的振动响应值可衰减 70％以上。按振动条件 8.46g 进行摸底测试时，箭机内部的最大振动响应值仅 1.4g ，减振效果良好。

13.1.3　可靠性增长试验

（1）试验条件

温度条件：−40～+60 ℃；

随机振动条件：总均方根加速度 8.46 g ；

湿度条件：相对湿度（95±3）％；

电应力条件：（28±3）V。

（2）试验时间

①通电时间

箭机单个产品可靠性增长试验中通电工作总时间 $T_{通电}$ 按指数定时截尾方案确定

$$T_{通电} = \frac{1}{n} \cdot \left[-\frac{\chi_{\gamma}^2(2f+2)}{2\ln R_L} t_{t0} \right] \tag{13-1}$$

式中　R_L——可靠性验证目标值（0.999 675）；

　　　γ——置信度（0.7）；

　　　f——失效数，按 $f=0$ 考虑；

　　　$\chi_\gamma^2(2f+2)$——置信度为 γ 的 χ^2 分布下侧分位点，$\chi_{0.7}^2(2)=2.41$；

　　　t_{t0}——飞行工作时间（625 s）；

　　　n——参试产品数。

根据式（13-1），经计算通电工作总时间 $T_{通电}=\dfrac{1}{1}\cdot$

$\left[-\dfrac{2.41}{2\ln 0.999\,675}*\dfrac{625}{3\,600}\right]=643.59\approx644$ h（取整）。

本次试验通电工作需进行的时间为 644 h。

②振动总时间

由于箭机产品加装了减振器且随机振动总均方根加速度小于 10 g，因此，箭机单个产品每方向随机振动总时间 T_V 按指数分布模型确定

$$T_V=\frac{1}{n}\cdot\left[-\frac{\chi_\gamma^2(2f+2)}{2\ln R_L}t_{v0}\right] \qquad (13-2)$$

式中　R_L——可靠性增长目标值（0.999 675）；

　　　γ——置信度（0.7）；

　　　f——失效数，按 $f=0$ 考虑；

　　　$\chi_\gamma^2(2f+2)$——置信度为 γ 的 χ^2 分布下侧分位点，$\chi_{0.7}^2(2)=2.41$；

　　　t_{v0}——产品随机振动任务时间（60 s）；

　　　n——参试产品数。

根据式（13-2），经计算每方向随机振动总时间 $T_V=\dfrac{1}{1}\cdot$

$\left[-\dfrac{2.41}{2\ln 0.999\,675}*\dfrac{60}{3\,600}\right]=61.78\approx62$ h（取整）。

本次试验三个方向共需进行振动的时间为 $62\times3=186$ h。

③试验循环数

单个产品试验循环数 N 为

$$N=\frac{T_{通电}}{T_{0通电}} \qquad (13-3)$$

式中　$T_{通电}$——试验中单个产品通电工作总时间；

　　　$T_{0通电}$——单个温度循环中通电工作时间（5.5 h）。

根据式（13-3），经计算试验循环次数 $N = \dfrac{644}{5.5} \approx 118$（取整）。

13.1.4　可靠性评估

（1）建立可靠性评估模型

该型箭机产品采用三模冗余容错设计，按照三取二的表决模式，飞行环境下对应的可靠性框图如图 13-5 所示。

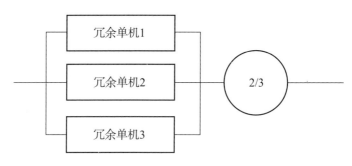

图 13-5　箭机产品飞行可靠性框图

（2）可靠性评估计算

该型箭机产品整机按三取二分解后的可靠性指标进行可靠性增长试验，试验时对各冗余单机进行独立测试和通电监测。因此，整机可靠性按冗余单机验证值 0.999 675 进行三取二计算

$$R_t = 3R_1^2 - 2R_1^3$$
$$= 3 \times (0.999\ 675)^2 - 2 \times (0.999\ 675)^3$$
$$= 0.9\ 999\ 996\ 832$$
$$\approx 0.999\ 999$$

该型箭机产品经可靠性增长试验，其飞行可靠性为 0.999 999，大于 0.999 99 的可靠性指标目标值。

13.2　爆炸螺栓可靠性增长

爆炸螺栓是以自身强度保证承载能力，通过内部装药燃烧或炸药爆炸产生的效应使指定部位断裂从而完成解锁、分离功能的螺栓，可用于运载火箭级间分离、助推分离、整流罩分离、星箭分离等环节。爆炸螺栓通过自身设计承载力，将运载火箭需要分离的各部分连接起来，并能够承受运载火箭飞行过程受到的各种力学环境；当需要实现分离时，起爆爆炸螺栓，从预定分离面分离。

某爆炸螺栓用于运载火箭的级间连接与分离。产品安装时通过螺母将螺栓头锁紧；当向产品任意一桥通入不小于 5 A 直流电时，产品沿预分离面分离，螺栓本体头部的收集器将分离后的螺栓本体约束在指定位置，完成分离功能。

某爆炸螺栓经分析，其薄弱环节包括：安装力矩设置合理性未验证存在安装咬死风险，最大包络温度条件下（低温－54 ℃～高温 107 ℃）产品功能裕度和结构强度未验证存在使用可靠性风险，产品设计关键点未开展量化分析存在质量控制风险。通过破坏力矩摸底试验，得到产品破坏力矩数据，验证了产品安装力矩设置合理性；通过最大包络温度条件下产品功能和结构强度裕度试验，验证了产品对最大包络温度条件的适应性；通过对设计关键点的生产过程100％实测记录，提升了产品生产质量控制水平；某爆炸螺栓薄弱环节得到有效识别和控制，达到预期效果。

13.2.1　可靠性薄弱环节分析

通过对产品 FMEA、关重特性分析、可靠性试验情况清理、交付/使用情况清理和技术文件复查，以及对产品生产实现过程清理和分析，梳理出薄弱环节。

（1）安装力矩设置合理性未验证

爆炸螺栓通常采用某不锈钢作为螺栓体材料，在使用过程中容易因为使用操作不当或力矩太大造成螺纹咬死。为防止螺栓在使用过程中出现咬死、螺纹损坏等失效风险，螺栓的安装力矩一般不大于破坏力矩的 1/3。某爆炸螺栓安装力矩为（150±10）N·m，因此破坏力矩应大于 480 N·m；复查产品研制档案，未得到某爆炸螺栓破坏力矩相关数据，其安装力矩的合理性未得到验证，存在安装使用风险。

（2）最大包络温度条件下产品功能裕度和结构强度未验证

为满足未来多型号选用情况下产品技术状态包络性要求，对同一任务剖面的爆炸螺栓的技术状态进行了清理，某爆炸螺栓无在最大包络温度条件下（低温－54 ℃～高温 107 ℃）的功能裕度和结构强度数据，其使用可靠性存在风险。

（3）部分设计关键点生产过程可追溯性差

某爆炸螺栓在生产过程中对一些设计关键点，如装药药量、隔板厚度值、活塞推杆和螺栓体硬度值等未进行 100％ 实测记录，存在质量控制风险，需增加实测记录及多媒体记录要求。

13.2.2　可靠性薄弱环节改进及验证

（1）最大破坏力矩摸底试验

使用爆炸螺栓的螺栓体进行最大破坏力矩摸底试验，其安装状态与实际使用工况一致。第一发试验规定初始加载力矩为 480 N·m，以 20 N·m 力矩为增加变量逐步加载力矩，直至螺栓体破坏为止；第二发试验规定初始加载力矩在第一发破坏力矩基础上降低 20％，以 5 N·m 力矩为增加变量逐步加载力矩，直至螺栓体破坏为止；依此类推，下一发试验规定初始加载力矩在上一发破坏力矩基础上降低 20％，以 5 N·m 力矩为增加变量逐步加载力矩，直至螺栓体破坏为止；试验数量 6 发；记录每一发螺栓体的破坏力矩。

试验结果：6 发螺栓体的安装破坏力矩为（760～836）N·m。验证结果表明某无污染爆炸螺栓现有技术文件规定的 150 N·m 安装力矩设置合理、满足要求。

（2）最大包络温度条件下产品功能裕度和结构强度验证

某爆炸螺栓最大包络温度条件为 −54～+107 ℃。选取 6 发低于设计主装药药量的产品，各取 3 发分别进行高温 +107 ℃/2 h、低温 −54 ℃/2 h 发火试验，验证产品工作性能是否满足其技术文件要求；选取 6 发高于设计主装药药量的产品，各取 3 发分别进行高温 +107 ℃/2 h、低温 −54 ℃/2 h 发火试验，验证产品结构强度是否满足标准要求。

试验结果：12 发产品经受高温 +107 ℃/2 h、低温 −54 ℃/2 h 考核后，其工作性能满足技术文件要求，结构强度满足标准要求。验证结果表明某无污染爆炸螺栓满足在最大包络温度条件 −54～+107 ℃ 下的使用要求。

（3）设计关键点生产过程细化、量化

根据对某爆炸螺栓设计关键点生产实现过程梳理，提出了细化、量化的控制要求并在技术、工艺文件中明确，主要要求如下：

1）称药记录：记录每份药称药实测值、总份数、装入产品后对应产品编号记录等；

2）100％ 实测并记录隔板厚度；

3）100％实测活塞推杆、螺栓体硬度值，并记录范围；

4）活塞推杆装配时进行试装，并在试装时旋转 3 个 120°；

5）100％记录爆炸螺栓分离面尺寸。

通过对某爆炸螺栓生产实现过程中设计关键点的细化、量化控制，进一步提升了产品的生产质量水平，确保了产品的高可靠性。

13.2.3　可靠性评估

（1）产品可靠性分析

某爆炸螺栓借用定型产品成熟结构进行设计，除将起爆器改成了钝感点火器外，其余结构包括隔板装药体、螺栓体等完全相同，其可靠性得到很好的继承。钝感点火器亦采用成熟的第二代钝感起爆器结构，其桥带设计、装药设计、玻璃封接结构均借用现有成熟结构，可靠性得到很好的继承。

（2）建立可靠性评估模型

某爆炸螺栓结构示意图如图 13-6 所示。

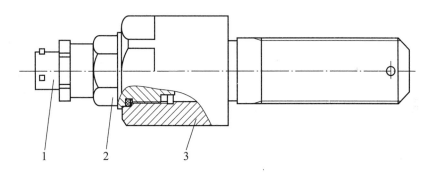

图 13-6　某爆炸螺栓结构示意图

1—电发火管；2—隔板装药体；3—螺栓体

根据某爆炸螺栓功能、作用原理和结构形式，绘出功能框图和作用可靠性框图，分别如图 13-7、图 13-8 所示。

图 13-7　某爆炸螺栓功能框图

根据产品功能框图，某爆炸螺栓工作可靠性由电起爆管发火可靠性、电起爆管引爆隔板装药体可靠性、隔板装药体传爆可靠性和隔板装药体使螺栓体分

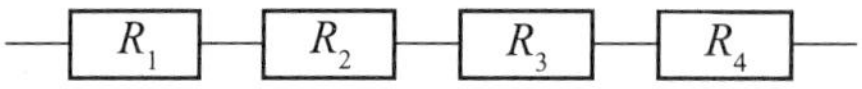

$$\boxed{R_1} \quad \boxed{R_2} \quad \boxed{R_3} \quad \boxed{R_4}$$

图 13-8　某爆炸螺栓可靠性框图

离可靠性 4 个环节构成，为串联结构，其数学模型为

$$R = R_1 \times R_2 \times R_3 \times R_4 \qquad\qquad (13-4)$$

式中　R ——爆炸螺栓工作可靠性；

　　　R_1 ——电起爆管发火可靠性；

　　　R_2 ——电起爆管引爆隔板装药体的可靠性；

　　　R_3 ——隔板装药体传爆可靠性；

　　　R_4 ——隔板装药体使螺栓体分离的可靠性。

（3）数据采集

①电起爆管发火可靠性

电起爆管在其研制过程中进行了 10 ms 最小全发火电流升降法试验。按置信度 0.95、发火可靠度 0.999 9 计算，其最小全发火电流值为 3.5 A；即电起爆管 5 A 直流发火的可靠度 $R_1 \geqslant 0.999\,9$（置信度 0.95）。

②电起爆管引爆隔板装药体可靠性

据不完全统计，电起爆管引爆隔板装药体环节至少有 10 000 发以上成功数据。按成败型计算其可靠度 R_2 为 $(1-0.95)^{(1/10\,000)} = 0.999\,7$（置信度 0.95）。

③隔板装药体传爆可靠性

隔板装药体在隔板厚度、施主装药和受主装药等参数设计上均直接借用成熟的隔板起爆器的研究成果。隔板起爆器在其研究过程中进行了（施主和受主装药状态不变条件下）隔板厚度升降法试验，按置信度 0.95、传爆可靠度 0.999 9 计算，得出隔板起爆器隔板最小传爆厚度，大于其设计厚度；同时进行了（受主状态、隔板厚度不变条件下）施主药量升降法试验，按置信度 0.95、传爆可靠度 0.999 9 计算，得出隔板起爆器隔板施主最小传爆药量，小于其设计药量。通过变隔板厚度法和变药量法均得出隔板起爆器的传爆可靠度不小于 0.999 9（置信度 0.95）。

④隔板装药体使螺栓体分离可靠性

隔板装药体使螺栓体分离环节在研制过程中采用隔板装药体主装药量的最大熵试验法进行了可靠性试验验证。试验首先获得隔板装药体使螺栓体分离的临界分离药量 253 mg（设计药量为 480 mg），然后通过升降法获得临界药量的均值估计值 $\hat{\mu}=257.8$ mg、标准差估计值 $\hat{\sigma}=4.92$，其次根据最大熵试验法公式选取合适的熵强化系数 $K=1.12$（对应主装药量为 428.57 mg）并确定出试验子样数 $N=8$。试验实际采用主装药量为 340 mg（主装药具有较大的裕度）的试样共计 8 发进行了发火试验，要求所有试样均正常分离且结构完整。试验结果表明，隔板装药体使螺栓体分离可靠度 $R_4 \geqslant 0.9999$（置信度 0.95）。

（4）可靠性评估计算

根据可靠性数学模型计算，评估得出某爆炸螺栓工作可靠度 $R=R_1 \times R_2 \times R_3 \times R_4 \geqslant 0.9994$（置信度 0.95），评估结果满足产品任务书 0.999（置信度 0.95）指标要求。

13.3　伺服机构可靠性增长

13.3.1　可靠性薄弱环节分析

13.3.1.1　力矩马达余度薄弱环节分析

目前，现役运载型号二级、双向伺服机构均为单通道伺服机构，对应伺服阀为单马达结构形式。若该力矩马达失效，将直接导致伺服机构失效。

13.3.1.2　活塞杆密封薄弱环节分析

为简化发射场试验流程，二级伺服机构采取装箭运输模式。在装箭运输过程中，保证伺服机构在水平静放、水平运输时能承受发动机对其的作用力及运输过程的振动冲击；并能保证相关部位密封性能和产品工作可靠性。

二级伺服机构现有活塞杆和作动筒之间的配合为单道密封，其中作动筒内圆尺寸为 $\phi 24^{+0.023}$，活塞杆外径为 $\phi 24^{-0.02}_{-0.04}$，配合间隙最大约为 0.06 mm。水平运输时，在发动机切向力的作用下，活塞杆两端受力不均，极易造成一端密封圈受力变形，从而引发渗漏油情况。在后续的伺服机构通电测试过程中，也容易引发卡滞、活塞杆拉伤和渗油情况。

13.3.1.3　溢流阀薄弱环节分析

伺服机构工作压力由溢流阀保证，溢流阀性能的合格、稳定对伺服机构整机压力性能有着重要影响。目前伺服机构中使用的溢流阀属于直动式滑阀型溢流阀结构。

近年来，溢流阀调试平均合格率不足 20%，溢流阀的故障主要表现为升压后溢流阀在初开或者全开状态下出现振动现象以及关闭流量超差。伺服机构溢流阀装调合格率低，导致伺服机构齐套周期长、研制生产进度保障难度大。

13.3.1.4　蓄压器活塞薄弱环节分析

蓄压器组件是伺服机构重要组成部件，是伺服机构的辅助能源。蓄压器内部的高压氮气通过蓄压器活塞、增压杆使内部油液增压，以提供伺服机构瞬时峰值流量，并对其内部压力脉动起阻尼作用。

蓄压器活塞和壳体之间的运动模式为密封圈密封的柱面接触直线往复移动副，目前一级伺服机构蓄压器活塞材料为铝合金，将零件表面进行铬酸阳极化后再对活塞运动面进行硬质阳极化，最后进行研磨抛光。通过此表面处理方式来提高蓄压器活塞的表面硬度、光洁度，以提高零件的耐磨性并保证密封性。

铬酸阳极化处理后的膜层较薄，难以进行二次加工。硬质阳极化则是一种厚膜阳极化工艺，膜层较厚，硬度高，且阳极化后零件单边尺寸会有所增加，表面粗糙度也会升高 1~2 级，需再次进行研磨工作。

蓄压器组件一旦出现渗漏气故障，蓄压器将不能贮存能量，当控制系统给出高速信号时，伺服机构快速响应能力下降，即速度特性降低，伺服机构动作滞后，严重时可能影响飞行试验的成败。

13.3.1.5　活塞杆薄弱环节分析

伺服机构作动器组件密封属于较大负载下的运动密封，作动器活塞表面光洁度要求很高才能保证长期工作可靠性。现有材料镀硬铬工艺为保证表面硬度，零件镀前先进行渗氮处理后镀硬铬，再通过研磨得到零件最终状态。工艺过程繁复，加工周期冗长。同时，镀硬铬工艺过程质量控制困难，极易出现镀层疏松、夹颗粒杂质和镀层不均匀现象，导致零件研磨过程中，表面出现划痕、部分露底等常见问题。在组件装调磨合试验阶段，由于镀层硬度不足，零件表面非常容易出现刮擦划伤现象。

13.3.1.6　复杂零件去毛刺薄弱环节分析

由于液压伺服系统的结构、技术特点对多余物十分敏感，发生多余物对产品性能的危害性很大，多余物会堵塞小孔、窄缝、工作间隙，造成产品失效；多余物进入精密配合阀芯配偶件的配合间隙，引起阀芯卡滞，造成产品特性变坏，甚至功能失效，严重者可导致飞行试验失利。

13.3.1.7　伺服阀深层过滤薄弱环节分析

伺服阀内部对油液污染非常敏感，一般在伺服阀进出油口端均设置油滤进

行油液过滤，保护伺服阀节流器、喷嘴等微小孔不堵塞。铜粉末烧结滤网材料
在使用过程中存在如下问题：

1）过程可控度不高且烧结一致性较差，烧结过程中易产生内部孔隙不
均匀；

2）铜粉末暴露在空气中容易氧化，对保存运输等环节提出了较高的要求；

3）滤芯氧化产生的多余物，也对系统可靠性造成隐患；

4）装配前，一般均需要进行目视颗粒物掉落检查工序，由于判断较主观
而难于量化操作。

13.3.1.8　伺服阀衔铁组件压配薄弱环节分析

力矩马达中的衔铁组件如图 13 - 9 所示，目前伺服阀的衔铁组件主要采用
手工压配方法，由于在压配的过程中无法对压配的作用力和衔铁的平行度进行
实时检测，所以很容易出现衔铁被压偏的现象。一旦衔铁被压偏就会导致衔铁
组件与上、下导磁体之间的 4 个气隙产生较大差异，引起伺服阀零偏或不对称
性超差等问题。另一方面，由于衔铁与管弹簧之间为过盈配合，若衔铁压偏后
再次调整可能会引起衔铁与管弹簧之间配合松动，在伺服阀工作过程中出现渗
漏油等问题。

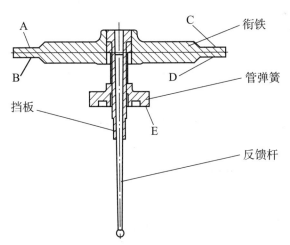

图 13 - 9　衔铁组件示意图

13.3.2　可靠性薄弱环节改进

13.3.2.1　力矩马达余度方案改进

针对单余度伺服阀力矩马达存在的可靠性薄弱环节，考虑采用三冗余伺服

阀方案，由于三冗余伺服阀采用三前置级，比单余度伺服阀多出了 2 个前置级，而每个前置级采用 2 个力矩马达进行控制，在单力矩马达失效的情况下，另外两个力矩马达仍能保证伺服机构正常工作。采用三余度方案需要 3 个力矩马达同时接入驱动电流信号，需增加 8 个输入输出电接点，在电连接器上采用双点并联冗余。

13.3.2.2　活塞杆处密封结构改进

　　二级伺服机构结构图如图 13 - 10 所示，作动筒和活塞杆现有密封形式如图 13 - 11 所示。更改后的作动器和活塞杆密封形式如图 13 - 12 所示。

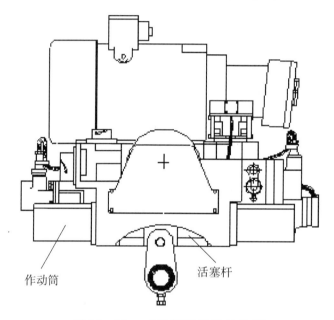

作动筒　　　　　　活塞杆

图 13 - 10　二级伺服机构结构图

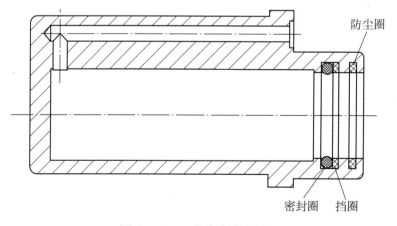

防尘圈

密封圈　挡圈

图 13 - 11　现有密封形式

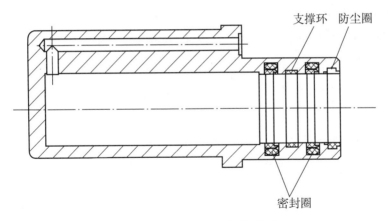

图 13 - 12　更改后密封形式

在改进前二级伺服机构中，挡圈只有 1.6 mm 用于支撑活塞杆，支撑力量不够，且往往活塞杆受到振动等其他径向力的干扰，使得活塞杆表面与作动筒壳体部分摩擦产生划痕，从而影响密封圈的密封效果，产生漏油风险。

改进方案增加了支撑挡圈的厚度，活塞杆将不会与作动筒壳体接触，从而避免了划伤风险。活塞杆工作有效行程影响着二级伺服机构的有效摆角，故活塞杆的两端各相应增加长度，从而保证改进后伺服机构的有效位移输出与原有机构一致。

13.3.2.3　溢流阀结构改进

根据薄弱环节分析可知，溢流阀需通过结构设计改进，解决溢流阀调试过程中的振动问题，经分析，改进后溢流阀阀芯要满足几点：

1）节流口的共面度较好，并且加工过程中可以得到保证，溢流阀阀芯加工难度降低，溢流阀调试合格率提高；

2）增加溢流阀阀芯的工作行程，从而使溢流阀在工作过程中弹簧的压缩量增大，从而增加溢流阀的稳定性。

综上所述，溢流阀阀芯的更改方案为：将 4 个节流孔改为对称分布的矩形节流孔。相较圆孔，矩形节流口具有以下优点：

1）阀芯的工作行程增大。更改后溢流阀阀芯全开工作行程为更改前的 2.5 倍，溢流阀在工作过程中对弹簧压缩量更大，在油温变化、泵出口压力脉动的情况下，溢流阀更加稳定。

2）溢流阀流量对阀芯开口的线性度更好，敏感度更小。同样阀芯开口变化的情况下，对溢流阀流量变化更小。故在同样摩擦力、阀芯轻微卡滞等情况下，溢流阀更加稳定。

3）矩形节流孔的共面度可以得到有效保证。对称的矩形孔通过一次加工完成，矩形孔节流边共面度可得到有效保证。同时，线切割的加工方式可有效减小加工毛刺情况发生，从而大大提高阀芯的加工效率和溢流阀装调合格率。

4）对比圆形节流孔阀芯工作状态，由图 13-13 可以看出，矩形节流口开口面积更大，开口形状更加均匀，减小了多余物堵塞的可能性。

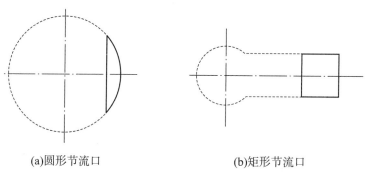

(a)圆形节流口　　　　　　　　　　　(b)矩形节流口

图 13-13　不同节流口时的全开状态对比图

13.3.2.4　蓄压器活塞表面处理改进

针对现有表面处理工艺存在的不足，改进后工艺采用瓷质阳极化，其工艺周期短且合格率高，在运载型号上已得到了一定程度的验证。因此，伺服机构蓄压器活塞采用瓷质阳极化表面处理替代运动面硬阳极化和表面铬酸阳极化。

按照原伺服机构蓄压器活塞尺寸、硬度、光洁度等技术条件要求，加工蓄压器活塞杆试件，进行表面瓷质阳极化处理。经环境和力学试验验证，试验结果满足运载伺服机构的使用要求。

13.3.2.5　活塞杆表面处理改进方案

随着运载火箭进入高密度发射阶段，提高产品质量及交付效率成为关键保障条件，通过技术调研和各可行的工艺方法比较，最终采取 40CrNiMoA＋QPQ 表面改性处理的方法对活塞杆的材料和工艺方法进行改进。更改前后工艺流程比对图如图 13-14 所示。

改进前的长活塞相对改进后多出渗碳和淬火两道工序，仅这两道工序多出 23 个工时以上。改进前，在镀硬铬环节，除镀硬铬之外，需经过镀前去应力、

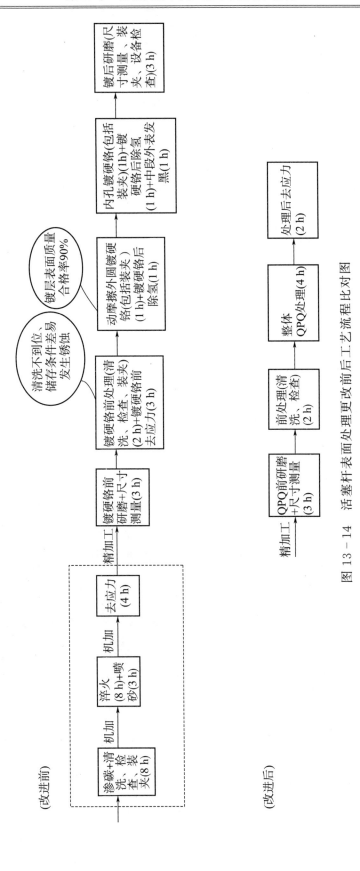

图 13 - 14 活塞杆表面处理更改前后工艺流程比对图

镀后除氢、内孔镀硬铬、内孔镀硬铬后除氢、中段发黑等工序，包括镀硬铬在内共需耗费大约 10 个工时，且在过程中，如存储、周转不当易发生锈蚀，需要进行额外的除锈工作，再加上镀硬铬工艺本身对基体表面要求较高，镀后表面一出现大面积针孔、砂眼即作为不合格件进行退镀重镀，除前所述的 10 个工时，另需额外加上 5 个工时完成该返修工作。改进后，QPQ 工序耗费 8 个工时，相对改进前的 33 个工时，减少 25 个工时。并且，由于电镀工装特点，每次电镀只能装夹 1 只零件。改进后，每炉可完成 20 件。改进之后流程缩短，大大提高了工作效率。

13.3.2.6　复杂零件去毛刺改进方案

（1）复杂孔道去毛刺方法

经开展伺服机构专项装配工艺过程检查，梳理出尚有一级本体结构件 4 处 $\phi 3$ 以下小孔、二级本体结构件 3 处 $\phi 2$ 小孔、作动器多处 $\phi 3$ 以下小孔没有采取相贯孔去毛刺专用措施。毛刺经专用工具去除后，采用工业显示内窥镜进行孔道去除效果检查，经现场检验人员 100％检查确认后，伺服机构本体零件进行总装工作。

伺服机构壳体交叉孔道多，油液通过后多余物毛刺进入油液流动危害性极大，去毛刺和装配前清洗工作就显得极为重要，图 13 - 15 展示了一级伺服机构壳体外部毛刺去除的一些常用手段。

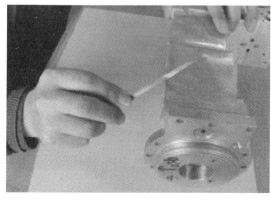

图 13 - 15　伺服机构一级本体去毛刺操作

（2）小阀去毛刺方法

针对伺服机构内部各种阀门，开展了一、二级伺服机构用小阀包括旁通阀、单向阀、溢流阀、高低压安全阀等共 10 余种小阀零件去毛刺方法研究，每种小阀按零件详细列出每个零件的去毛刺工艺要求、方法等，示例详见表 13-1。通过图表化标识，对操作人员、检验人员进一步明确了去除部位，做到量化检查要求。

表 13-1　伺服机构小阀零件去毛刺要求

一级单向阀

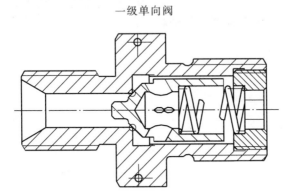

阀芯	操作	检查	工具
①孔口去毛刺			刮刀等
②阀芯内腔多余物			毛刷、棉球、镊子等

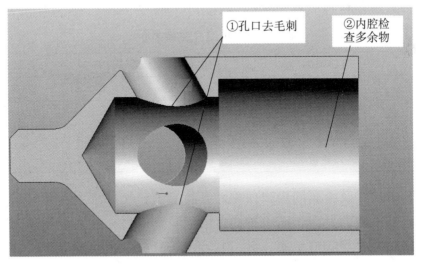

壳体	操作	检查	工具
①检查孔口锐边、毛刺			内窥镜
②阀芯内腔多余物			棉球、镊子、酒精等

续表

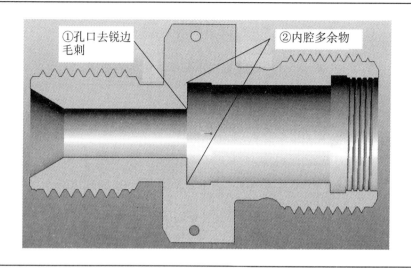

13.3.2.7　伺服阀深层过滤技术改进

针对现有油滤滤芯材料存在的问题，通过分析梳理伺服阀小间隙配合要求尺寸，伺服阀关键喷嘴与挡板配合间隙为 (30 ± 5) μm，将油滤的名义过滤精度定为 10 μm。

为了保证材料的适用性，不同过滤介质情况见表 13 - 2。

表 13 - 2　过滤介质简要介绍

主要类别	小类	能留住最小粒子/μm	孔隙率/%
金属元件	片式、线隙式	5	30～40
金属编织网	金属网式	5	15～20
多孔介质	金属粉末烧结式	3	25～55
非纤维织品	不锈钢丝毡	3	70～85

其中金属片式及金属网为表面型，其特点为：尺寸大于孔口的颗粒均被截留在介质上游一侧的表面，而小于孔口的颗粒则通过介质。金属粉末烧结式和不锈钢丝毡则属于深度型过滤介质，其特点为具有无数贯穿通道，而且通孔大小不一，形状也不规则，当液流通过介质时，大颗粒污染物被阻截在介质表面孔口，小颗粒则随液流进入通道内部，有些被介质吸附，深度型过滤介质的纳污量较大。

基于过滤精度、过滤效率、纳污量及其可靠性方面的考虑，选择不锈钢丝毡作为滤芯材料，材料为 316L 奥氏体不锈钢，耐腐蚀性较好。烧结毡是由材料为 10 μm 的超细、超大长径比不锈钢 00Cr17Ni14Mo2 纤维丝真空分层搭接真空烧结而成,结合强度较高。

对油滤结构进行重新设计,主要考虑结构强度和加工便捷性两方面问题。为了强化过滤器的强度,采用骨架、烧结毡、内部和外部护网结构形式,即滤网内外均有钢网保护,两端堵头采用不锈钢棒（1Cr18Ni9Ti）加工。相较于铜粉末烧结无钢网防护,承压结构状况得到显著改善,具体如图 13 - 16 所示。

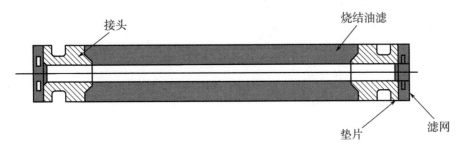

(a) 采用铜粉末烧结滤网的过滤器(改进前)

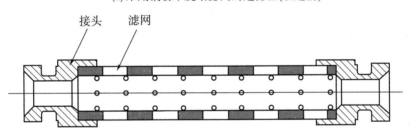

(b) 采用不锈钢纤维烧结毡的过滤器(改进后)

图 13 - 16　油滤结构改进比较

13.3.2.8　伺服阀衔铁组件压配工艺改进

解决传统伺服阀衔铁压配问题的方法主要是在压配过程中增加检测手段,在压配的过程中对压配的作用力和衔铁的位移进行实时监控,保证施加的作用力在要求范围内,且衔铁左右两侧的压配量相同。通过到相关技术单位调研发现,具有在线检测功能的衔铁压配设备可以有效提高压配合格率、降低零件报废率,并能避免压配不合格组件进入后续的装配环节中,保证伺服阀装调质量。

在衔铁组件的压配设备上增加检测压配作用力及衔铁位移的传感器,结合实时显示和报警功能,操作者可以根据检测结果对压配的作用力进行实时调整,减小废次品率,同时根据检测结果对零件进行筛选,避免压配不合格的组件进入到装配环节,具体的结构原理如图 13 - 17 所示。

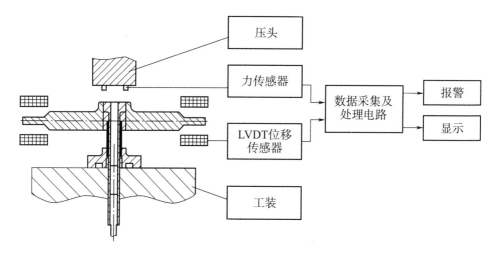

图 13 - 17　压配测试台工作原理

13.3.3　可靠性增长验证

为验证可靠性改进方案的正确性,开展对各改进措施的试验验证。

(1) 力矩马达余度改进验证

对力矩马达三余度改进方案进行验证,对改进后的冗余伺服机构进行设计鉴定试验考核,包括振动试验、高低温试验、湿热试验、冲击试验、运输试验、恒加速度试验等相关考核。在性能测试方面,对全冗余状态、模拟力矩马达断路状态进行试验考核,试验结果满足要求。

(2) 活塞杆密封改进验证

对改进后的密封结构进行环境试验考核,进行伺服机构装箭水平运输试验、静放试验、性能试验等考核,观测试验期间伺服机构活塞杆位置有无渗漏油情况,试验结束后对作动器部分进行拆解,检测密封圈状态,经上述试验过程,试验结果满足要求。

(3) 溢流阀改进验证

为满足运载型号伺服机构飞行试验需要,溢流阀阀芯结构及指标更改需要经过以下几点考核。

①溢流阀组件调试

按照矩形孔阀芯更改方案,投产 20 套溢流阀阀芯阀套,更改前后的溢流阀阀芯实物如图 13 - 18 所示。

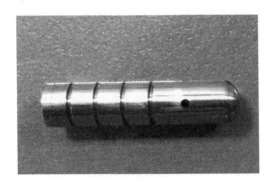

　　　　（a）更改前实物图　　　　　　　　　　（b）更改后实物图

图 13 - 18　伺服机构溢流阀阀芯更改前后外形对比

　　零件加工完成后，对零件进行检验，零件加工质量符合图纸要求。按照溢流阀装调工艺对阀芯阀套进行清洗、检查、装配。装前检查过程中，阀芯阀套表面质量较好，无毛刺及多余物，20 套阀芯阀套均满足要求。

　　②伺服机构整机性能试验

　　随机挑选两套矩形孔溢流阀，根据溢流阀指标进行调试，将工艺机装入矩形孔溢流阀，进行空载性能、负载性能和零漂测试，记录测试数据。

　　两台工艺机在性能测试过程中工作正常，各项测试数据均可满足指标要求，且一致性较好。

　　（4）蓄压器活塞改进验证

　　进行蓄压器活塞试件试验，包括硬度、光洁度试验，气密性试验，耐磨性试验，装入伺服机构进行整机性能试验，试验结果满足要求。

　　（5）活塞杆表面处理改进验证

　　QPQ 表面处理工艺验证试验，包括金相检查，拉伸试验，硬度、光洁度测试，并装入整机进行了 50 h 磨合试验，试验结果满足要求。

　　（6）伺服阀深层过滤技术改进

　　进行不锈钢纤维烧结毡和铜粉末烧结滤网两种结构形式的过滤器对比试验，包括冒泡压力试验、平均过滤比及纳垢容量试验、耐压试验和进出口压差试验，试验结果满足要求。

　　（7）伺服阀衔铁组件压配工艺改进

　　在最新入库批次的伺服阀衔铁组件中抽取 10 套进行工艺摸底试验，采用衔铁组件压配测试台调试的 10 套试验件装入伺服阀中进行整阀调试，试验结果满足要求。

（8）伺服机构密封圈低温考核

开展伺服机构整机低温存储试验，将伺服机构存储在（－30±2）℃环境下，考核密封圈性能，试验结果满足要求。

13.3.4　可靠性评估

（1）可靠性指标

某型运载火箭一级（冗余）、二级伺服机构可靠性指标要求：发射和飞行任务的可靠性指标为 0.999 2，置信度取 0.7。

（2）可靠性评估

对 3 个型号伺服机构产品进行了可靠性评估，完成了可靠性分析、评估模型建立、数据采集和可靠性计算等工作，并形成了正式报告。

①产品可靠性评估模型

依据伺服机构飞行环境剖面构建产品任务可靠性模型，如图 13－19 所示。

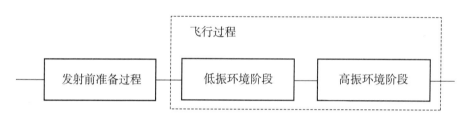

图 13－19　伺服机构任务可靠性模型框图

伺服机构任务过程经历两种工作环境，低振环境影响下产品主要失效模式为随机失效，选用指数分布模型开展评估（将发射前准备阶段折合到低振环境阶段）；高振环境影响下产品主要失效模式为耗损型失效，选用 Weibull 分布模型开展评估。伺服机构的可靠性由两部分串联得到，针对两种失效模式的串联，伺服机构的可靠性评估模型为

$$R = R_{\text{exp}} \times R_{\text{wei}} \tag{13－5}$$

伺服机构低振任务阶段采用《星箭单机产品可靠性评估要求》的指数分布可靠性评估方法，评估模型为

$$R_{\text{exp}} = \exp(-\lambda t_{\text{exp}}) \tag{13－6}$$

伺服机构高振任务阶段采用《星箭单机产品可靠性评估要求》的 Weibull 分布可靠性评估方法，评估模型为

$$R_{\text{wei}} = \exp\left[-\left(\frac{t_{\text{wei}}}{\eta}\right)^m\right] \tag{13－7}$$

采集的数据主要为试验时间与失效数。其中，试验时间包含历史试验时间、在轨飞行时间和可靠性增长试验时间。

②可靠性评估数据

（a）一级（冗余）伺服机构数据

一级伺服机构的试验数据采集表以及对应环境因子见表 13 - 3。

表 13 - 3　一级伺服机构原始数据采集表

试验名称	具体项目		试验时间	试验样本	环境因子(不振动,对于地面准备阶段)	环境因子(振动,对于飞行任务阶段)
例行试验	单机调试		10 min	16 台	1	
	运输		10 h			
	湿热		48 h		13	
	低温		4 h		13	
	高温		4 h		13	
	振动		5 min			1.5
	低气压		10 min		13	
	寿命		50h		1	
交付试验	性能初测		5 min	250 台	1	
	性能稳定性磨合试验		3 h		8	
	低温前性能		5 min		1	
	−35 ℃低温试验		5 min		8	
	振动前性能		5 min		1	
	工艺振动试验		5 min			1
飞行试验	综合试验		1 h 20 min	216 台	1	
	总装试验		20 min			
	靶场试验		20 min			
	CZ - 4	低振	129 s	140 台	20	
		高振	60 s			1
	CZ - 2D	低振	129s	74 台	20	
		高振	60s			1

（b）二级伺服机构数据

表 13 - 4 为二级伺服机构的试验数据采集表以及对应环境因子。型号 B 和型号 A 二级伺服机构启动时间不同：型号 B 的二级伺服机构在地面准备阶段

启动；型号 A 的二级伺服机构在一、二级分离前启动。在统计飞行阶段数据时应区分。

表 13 - 4　二级伺服机构原始数据采集表

试验名称	具体项目		试验时间	试验样本	环境因子(不振动，对于地面准备阶段)	环境因子(振动，对于飞行任务阶段)
例行试验	单机调试		10 min	4 台	1	
	运输		10 h			
	湿热		48 h		13	
	低温		4 h		13	
	高温		4 h		13	
	振动		5 min			1.5
	低气压		10 min		13	
	寿命		50 h		1	
交付试验	性能初测		5 min	250 台	1	
	性能稳定性磨合试验		3 h		8	
	低温前性能		5 min		1	
	−35 ℃低温试验		5 min		8	
	振动前性能		5 min		1	
	工艺振动试验		5 min			1
飞行试验	综合试验		1 h 20 min	216 台	1	
	总装试验		20 min			
	靶场试验		20 min			
	型号 A	低振	249 s	140 台	20	
		高振	60 s			1
	型号 B	低振	750 s	76 台	20	
		高振	60 s			1

③可靠性评估结果

根据前文分析，针对一级伺服机构的不同失效模式分别选取指数分布模型和 Weibull 分布模型开展评估。

一级伺服机构在置信度 0.7 条件下可靠度下限为 0.999 891；二级伺服机构在置信度 0.7 条件下可靠度下限为 0.999 407。评估结果表明产品满足可靠性指标要求。

参 考 文 献

［1］ 梅文华．可靠性增长试验［M］．北京：国防工业出版社，2003．

［2］ 何国伟．可靠性试验技术［M］．北京：国防工业出版社，1995．

［3］ 徐福祥，等．卫星工程概论［M］．北京：中国宇航出版社，2003．

［4］ 李福昌．运载火箭工程［M］．北京：中国宇航出版社，2002．

［5］ 栾恩杰．航天系统工程运行［M］．北京：中国宇航出版社，2010．

［6］ GB/T 15174—2017 可靠性增长大纲．

［7］ GB/T 4885—2009 正态分布完全样本可靠度置信下限．

［8］ GB/T 4087.3—2009 数据的统计处理和解释二项分布可靠．

［9］ GJB 450A—2004 装备可靠性工作通用要求．

［10］ GJB 451A—2005 可靠性维修性保障性术语．

［11］ GJB1909A—2009 装备可靠性维修性保障性要求论证．

［12］ GJB/Z 77—95 可靠性增长管理手册．

［13］ QJ1 408A—1998 航天产品可靠性保证要求．

［14］ MIL‐STD‐1543B Reliability Program Requirements for Space and Launch．

［15］ MIL‐STD‐785B Reliability Program for Systems and Equipment Development and Production．

［16］ MIL‐STD‐785A. Reliability Program for System and Equipment．

［17］ MIL‐HDBK‐189. Reliability Growth Management［S］. U. S. Department of Defense，1981．

［18］ WEISSHK. Estimation of Reliability Growth in a Complex System．

［19］ with Poisson‐Type Failure［J］. Operations Research，1956，4532‐545．

［20］ Development and Production［S］. U. S. Department of Defense，1969．

［21］ IEC 61014. Program for Reliability Growth［S］. International Electrotechnical Commission，1989．

［22］ IEC 61114. Reliability Growth‐statistical Test and Estimation Methods［S］. International Electrotechnical Commission，1995．

［23］ Department of Defense. DoD Guide for Achieving Reliability，Availability and Maintainability［R］. Washington DC：Government Printing Office，2005．

［24］ Department of the Army. Reliability of Army Material Systems［R］. Washington，DC：Department of Army，2007．

[25]　Defense Science Board Task Force，Developmental Test & Evaluation ［R］. Washington，DC：Government Printing Office，2008.

[26]　Department of Defense. Reliability，Availability and Maintainability Policy ［R］. Washington，DC：Department of Defense，2008.

[27]　朱曦全. 航天产品的可靠性增长试验方法 ［J］. 导弹与航天运载技术，2006，（1）：58－61.

[28]　梅文华. 利用 AMSAA 模型预测产品可靠性增长 ［J］. 空军工程大学学报（自然科学版），2003，（2）：81－83.

[29]　杜振华，赵宇，黄敏. 基于 AMSAA 模型的研制试验数据可靠性综合评估 ［J］. 北京航空航天大学学报，2003，29（8）：745－748.

[30]　余香梅，舒彤. 基于贝叶斯算法的数控机床可靠性增长模型参数确定初探 ［J］. 机床与液压，2008，36（5）：275－277.

[31]　孙永全，郭建英，陈洪科，等. AMSAA 模型可靠性增长预测方法的改进 ［J］. 哈尔滨理工大学学报，2010（5）：49－51.

[32]　李瑞莹，康锐. 广义可靠性增长过程及其控制方法研究 ［J］. 机械设计与制造，2009（1）：234－236.

[33]　阳红成，苏小光. 电子产品研制阶段可靠性增长试验研究 ［J］. 现代电子技术，2007，30（3）：32－35.

[34]　周源泉，朱新伟. 论加速可靠性增长试验（Ⅶ），步进应力试验方案的统计分析 ［J］. 推进技术，2003，5：393－397.

[35]　黄宝胜，于丹，李国英. 阿伦尼斯模型下可靠性增长数据的统计分析 ［J］. 工程数学学报，2005，22（5）：808－812.

[36]　VIRENE E P. Reliability Growth and its Upper Limits ［C］//Proc. Of Annual Symposium on Reliability，1968：265－270.

[37]　KECECIOGLU D，JIANG S，VASSILIOU P. The Modified gompertz Reliability Growth Model ［J］. IEEE Proceedings of the Annual Reliability and Maintainability Symposium，1994：160－165.

[38]　GROW L H. Reliability Growth Projection from Delayed Fixed ［C］//Proc. of the Annual Reliability and Maintainability Symposium. 1983：84－89.

[39]　CORW L H. Methods for Assessing Reliability Growth Potential ［C］//IEEE Proceedings of the Annual Reliability and Maintainability Symposium，1984：484－489.

[40]　FEINBERG A A. Accelerated Reliability Growth Models ［J］. Journal of the IES，1994，37（1）：17－23.

[41]　KRASICH Milena. Accelerated Reliability Growth Testing and Data Analysis Method ［J］. Journal of the IEST，2007，50（2）：98－117.

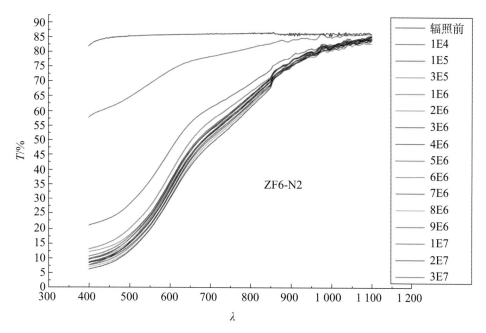

图 4-12 某玻璃辐照前后对不同波长光的透过率变化（P64）

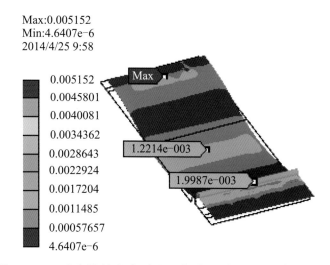

图 11-2 互连片总应变对比（折弯处小于 0.2%）（P216）

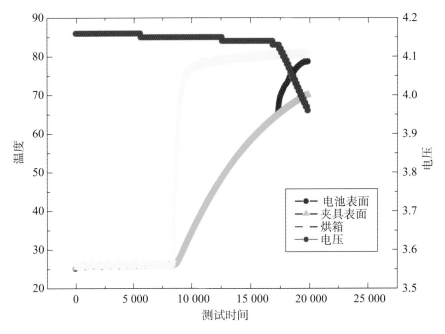

图 11 - 11　升温过程中的温度、电压变化 (P225)

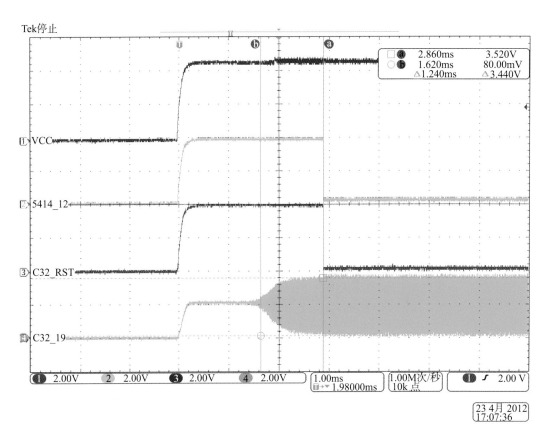

图 12 - 12　光纤陀螺组合上电复位信号波形 (P248)

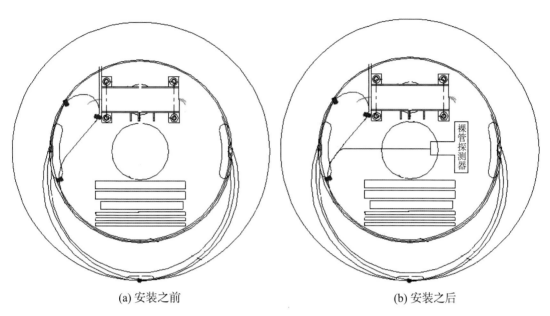

(a) 安装之前 　　　　　　　　　　　　　(b) 安装之后

图 12-23　安装裸管探测器前、后的装配示意图 （P256）

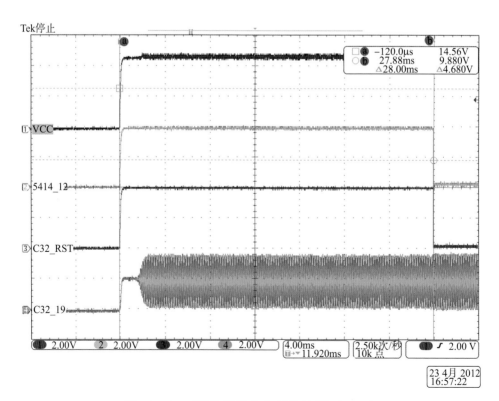

图 12-24　更改后的上电复位波形 （P259）

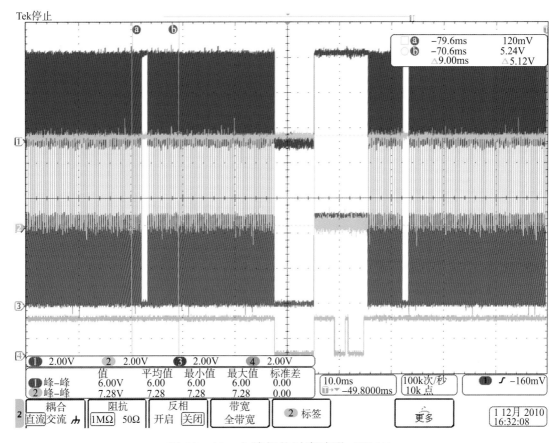

图 12 - 25　电路板的时序波形（P260）

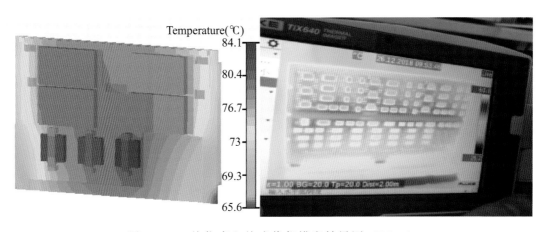

图 13 - 2　热仿真和热成像仪摸底结果图（P269）